备份电脑文件

本地组策略编辑器

设置锁屏界面

在PPT中制作超链接

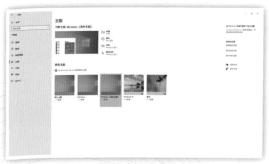

设置桌面主题

使用OneNote软件

使用模板创建演示文稿

添加图片密码

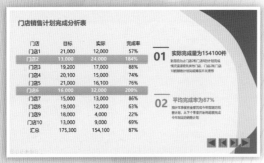

在幻灯片中使用表格

制作公司宣传单

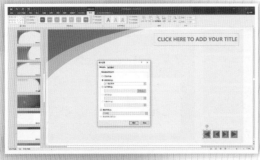

制作幻灯片导航条

制作考勤管理制度

制作蒙版效果

制作入职通知

制作商业计划书

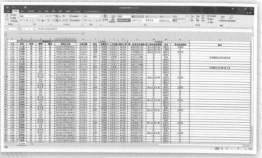

制作员工信息采集表

计算机基础与实训教材系列

电脑办公自动化实例教程 (第五版)(微课版)

唐志青 和孟佯 主编

清华大学出版社
北京

内 容 简 介

本书由浅入深、循序渐进地介绍了电脑办公基础、Windows 10 操作系统及 Office 办公软件的使用方法和技巧。全书共分 10 章，包含电脑办公自动化概述、Windows 10 办公基础、电脑办公软件和设备、制作 Word 办公文档、排版与打印办公文档、制作 Excel 电子表格、计算与分析表格数据、制作 PowerPoint 演示文稿、Python 自动化办公和电脑系统安全管理等内容。

本书内容丰富、结构清晰、语言简练、图文并茂，具有很强的实用性和可操作性，适合作为高等院校相关专业的教材，也可作为广大初、中级计算机用户的自学参考书。

本书对应的电子课件、实例源文件和习题答案可以到 http://www.tupwk.com.cn/edu 网站下载，也可以通过扫描前言中的二维码下载，读者扫描前言中的教学视频二维码可以观看学习视频。

图书在版编目(CIP)数据

电脑办公自动化实例教程：微课版 / 唐志青，和孟佯主编. —5 版. —北京：清华大学出版社，2024.1
计算机基础与实训教材系列
ISBN 978-7-302-65279-3

Ⅰ. ①电…　Ⅱ. ①唐… ②和…　Ⅲ. ①办公自动化—应用软件—教材　Ⅳ. ①TP317.1

中国国家版本馆 CIP 数据核字(2024)第 034712 号

责任编辑：胡辰浩
封面设计：高娟妮
版式设计：妙思品位
责任校对：成凤进
责任印制：宋　林

出版发行：清华大学出版社
　　　　　网　　址：https://www.tup.com.cn，https://www.wqxuetang.com
　　　　　地　　址：北京清华大学学研大厦 A 座　　　　邮　　编：100084
　　　　　社 总 机：010-83470000　　　　　　　　　　邮　　购：010-62786544
　　　　　投稿与读者服务：010-62776969，c-service@tup.tsinghua.edu.cn
　　　　　质 量 反 馈：010-62772015，zhiliang@tup.tsinghua.edu.cn

印 装 者：三河市君旺印务有限公司
经　　销：全国新华书店
开　　本：190mm×260mm　　印　张：19.5　　插　页：1　　字　数：512 千字
版　　次：2009 年 1 月第 1 版　　2024 年 3 月第 5 版　　印　次：2024 年 3 月第 1 次印刷
定　　价：69.00 元

产品编号：094613-01

前言

　　《电脑办公自动化实例教程(第五版)(微课版)》是"计算机基础与实训教材系列"丛书中的一种，本书从教学实际需求出发，合理安排知识结构，由浅入深、循序渐进地讲解电脑办公基础、Windows 10 操作系统及 Office 办公软件的使用方法。全书共分 10 章，主要内容如下。

　　第 1 章介绍电脑办公自动化及电脑软硬件平台的基础知识。

　　第 2 章介绍 Windows 10 的基本操作方法，以及设置办公环境、管理文件等办公操作内容。

　　第 3 章介绍常用办公软件和外部硬件设备的使用方法。

　　第 4、5 章介绍 Word 的基本操作，以及对文档内容进行排版与打印的操作方法。

　　第 6、7 章介绍 Excel 电子表格的制作、Excel 函数与公式的用法，以及分析表格数据的方法。

　　第 8 章介绍使用 PowerPoint 制作演示文稿的基本方法。

　　第 9 章介绍使用 Python 程序实现自动化办公的基础知识和基本方法。

　　第 10 章介绍 Windows 10 系统安全管理中常用的设置方法。

　　本书图文并茂、条理清晰、通俗易懂、内容丰富，在讲解每个知识点时都配有相应的实例，方便读者上机实践。同时，为了方便老师教学，本书免费提供对应的电子课件、实例源文件和习题答案。本书还提供书中实例操作的二维码教学视频，读者使用手机扫描下方的二维码，即可观看本书对应的同步教学视频。

☞ 本书配套素材和教学课件的下载地址如下。

http://www.tupwk.com.cn/edu

☞ 本书同步教学视频的二维码如下。

　　　　　扫一扫，看视频　　　　　　扫码推送配套资源到邮箱

　　由于作者水平有限，本书难免有不足之处，欢迎广大读者批评指正。我们的邮箱是992116@qq.com，电话是 010-62796045。

编　者

2023 年 11 月

推荐课时安排

章 名	重点掌握内容	教学课时
第 1 章 电脑办公自动化概述	电脑办公自动化的基础知识、电脑办公硬件平台、电脑办公软件系统、办公文件的管理方法	1 学时
第 2 章 Windows 10 办公基础	Windows 10 桌面元素、设置系统环境、备份办公文件、重置与保护系统	4 学时
第 3 章 电脑办公软件和设备	使用 Microsoft Edge 浏览器、使用文件检索软件、使用文件压缩软件、使用 PDF 编辑软件、使用 WPS Office 办公软件、使用打印机	3 学时
第 4 章 制作 Word 办公文档	Word 文档基本操作、Word 文本输入操作、设置文本格式、在 Word 中插入与设置表格、使用修订模式审阅办公文档	4 学时
第 5 章 排版与打印办公文档	设置文档页面、制作图文混排文档、定义样式、制作文档章节标题、创建 SmartArt 图形、制作文档目录、设置分栏版式、打印 Word 文档	5 学时
第 6 章 制作 Excel 电子表格	操作 Excel 工作簿、工作表和单元格，设置表格格式，输入和编辑表格数据，设置数据的数字格式，查找与替换数据，打印电子表格	4 学时
第 7 章 计算与分析表格数据	公式与函数的基础知识、单元格的引用、使用 Excel 函数、数据表的规范化处理、数据排序、数据筛选、数据分类汇总、使用数据透视表和可视化图表	5 学时
第 8 章 制作 PowerPoint 演示文稿	创建演示文稿、幻灯片的基本操作、在幻灯片中插入各种元素、为幻灯片添加动画效果、设置幻灯片内容链接、放映演示文稿、打包和导出演示文稿	5 学时
第 9 章 Python 自动化办公	安装 Python、使用 Python 工具、使用 Python 自动化处理 Office 文件	2 学时
第 10 章 电脑系统安全管理	管理 Windows 服务、用户账户控制、设置 Windows 防火墙、使用 BitLocker 启动器加密、应用程序控制策略	4 学时

注：1. 教学课时安排仅供参考，授课教师可根据情况进行调整；

2. 建议每章安排与教学课时相同时间的上机练习。

目录

计算机基础与实训教材系列

第1章
电脑办公自动化概述

　　电脑是现代信息社会的重要标志之一，在办公领域中扮演着得力助手的角色。电脑的普及，使其在办公领域起着举足轻重的作用，使用电脑办公可以简化办公流程，提高办公效率。本章主要介绍电脑办公自动化及电脑软硬件平台的一些基础知识。

本章重点

- 办公自动化的基础知识
- 办公自动化的硬件平台
- 办公文件的管理方法
- 办公自动化的系统软件
- 鼠标和键盘的基本操作

二维码教学视频

【例 1-1】 设置禁止修改文件内容

1.1 办公自动化基础知识

随着电脑的普及，目前几乎在所有的公司中都能看到电脑的身影，尤其是一些金融投资、动画制作、广告设计、机械设计等公司，更离不开电脑的协助。电脑已经成为人们日常办公中不可或缺的工具。

1.1.1 办公自动化的概念

办公自动化(Office Automation，OA)是一个不断成长的概念，它利用先进的科学技术(主要是计算机技术)，使办公室部分工作逐步物化于各种现代化设备中，是由办公室人员与设备共同构成的、服务于某种目标的人机信息处理系统。其目的是尽可能充分地利用现代技术资源与信息资源，提高生产效率、工作效率和工作质量，辅助决策，以取得更好的效果。

电脑办公自动化主要强调以下 3 点。

▽ 利用先进的科学技术和现代化办公设备。

▽ 办公人员和办公设备构成人机信息处理系统。

▽ 提高效率是电脑办公自动化的目的。

1.1.2 办公自动化的功能

电脑办公的主要功能是利用现代化的先进技术与设备，实现办公的自动化，提高办公效率。电脑办公的具体功能如下。

▽ 公文编辑：使用电脑输入和编辑文本，使公文的创建和制作更加方便、快捷和规范化。

▽ 活动安排：主要负责对领导的工作和活动进行统一的协调和安排，包括一周的活动安排和每日活动安排等。

▽ 个人用户管理：可以用个人用户工作台对本人的各项工作进行统一管理，如安排日程和活动、查看并处理当日工作、存放个人的各项资料和记录等。

▽ 电子邮件：完成信息共享、文档传递等工作。

▽ 远程办公：通过网络连接远程电脑，完成所有办公相关信息的传递。

▽ 档案管理：对数据进行管理，如将员工资料与考勤、工资管理、人事管理相结合，实现高效、实时的查询管理，有效提高工作效率，降低管理费用。

1.1.3 办公自动化的特点

电脑在办公操作中的用途有很多，如制作办公文档、财务报表、3D 效果图，进行图片设计等。电脑办公自动化是当今信息技术高速发展的重要标准之一，具有如下特点。

▽ 电脑办公自动化是一个人机信息系统。在电脑办公中，"人"是决定因素，是信息加工

的设计者、指导者和成果享用者；而"机"是指电脑及其相关办公设备，是信息加工的工具和手段。信息是被加工的对象，电脑办公综合并充分体现了人、机器和信息三者之间的关系。

▽　电脑办公可以实现办公信息一体化处理。电脑办公通过不同的电脑办公软件和设备，将各种形式的信息组合在一起，使办公室真正具有综合处理信息的功能。

▽　电脑办公可以提高办公效率和质量。电脑办公是人们处理更高价值信息的一个辅助手段，它借助一体化的电脑办公设备和智能电脑办公软件来提高办公效率，以获得更大效益，并对信息社会产生积极的影响。

1.1.4　办公自动化所需条件

电脑办公所需的 3 个基本条件为办公人员、办公电脑，以及打印机和扫描仪等常用的办公设备。

1．办公人员

办公人员大致分为 3 类：管理人员、办公操作人员和专业技术人员。不同的办公人员在实现办公系统的自动化中扮演不同的角色，如表 1-1 所示。

表 1-1　办公人员的类型

类　　型	说　　明
管理人员	管理人员需要考虑如何对现有的办公自动化体制做出改变，以适应办公的需要。在办公过程中，管理人员负责整理和优化办公流程，分析办公流程中的各个环节的业务处理过程
办公操作人员	办公操作人员直接参与系统工作，完成办公任务。办公操作人员应有较高的业务素质，不仅要熟悉本岗位的业务操作规范，而且要注意和其他环节的操作人员在工作上相互配合，有系统的整体概念
专业技术人员	专业技术人员应了解办公室的各项办公事务和有关的业务，善于把电脑信息处理技术恰当地应用在这些业务处理过程中

2．办公电脑

办公电脑已经成为日常办公中必不可少的设备之一且已发展出不同的类型，以便适应不同用户的需求。

(1) 根据使用方式分类。电脑根据使用方式的不同可以分为台式电脑与笔记本电脑两种。台式电脑是目前最为普遍的电脑类型之一，它拥有独立的机箱、键盘及显示器，并拥有良好的散热性与扩展性。笔记本电脑是一种便携式的电脑，它将显示器、主机、键盘等必需设备集成在一起，方便用户随身携带。

(2) 根据购买电脑的方式分类。根据购买电脑的方式，可以将电脑分成兼容电脑与品牌电脑两种。兼容电脑就是用户自己单独选购各种硬件设备，然后组装起来的电脑，也就是常说的DIY 电脑，其拥有较高的性价比与灵活的配置，用户可以按照自己的要求和实际情况来配置兼容电脑。品牌电脑是由具备一定规模和技术实力的电脑生产厂商生产并标识品牌的电脑，拥有出色的稳定性及全面的售后服务。品牌电脑的常见品牌包括联想、惠普和戴尔等。

3. 办公设备

要实现电脑办公,不仅需要办公人员和电脑,还需要办公设备。例如,要打印文件时需要打印机;要将图纸上的图形和文字保存到电脑中时需要扫描仪;要复印图纸文件时需要复印机等。表 1-2 所示为一些常用的办公设备。

表 1-2　常用办公设备说明

类　　型	说　　明
打印机	通过打印机,用户可以将在电脑中制作的工作文档打印出来。在现代办公和生活中,打印机已经成为电脑最常用的输出设备之一
扫描仪	通过扫描仪,用户可以将办公中所有的重要文字资料或照片输入电脑中保存或者经过电脑处理后刻录到光盘中永久保存
复印机	通过复印机,用户可以将照片等文档直接复制到另一用户手中,从而实现资源共享
移动存储设备	通过移动存储设备,可以在不同电脑间进行数据交换

1.2　办公自动化技术支持

要利用电脑办公自动化提高办公效率,除了要有必需的硬件平台、系统软件,办公人员还需要掌握电脑的基础操作(使用鼠标与键盘)。

1.2.1　办公自动化硬件平台

所谓硬件就是构成电脑的物理部件,是电脑的物质基础。

目前,常用的办公电脑按照使用方式(是否便于携带)可以分为台式电脑和笔记本电脑两种。笔记本电脑比较轻便,便于携带,适合经常外出办公的人员使用,如图 1-1 所示。在大部分公司中,用于日常办公的电脑多为台式电脑,与笔记本电脑相比,台式电脑的性能更加稳定,如图 1-2 所示。

图 1-1　笔记本电脑办公　　　　　　　图 1-2　台式电脑办公

笔记本电脑和台式电脑在外形上有着很大的差异,但是其工作原理和硬件组成基本相同,都由主板、CPU、内存、硬盘、显卡、显示器、鼠标和键盘等部件组成。

▽ CPU: CPU也叫中央处理器,它的英文全称是Central Processing Unit,它是电脑硬件系统的核心,电脑发生的全部动作都由CPU控制。

▽ 主板:主板是整个电脑硬件系统中最重要的部件之一,它不仅是承载主机内其他重要配件的平台,还负责协调各个配件之间进行有条不紊的工作。

▽ 内存:内存又称为内存储器,它与CPU直接进行沟通,并暂时存放系统中当前使用的数据和程序,一旦关闭电源或发生断电,其中的程序和数据就会丢失。它的特点是存储容量较小,但运行速度较快。

▽ 硬盘:硬盘的作用类似于仓库,电脑中所有的数据(包括软件、文件、操作系统等)都保存在硬盘中。

▽ 显卡和显示器:主要用于解析电脑数据,并显示为用户肉眼可见的画面。

▽ 鼠标和键盘:用户向电脑发出的命令、编写的程序等都要通过键盘或鼠标输入电脑中,使电脑能够按照用户发出的指令来操作,实现人机对话。

1.2.2 办公自动化软件系统

办公电脑仅有硬件系统是无法工作的,还需要软件的支持。电脑软件系统包括两方面的能力,分别由系统软件和应用软件两类软件提供。

1. 系统软件

系统软件提供作为一台独立电脑所必须具备的基本能力,它负责管理电脑系统中各种独立硬件,使得它们可以协调工作。系统软件使得电脑使用者和其他软件将电脑当作一个整体而不需要顾及底层每个硬件如何工作。此外,系统软件还包括操作系统和一系列基本工具及功能,如编译器、数据库管理、存储格式化、文件系统管理、用户身份验证、驱动管理、网络连接等(本书第2章将详细介绍目前最常见的Windows 10操作系统的使用方法)。

2. 应用软件

应用软件提供在操作系统之上的扩展能力,是为了某种特定用途而被开发的软件。常见的应用软件有电子表格制作软件、文本处理软件、多媒体演示软件、网页浏览器、电子邮件收发软件等(本书第3章将详细介绍这些内容)。

1.2.3 使用鼠标与键盘

鼠标和键盘是办公中最常用的电脑设备,熟练掌握它们的使用方法,有助于提高工作效率。

1. 鼠标的基本操作

利用鼠标可以方便地指定光标在电脑屏幕上的位置及针对电脑软件中的菜单和对话框进行操作,这使得用户对电脑的操作变得容易、高效。

以Windows操作系统为例,鼠标在该系统中的操作主要包括指向、单击、双击、拖动和右击。

▽ 指向:移动鼠标,将鼠标指针移到操作对象上。

▽ 单击：快速按下并释放鼠标左键。单击一般用于选定一个操作对象。

▽ 双击：连续两次快速按下并释放鼠标左键。双击一般用于打开窗口、启动应用程序。

▽ 拖动：按下鼠标左键，移动鼠标到指定位置，再释放按键。拖动一般用于选择多个操作对象，复制或移动对象等。

▽ 右击：快速按下并释放鼠标右键。右击一般用于打开一个与操作相关的菜单。

在 Windows 10 系统中，鼠标指针的形状通常是一个小箭头，但在一些特殊场合和状态下，鼠标指针形状会发生变化。鼠标指针的形状及其含义如表 1-3 所示。

表 1-3　鼠标指针的形状及其含义

形状	含义	形状	含义	形状	含义	形状	含义
↖	正常选择	✛	精确定位	↕	垂直调整	✛	移动
↖?	帮助选择	I	选定文本	↔	水平调整	↑	候选
↖▨	后台运行	✎	手写	↘	沿对角线调整1	🖑	链接选择
⧗	忙	⊘	不可用	↗	沿对角线调整2		

2. 键盘的快捷操作

键盘是电脑办公自动化中最常用的输入设备，其主要功能是把文字信息和控制信息输入电脑中。通过使用键盘，用户可以实现电脑操作系统提供的一切操作功能。以 Windows10 系统为例，按下表 1-4 所示的快捷键可以大大提高电脑在办公中的命令执行效率。

表 1-4　Windows 系统常用快捷键

快捷键	功　能	快捷键	功　能
Ctrl + Z\Y	撤销与恢复当前的操作步骤	Ctrl + Alt + Del	启动任务管理器
Ctrl + A	选定全部内容(文件或数据)	Alt + F4	关闭当前应用程序
Ctrl + C	复制被选定的内容到剪贴板	Ctrl + N	打开一个新文件或一个窗口
Ctrl + X	剪切被选定的内容到剪贴板	Win + L	锁定屏幕
Ctrl + V	粘贴剪贴板中的内容到当前位置	Win + PrtScn	保存屏幕截图
Win + D	显示系统桌面	Win + I	打开 Windows 的设置窗口
Win + Tab	切换任务视图	Win + 空格	切换输入法
Win + S	打开 Windows 搜索栏	Ctrl + Shift + N	快速创建文件夹
Win + ↓ \ ↑	窗口最小化\最大化	Shift + Ctrl + Esc	打开任务管理器
Shift + Delete	永久删除当前选择的文件或文件夹	F2	重命名文件
Alt + Tab	快速切换窗口		

1.3　办公文件的管理方法

在工作中，通过对办公文件进行合理分类、规范命名、快速检索和权限设置，可以将内容复杂、数量庞大的文件尽量简单化处理，从而提高办公效率，避免出现错误。

1.3.1　合理分类

将办公文件集中起来存放在一个平台(电脑)，进行分类归档，并按照不同的类别将文件存储在不同的文件夹，是高效管理文件的基础。

此时，不能仅按照文件的属性(如 docx、jpg)进行简单的分类，还需要根据文件之间的联系和隶属关系进行分类，如按部门、时间、项目进行分类。另外，文件夹的层次不应设置得过多(不超过 3 层)，以便快速查找文件。

1.3.2　规范命名

办公文件的名称就和人的姓名一样，用于文件的区分、排序和分类，其重要性不言而喻。在日常工作中，文件的命名应符合行业准则并遵循逻辑性。如果文件命名规则不明确、不统一，往往会造成文件管理混乱，在后期需要花费大量的时间和精力对文件进行梳理，甚至可能会造成不可弥补的误操作风险。

因此，办公人员在管理文件时，需要养成良好的文件命名习惯，树立文件命名的规范意识。

1. 详细命名文件

详细命名文件可以帮助办公人员快速索引并了解文件的内容。例如，将会议记录文件(或文件夹)命名为"20241103 市场部某领导南京会议记录"，在打开包含文件(或文件夹)的文件夹后，立刻就能够直接了解文件(或文件夹)中所包含的大致信息，并且，也方便使用关键词"市场部"或"某领导"在电脑中找到所需的文件(或文件夹)。这是简单的文件命名无法达到的效果。

2. 3W 文件命名法

所谓 3W，指的是文件名使用 When+Who+What 的方式命名。

▽ When：文件按时间命名，全部使用数字并且全部放在文件的最前面，方便 Windows 系统自动根据时间顺序对文件进行排序(例如，将文件命名为 20241103 或 202411)。对于同一天内产生的办公文件则在时间之后加上字母 a、b、c、……。

▽ Who：在文件名中加入与文件相关的人员名称(这是文件的主体，一定要有)，并且用"全名+职务"的方式标注，如"市场部陈某某经理"。

▽ What：在文件名的结尾加入文件的内容概述，写明文件是会议文件、活动文件、资料文件还是表格文件，如"南京会议记录"。这部分的文字建议不要过多(不超过 10 个字)。

3. 重要文件加前缀

对于工作中产生的重要文件，可为其加上前缀(如【会议】【方案】【新闻】【客户】【总结】)，可以使这些文件在 Windows 系统的排序中显示在文件夹的顶部，并且将同类文件自动同步排列在一起，方便办公人员查询和关注。

1.3.3 快速检索

在日常使用电脑办公的过程中,办公人员可以使用 Windows 系统自带的文件检索功能和第三方文件检索软件来快速检索电脑中保存的办公文件。

▽ 使用 Windows 文件检索功能:在 Windows 10 系统中,用户可以按下 Win+S 键打开搜索窗口使用关键字来搜索电脑中的办公文件(本书将在 2.1.7 节详细介绍)。

▽ 使用第三方文件检索软件:在电脑中使用 Everthing 或 Listary 检索软件,可以大大提高电脑中办公文件的检索效率(本书将在 3.2.3 节详细介绍)。

此外,办公人员还可以为工作中常用的文件(或文件夹)创建快捷图标,并将这些快捷图标统一保存在一个文件夹中,以便在需要使用时能够快速找到这些文件。

1.3.4 权限设置

办公文件的高效使用往往在一定程度上与文件的安全性相互矛盾。在工作中,往往需要与他人合作完成一份文件的编辑与制作,或者需要将文件通过网络传阅。此时,为了保证文件内容的完整性、正确性,就需要为文件设置访问权限。

在 Windows 10 系统中,用户可以通过设置文件(或文件夹)的安全属性来设置文件(或文件夹)的访问权限。在 Word、Excel 和 PowerPoint 或者 WPS 等软件中,用户可以通过设置文档访问密码来管理文件的访问与修改权限(本书将在后面的章节中介绍)。

1.4 实例演练

本章介绍了电脑办公自动化的基础知识。下面的实例演练将帮助用户初步掌握电脑办公的一些基本操作,包括办公中文件与文件夹的快捷键操作,设置禁止修改文件内容。

1.4.1 使用快捷键管理文件与文件夹

在 Windows 10 系统中,用户可以使用快捷键来管理电脑中的文件与文件夹。

1. 查找文件与文件夹

按 Win+E 键将打开 Windows 10 文件资源管理器,在其中的查找框中输入文件名(如"办公"),可快速查找电脑中符合要求的文件与文件夹,如图 1-3 所示。

2. 新建文件夹

在日常办公中,无论处理文件还是归纳文件,都需要新建文件夹。用户只需要在桌面或某个文件夹中同时按 Ctrl+Shift+N 键,就能够快速创建一个新文件夹,如图 1-4 所示。

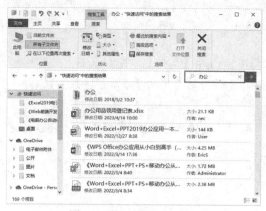

图 1-3　使用关键词查找文件

图 1-4　新建文件夹

3. 重命名文件与文件夹

在日常办公中免不了要对文件或文件夹的名称进行修改。在选中文件或文件夹后，按 F2 键，即可进入文件或文件夹修改状态，此时输入新的名称后按 Enter 键即可完成文件或文件夹的重命名。

此外，如果按住 Ctrl 键选中多个文件或文件夹，按 F12 键后输入一个新的文件名并按 Enter 键，可以为选中的多个文件或文件夹重命名。此时，所有被选中文件或文件夹将以名称(1)、名称(2)、名称(3)的形式重新命名，如图 1-5 所示。

图 1-5　同时重命名多个文件

4. 恢复误删除的文件或文件夹

选中文件或文件夹后按 Delete 键(或者 Ctrl+D 键)可以将其删除。如果误删除了重要的文件，立刻按 Ctrl+Z 快捷键可以撤销上一步删除操作，将删除的文件恢复。

同样，在重命名多个文件或文件夹后，如果对命名效果不满意也可以按 Ctrl+Z 快捷键恢复文件或文件夹原来的名称。

1.4.2　设置禁止修改办公文件内容

在工作中如果用户需要保护电脑中的一些文件内容不被修改，可以通过设置权限，禁止对其内容进行编辑。

【例 1-1】 在 Windows 10 中设置禁止修改文件内容。 视频

(1) 选中并右击电脑中的文件，在弹出的快捷菜单中选择【属性】命令，在打开的对话框中选择【安全】选项卡并单击【编辑】按钮，继续在打开的对话框单击【添加】按钮，如图 1-6 左图所示。

(2) 打开【选择用户或组】对话框，在【输入对象名称来选择(示例)】列表框中输入 Everyone 后单击【确定】按钮，如图 1-6 右图所示。

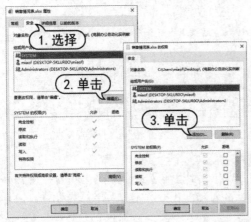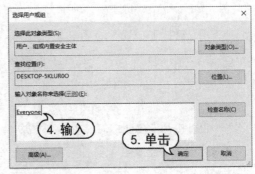

图 1-6 添加 Everyone 用户

(3) 返回图 1-6 左图所示的文件属性对话框，在【拒绝】列选中【写入】复选框，单击【确定】按钮即可。

提示
如果在文件属性对话框的【拒绝】列选中【完全控制】复选框，用户将无法对文件执行打开或删除操作。

1.5 习题

1. 简述电脑办公自动化的功能和特点。
2. 简述电脑办公所需要的 3 个基本条件。
3. 简述正确的鼠标握姿和操作键盘的方法。
4. 简述电脑办公的硬件平台和软件系统。
5. 在电脑硬盘(非系统盘)中创建一个文件夹，并将办公文件归纳在该文件夹内。

计算机基础与实训教材系列

第2章

Windows 10 办公基础

操作系统是使用电脑进行办公的基础，学会 Windows 10 的基本操作和系统环境设置可以使用户更加方便地操作电脑，促进办公自动化。本章主要介绍有关 Windows 10 的基本操作，以及设置办公环境、管理文件等办公操作内容。

 本章重点

- Windows 10 系统桌面
- 办公文件的复制和移动
- 办公文件的备份与还原
- 办公环境的个性化设置
- 系统账户设置与系统任务管理
- 办公系统的重置与保护

二维码教学视频

【例 2-1】 将文件夹和软件图标加入开始菜单
【例 2-2】 更改 Windows 10 系统的日期和时间

2.1 Windows 10 系统桌面

在 Windows 系列操作系统中，"桌面"是一个重要的概念，它指的是当用户启动并登录操作系统后，用户所看到的一个主屏幕区域。桌面是用户进行工作的一个平台，它由图标、【开始】按钮、任务栏、窗口等几部分组成，如图 2-1 所示。

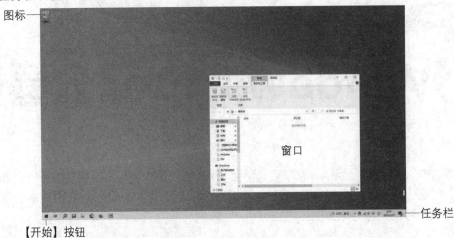

图 2-1　Windows 10 系统桌面

2.1.1 管理桌面图标

在电脑中安装 Windows 10 后，用户会发现系统桌面上只有一个"回收站"图标。其余"此电脑""网络"等图标都被隐藏。要找回这些图标，可以执行以下操作。

(1) 在系统桌面上右击鼠标，从弹出的快捷菜单中选择【个性化】命令，如图 2-2 左图所示。

(2) 在打开的窗口中选择【主题】选项，然后选择窗口右侧的【桌面图标设置】选项，如图 2-2 中图所示。

(3) 打开【桌面图标设置】对话框，选中要在系统桌面上显示的图标(复选框)，单击【确定】按钮即可，如图 2-2 右图所示。

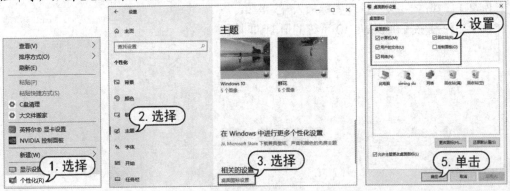

图 2-2　显示被系统隐藏的桌面图标

计算机基础与实训教材系列

除了系统图标，还可以添加其他应用程序或文件夹的快捷方式图标。一般情况下，安装了一个新的应用程序后，都会自动在桌面上建立相应的快捷方式图标，如果该程序没有自动建立快捷方式图标，可以在程序的启动图标上右击鼠标，在弹出的快捷菜单中选择【发送到】|【桌面快捷方式】命令(如图 2-3 所示)来创建一个桌面快捷方式图标。

在系统桌面添加多个图标后，用户可以对图标执行排列、移动、隐藏、删除等操作。

▽ 排列图标。在桌面空白处右击鼠标，从弹出的快捷菜单中选择【排序方式】下的命令，可以将桌面上的图标按照【名称】【大小】【项目类型】【修改日期】方式进行排序，如图 2-4 所示。

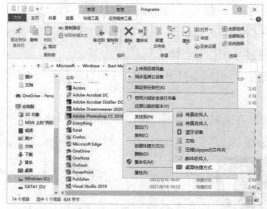

图 2-3　创建桌面快捷图标

图 2-4　排列图标

▽ 移动图标。选中桌面图标后，按住鼠标左键拖动可以调整图标在桌面上的位置。

▽ 隐藏图标。在桌面空白处右击鼠标，从弹出的快捷菜单中选择【查看】命令，从弹出的子菜单中取消【显示桌面图标】选项的勾选状态，即可隐藏所有桌面图标。

▽ 删除图标。选中桌面上的快捷图标后，按 Delete 键即可将其删除(注意："回收站""此电脑""网络"等系统图标需要通过执行图 2-2 所示的操作在【桌面图标设置】对话框中从桌面删除)。

2.1.2　使用任务栏和虚拟桌面

在 Windows 10 系统中，用户可以通过任务栏和虚拟桌面提升多任务办公效率。

1. 使用任务栏

任务栏是位于桌面下方的一个条形区域，它显示了系统正在运行的程序、打开的窗口和系统时间等内容，如图 2-5 所示。

任务栏中包含了许多系统信息和功能。任务栏最左边的按钮 便是【开始】按钮，【开始】按钮的右边依次是快速启动图标(包含系统默认图标和用户自定义图标)、打开的窗口和通知区域(该区域中包含系统中正在运行的程序图标、语言栏和系统时间)、【显示桌面】按钮(单击该按钮即可显示完整桌面，再次单击即可还原)。

图 2-5　任务栏

在任务栏上，用户可以通过鼠标的各种按键操作来实现不同的功能。

▽ 左键单击：单击任务栏左侧的快速启动图标可启动程序；单击任务栏中已打开的窗口，可以在系统桌面显示或隐藏该窗口；单击任务栏右侧的【显示桌面】按钮，可以立刻将桌面中显示的所有窗口最小化，显示系统桌面；单击通知区域中的"程序图标""语言栏""系统时间"将打开相应的界面显示各种系统(或程序)信息。

▽ 中键单击：使用鼠标中键单击任务栏中快速启动图标或打开的窗口，可以新建一个程序文件(或窗口)。

▽ 右键单击：右键单击任务栏中的图标，可以打开跳转列表(Jump List)，帮助用户快速打开办公中最近访问的文档、文件夹和网站，如图 2-6 所示。

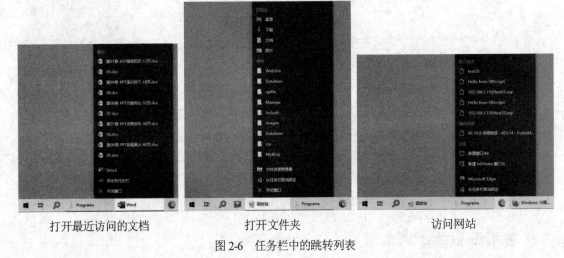

打开最近访问的文档　　　　　　打开文件夹　　　　　　访问网站

图 2-6　任务栏中的跳转列表

2. 使用虚拟桌面

虚拟桌面是 Windows 10 中一个新增的功能，该功能允许用户可以同时操控多个系统桌面环境，从而妥善管理办公中不同用途的窗口。

按 Win+Tab 键即可打开虚拟桌面，如图 2-7 所示。虚拟桌面默认显示当前桌面环境中的窗口，屏幕顶部为虚拟桌面列表，单击【新建桌面】选项(快捷键 Win+Ctrl+D)可以创建多个虚拟桌面。同时，还可以在虚拟桌面中将打开的窗口拖动至其他虚拟桌面，也可以拖动窗口至【新建桌面】选项，自动创建新虚拟桌面并将该窗口移至此虚拟桌面。如果用户要删除多余的虚拟桌面，单击该虚拟桌面缩略图右上角的【关闭】按钮即可，或者在需要删除的虚拟桌面环境中按 Win+Ctrl+F4 键。删除虚拟桌面时如果虚拟桌面中有打开的窗口，则虚拟桌面自动将窗口移至前一个虚拟桌面。使用 Win+Ctrl+左/右方向键可以快速切换虚拟桌面。

图 2-7　虚拟桌面

 提示

在 Windows 10 中创建虚拟桌面没有数量限制。

2.1.3　使用分屏功能

使用 Windows 10 的分屏功能可以让多个窗口在同一屏幕显示，从而提升办公效率。

在桌面中选中一个窗口后，将鼠标指针放置在窗口顶部按住鼠标左键拖动，将窗口拖动至显示器屏幕左侧、右侧、左上角、左下角、右上角或右下角即可进入分屏窗口选择界面。如图 2-8 所示，分屏功能以缩略图的形式显示当前打开的所有窗口，单击缩略图右上角的【关闭】按钮×可以关闭该窗口。选择另一个要分屏显示的窗口缩略图可以在屏幕上并排显示两个窗口。

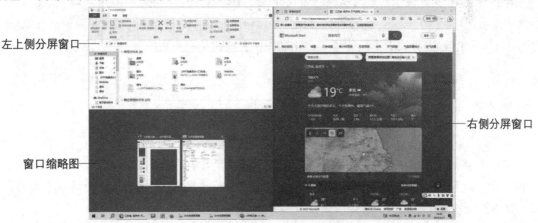

图 2-8　分屏显示窗口

提示

在 Windows 10 中可以使用 Win+方向键调整窗口显示位置。在电脑桌面环境中使用分屏功能时，窗口所占屏幕的比例只能是二分之一或者四分之一。

计算机基础与实训教材系列

2.1.4 使用 Ribbon 界面

Ribbon 界面最早被用于 Microsoft Office 2007,该界面将所有的命令放置在"功能区"中,组织成一种"标签",每一种标签下包含了同类型的命令。图 2-9 所示为双击【此电脑】图标后在打开的文件资源管理器中显示的 Ribbon 界面。

图 2-9　Ribbon 界面

现在,微软公司大部分软件产品都使用 Ribbon 界面,一些非微软公司软件也使用 Ribbon 界面,如 WinZip、WPS Office 等。Ribbon 界面具有以下优点。

▽ 所有功能及命令集中分组存放,方便用户使用。
▽ 文件资源管理器更加简便易用。
▽ 部分文件格式和应用程序有独立的选项标签页。
▽ 软件功能以图标形式显示。
▽ 以往被隐藏很深的命令在 Ribbon 界面中变得直观,更加适合用户操作。
▽ 最常用的命令被放置在显眼、合理的位置,以便用户快速使用。
▽ 保留了传统资源管理器中一些优秀的级联菜单选项。

1. 功能区标签

Windows 10 文件资源管理器默认隐藏功能区,不显示标签,如图 2-10 所示。单击窗口右上角的【展开功能区】按钮∨(快捷键:Ctrl+F1)可以显示图 2-9 所示的 Ribbon 功能区标签(单击图 2-9 所示 Ribbon 界面右上角的【最小化功能区】按钮∧则可以隐藏功能区标签)。

图 2-10　隐藏的 Ribbon 界面

在默认情况下,Ribbon 界面只显示【计算机】和【查看】两个标签,如图 2-9 所示。这些标签页中包含用户常用的操作选项。用户选中电脑中的驱动器(或文件)后,将会显示【主页】和【共享】标签,如图 2-11 所示。

图 2-11　选择驱动器后显示更多标签

▽ 【计算机】标签。用户在 Windows 10 系统桌面双击"此电脑"图标后，将在打开的文件资源管理器中显示图 2-9 所示的【计算机】标签，该标签中主要包含一些常用的电脑操作选项，如查看系统属性、打开 Windows 设置、卸载程序、重命名文件(文件夹或驱动器)等。

▽ 【查看】标签。【查看】标签中主要包含查看类型的操作选项，可以对文件和文件夹的显示布局进行调整，如图 2-12 所示。【查看】标签的【当前视图】分类下包括【分组依据】【排序方式】【添加列】等操作选项，使用这些选项可以帮助用户快速找到电脑中的办公文件。

图 2-12　【查看】标签

▽ 【主页】标签。在 Ribbon 界面中选择【主页】标签，该标签中主要包含对各类文件的常用操作选项，如复制、剪切、粘贴、新建、选择、删除、编辑等。此外，该标签中还包含复制文件路径的功能选项(【复制路径】选项)，选中文件或文件夹后，单击该选项可以复制选中对象的路径到任何位置。

▽ 【共享】标签。【共享】标签中主要包含涉及共享和发送方面的操作选项。在该标签中用户可以对文件或文件夹进行压缩、刻录到光盘、打印、共享、传真等操作，如图 2-13 所示。

图 2-13　【共享】标签

提示

【共享】标签中的命令只针对文件夹有效。用户还可以单击图 2-13 所示的【共享】标签中的【高级安全】选项，对文件或文件夹的权限进行设置。

除了上面介绍的 4 个基本标签，在电脑中选中不同的操作对象时，Ribbon 界面将显示不同的功能区标签。下面将介绍 Ribbon 界面中处理办公文件的几个常用标签操作。

▽ 硬盘分区操作。在文件资源管理器中选中硬盘分区后，Ribbon 界面将显示图 2-14 所示的【驱动器工具】标签，其中包含优化(磁盘整理)、清理、格式化等操作选项。

▽ 音乐文件操作。选中 Windows 10 支持的音乐文件时，Ribbon 界面功能区将显示【音乐工具】标签，其中包括一些播放音乐的常用操作选项，如图 2-15 所示。单击其中的【播放】选项，系统将自动调用音乐或视频软件播放音乐文件。

图 2-14 【驱动器工具】标签   图 2-15 【音乐工具】标签

▽ 图片文件操作。选中一个图片文件后，Ribbon 界面将显示图 2-16 所示的【图片工具】标签，单击其中的【放映幻灯片】选项可以将文件夹中的图片以幻灯片的形式放映；单击【向左旋转】或【向右旋转】选项可以对图片进行简单的编辑；单击【设置为背景】选项，可以将选中的图片设置为系统桌面壁纸。

▽ 视频文件操作。选中电脑中的视频文件后，Ribbon 界面将显示图 2-17 所示的【视频工具】标签，该标签中各选项的功能与【音乐工具】标签类似。

图 2-16 【图片工具】标签   图 2-17 【视频工具】标签

▽ 可执行文件操作。Windows 10系统默认识别.exe、.msi、.bat、.cmd 等类型的文件为可执行文件。选中一个可执行文件后，Ribbon 界面将显示图2-18所示的【应用程序工具】标签，单击其中的【固定到任务栏】选项可以将文件固定到桌面任务栏左侧的快速启动图标区域；单击【以管理员身份运行】选项右侧的小箭头，可以在弹出的列表中选择以其他用户身份运行可执行文件；单击【兼容性问题疑难解答】选项，可以检查可执行文件的兼容性。

▽ 压缩文件操作。Windows 10系统只支持.zip 格式的压缩文件，选中该类型的文件后 Ribbon 界面将显示图2-19所示的【压缩的文件夹工具】标签。

图 2-18　【应用程序工具】标签

图 2-19　【压缩的文件夹工具】标签

2. 文件菜单

在 Windows 10 中打开文件资源管理器，单击 Ribbon 界面左上角的【文件】选项将打开图 2-20 左图所示的文件菜单。文件菜单左侧为选项列表，右侧为用户经常使用的文件位置列表，单击文件位置右侧的图钉按钮 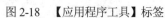 可以将文件位置固定在文件菜单中。

文件菜单中包含两个实用的选项，分别是【打开新窗口】选项和【打开 Windows PowerShell】选项。选择【打开新窗口】选项，将显示图 2-20 中图所示的子菜单，提供【打开新窗口】和【在新进程中打开新窗口】两个选项；选择【打开 Windows PowerShell】选项，将显示图 2-20 右图所示的子菜单，包含【打开 Windows PowerShell】和【以管理员身份打开 Windows PowerShell】两个选项。

图 2-20　文件菜单

3. 快速访问工具栏

Ribbon 界面的快速访问工具栏位于文件资源管理器的标题栏中，其中包括【属性】【新建文件夹】【撤销】【恢复】【删除】和【自定义快速访问工具栏】等用户常用的操作选项，如图 2-21 所示。

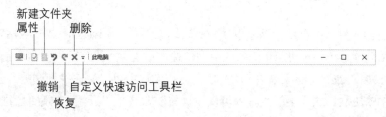

图 2-21　快速访问工具栏

![提示] 提示

单击快速访问工具栏中的【自定义快速访问工具栏】选项▼，在弹出的菜单中可以选择快速访问工具栏中显示的选项。

2.1.5 使用开始菜单

开始菜单指的是单击任务栏中的【开始】按钮▦所打开的菜单。通过开始菜单，用户不仅可以访问硬盘上的文件或者运行安装好的软件，还可以打开【Windows 设置】窗口，以及实现电脑的睡眠、关机与重启控制，如图 2-22 所示。

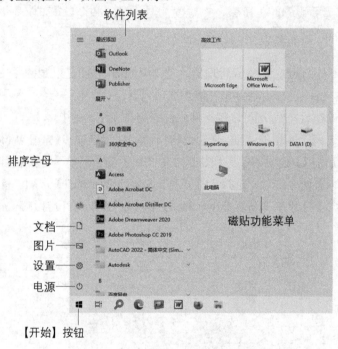

图 2-22 Windows 10 的开始菜单

1. 查找并运行软件

在开始菜单中，应用程序(软件)以名称的首字母或拼音升序排列，单击排序字母可以显示应用列表索引，如图 2-23 所示，通过该索引可以快速查找电脑中安装的软件。

2. 快速访问软件和应用

开始菜单右侧的界面中显示的缩略图块称为"动态磁贴"(Live Tile)或"磁贴"，多个磁贴的组合称为磁贴功能菜单。其功能和任务栏中的快捷图标类似，用户可以将常用的应用程序(简称应用)或文件夹加入磁贴功能菜单中，从而使自己在工作中可以快速找到这些办公资源。右击磁贴功能菜单中的磁贴，从弹出的菜单中可以设置将磁贴【从"开始"屏幕取消固定】【调整大小】或者将磁贴【固定到任务栏】，如图 2-24 所示。

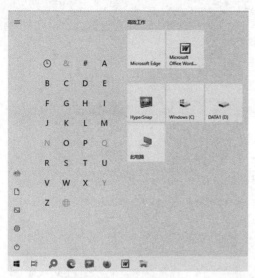

图 2-23　应用列表索引　　　　　　　　　图 2-24　调整磁贴功能菜单

【例 2-1】 将办公中常用的文件夹和软件图标加入开始菜单的磁贴功能菜单中。 🎬视频

(1) 单击任务栏左侧的【开始】按钮█，在弹出的开始菜单中单击排序字母 A，打开图 2-23 所示的应用列表索引，选择字母 P，找到开始菜单中以字母 P 开头的软件列表，然后选中其中的 PowerPoint 软件将其拖动至磁贴功能菜单中，如图 2-25 所示。

(2) 打开文件资源管理器，右击保存常用办公文件的文件夹，从弹出的快捷菜单中选择【固定到"开始"屏幕】命令，如图 2-26 所示。

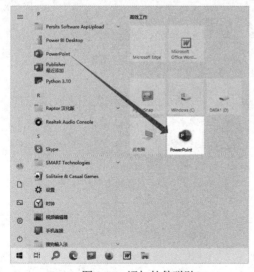

图 2-25　添加软件磁贴

图 2-26　添加文件夹磁贴

3. Windows 设置

单击开始菜单左下方的【设置】按钮⚙(快捷键：Win+I)可以打开图 2-27 所示的【Windows 设置】窗口，其中包含【系统】【设备】【手机】【网络和 Internet】【个性化】【应用】【账户】【时间和语言】【游戏】【轻松使用】【搜索】【隐私】【更新和安全】13 项设置。

計算机基础与实训教材系列

图 2-27 【Windows 设置】窗口

4. 快速打开文档和图片

单击开始菜单左下角的【文档】按钮 🗀，可以快速打开 Windows 10 文档库，如图 2-28 左图所示。单击开始菜单左下角的【图片】按钮 🖾，可以快速打开 Windows 10 图片库，如图 2-28 右图所示。

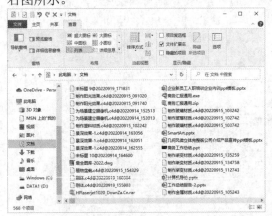 

图 2-28 打开 Windows 10 文档库和图片库

5. 关闭和重启电脑

单击开始菜单左下角的【电源】按钮 ⏻，在弹出的菜单中选择【关机】命令，可以关闭电脑；选择【重启】命令，可以重启电脑；选择【睡眠】命令，可以设置电脑进入睡眠状态(单击鼠标或按下 Esc 键可唤醒)，如图 2-29 所示。

图 2-29 Windows 10 的电源菜单

2.1.6　使用操作中心

在默认情况下，Windows 10 的操作中心在任务栏最右侧的通知区域以图标🖵方式显示。单击该图标(或按 Win+A 键)可以快速打开操作中心，如图 2-30 所示。

操作中心由两部分组成，上方为通知信息列表，单击列表中的通知信息可以查看信息详情或打开相关的设置窗口；下方为快捷操作按钮，单击这些快捷按钮可以快速启用或停用网络、飞行模式、定位等功能，也可以快速打开连接、Windows 设置等窗口。

按 Win+I 键打开【Windows 设置】窗口后，选择【系统】|【通知和操作】选项，可以打开图 2-31 所示的【通知和操作】窗口，在该窗口中用户可以修改操作中心中快捷操作按钮的位置，以及增加、删除快捷操作按钮。此外，还可以在该窗口中设置操作中心是否接收特定类别的通知信息。

通知信息——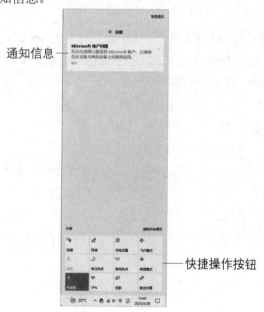

快捷操作按钮——

图 2-30　操作中心　　　　　　图 2-31　通知和操作设置

2.1.7　使用搜索窗口

Windows 10 系统支持全局搜索。按 Win+S 键可以打开图 2-32 所示的【搜索】窗口，在该窗口底部的搜索栏中输入关键词即可搜索电脑中的文档、图片、音乐，或者通过网络搜索符合关键词的信息。

在【Windows 设置】窗口中选择【搜索】|【搜索 Windows】选项，可以打开图 2-33 所示的【搜索 Windows】窗口，在该窗口中用户可以设置搜索文件时排除的文件夹及搜索文件的范围(包括【经典】和【增强】两种模式)。

图 2-32　搜索窗口　　　　　　图 2-33　【搜索 Windows】窗口

2.2　办公文件的移动和复制

　　在 Windows 10 中选中一个文件后按 Ctrl+C 键(或在 Ribbon 界面的【主页】标签中单击【复制】选项)可以执行"复制"操作；按 Ctrl+X 键(或在 Ribbon 界面的【主页】标签中单击【剪切】选项 ✂)可以执行"剪切"操作。打开一个文件夹，按 Ctrl+V 键(或在 Ribbon 界面的【主页】标签中单击【粘贴】选项 📋)，执行"复制"操作的文件将被复制到该文件夹，执行"剪切"操作的文件将被移到该文件夹。用户可以在同一个界面中管理所有文件的复制和移动操作，如图 2-34 左图所示。

　　在移动或复制文件时，系统界面默认显示图 2-34 左图所示的简略信息，单击【详细信息】选项，可以显示图 2-34 中图所示的详细信息。系统会显示文件移动或复制的实时速度(每项操作都显示数据传输速度、传输速度趋势、要传输的剩余数据量及剩余时间)。

　　Windows 10 支持暂停对文件的移动和复制操作，单击图 2-34 中图中的【暂停】选项 ⏸，将暂停对文件的复制或移动操作，如图 2-34 右图所示。

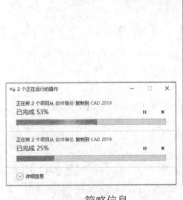

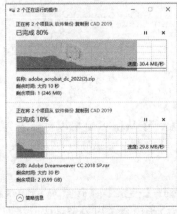

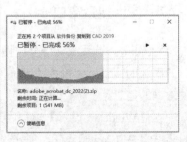

简略信息　　　　　　　　详细信息　　　　　　　　暂停操作

图 2-34　复制或移动文件

在将文件移动或复制到另一个文件夹时，可能会遇到同名文件。此时，操作系统将会弹出图 2-35 所示的提示对话框，询问用户如何处理同名文件。默认有 3 个处理选项，分别是【替换目标中的文件】【跳过这些文件】和【让我决定每个文件】。选择【让我决定每个文件】选项后，系统将会打开图 2-36 所示的文件冲突处理界面。在该界面中，源文件夹中的文件位于界面左侧，目标文件夹中存在文件名冲突的文件位于界面右侧。整个界面集中显示所有冲突文件的关键信息，包括文件名、文件大小(如果冲突文件是图片文件，系统还会提供图片的预览效果)。如果用户想要了解冲突文件的路径信息，将鼠标指针放置在相应的文件缩略图上即可。

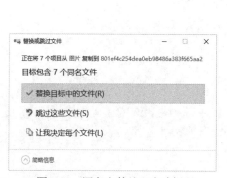

图 2-35　同名文件处理方式提示

图 2-36　文件冲突处理界面

 提示

在图 2-36 中双击文件缩略图可以在文件当前位置打开该文件。

2.3　系统环境的个性化设置

在使用电脑处理办公文件时，用户可根据自己的习惯和喜好为操作系统设置一个个性化的办公环境，以提高办公效率。

在 Windows 10 系统中，打造个性化的办公环境可以通过自定义桌面主题、桌面背景(图片背景、纯色背景、幻灯片放映背景)、锁屏界面，以及设置屏幕保护程序等方式来实现。

2.3.1　自定义桌面主题

用户通过自定义主题可以使办公电脑的整体视觉效果发生变化。在 Windows 10 系统桌面上右击鼠标，从弹出的快捷菜单中选择【个性化】命令，在打开的窗口中选择【主题】选项，可以自定义系统桌面的主题方案，如图 2-37 所示。

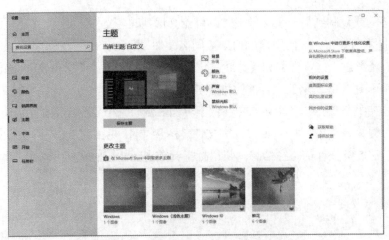

图 2-37　Windows 10 桌面主题设置界面

此外，用户还可以根据需要自定义主题颜色和系统桌面背景(壁纸)。

1. 设置主题颜色

在图 2-37 所示界面中单击【颜色】选项，在打开的【颜色】界面中用户可以自定义系统主题颜色，如图 2-38 所示。Windows 10 系统提供了 40 多种主题颜色，选中【从我的背景自动选取一种主题色】复选框后，可以启用主题随壁纸自动更换主题色的功能。

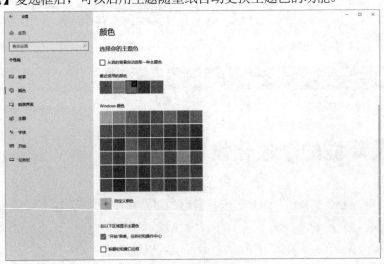

图 2-38　设置主题颜色

用户可以在图 2-38 所示的界面中选中【"开始"菜单、任务栏和操作中心】复选框单独设置【开始】菜单、任务栏和操作中心的颜色；选中【标题栏和窗口边框】复选框单独设置窗口中标题栏和窗口边框的颜色。

2. 设置桌面背景

在图 2-37 所示界面中单击【背景】选项，在打开的【背景】界面中用户可以自定义系统桌面背景，如图 2-39 所示。

图 2-39　自定义桌面背景

在图 2-39 所示的界面中单击【背景】下拉按钮，从弹出的下拉列表中可以选择桌面背景是采用图片、纯色还是幻灯片放映形式；单击【浏览】按钮可以将电脑硬盘中的图片文件设置为Windows 10 系统桌面背景；单击【选择契合度】下拉按钮，从弹出的下拉列表中可以选择图片作为桌面背景的填充方式，包括【填充】【适应】【拉伸】【平铺】【居中】【跨区】几种形式。

2.3.2　自定义锁屏界面

在 Windows 10 中按 Win+L 键可以快速进入锁屏界面(只显示系统日期和时间)，如图 2-40所示。参考以下操作步骤可以自定义锁屏界面的背景效果。

(1) 在系统桌面上右击鼠标，从弹出的快捷菜单中选择【个性化】命令，打开【设置】窗口，然后选择窗口左侧的【锁屏界面】选项。

(2) 在打开的【锁屏界面】窗口中单击【背景】下拉按钮，在弹出的下拉列表中可以设置锁屏界面中使用的背景类型，包括【图片】【纯色】和【幻灯片放映】。

(3) 使用【浏览】按钮可以将电脑中保存的图片文件显示在【选择图片】列表中，选中列表中的图片即可将其作为锁屏界面图片，如图 2-41 所示。

图 2-40　锁屏界面

图 2-41　【锁屏界面】窗口

计算机基础与实训教材系列

27

2.3.3 设置屏幕保护程序

在图 2-42 左图所示的【锁屏界面】窗口的底部单击【屏幕保护程序设置】选项，可以打开图 2-42 右图所示的【屏幕保护程序设置】对话框，单击该对话框中的【屏幕保护程序】下拉按钮，用户可以为 Windows 10 系统设置屏幕保护程序。在【等待】微调框中可以设置电脑在无操作状态下进入屏幕保护程序的时间。

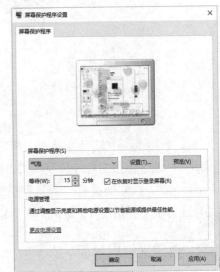

图 2-42　为 Windows 10 设置屏幕保护程序

2.4　系统账户设置

从 Windows 8 开始，微软公司将其开发的各种软件产品的账户统一至 Microsoft 账户。使用 Microsoft 账户不仅可以登录 Windows 10 系统，还可以登录其他任何 Microsoft 应用程序或服务，如 Outlook、OneDrive、Office 等。

2.4.1 Windows 10 账户基础知识

Windows 10 提供两种账户用以登录操作系统，分别是本地账户和 Microsoft 账户。在电脑中安装 Windows 10 的过程中，安装软件将会提示用户使用何种方式登录电脑，默认选项为 Microsoft 账户，同时为用户提供了注册 Microsoft 账户的选项(前提是当前电脑已经连接到互联网)。如果本地电脑无网络连接，用户则只能使用本地账户登录操作系统，Windows 10 系统安装程序将为用户创建本地账户并进行登录操作。

这里需要注意的是：由于本地账户无法使用某些 Windows 应用且无法同步操作系统设置数据，因此在办公中为了保护电脑中的重要数据与设置参数，并体验 Windows 10 的完整功能，用户应尽量使用 Microsoft 账户登录系统。

2.4.2　注册 Microsoft 账户

在安装 Windows 10 操作系统时，并不是每位用户都会使用 Microsoft 账户登录。在没有网络、没有 Microsoft 账户的情况下，创建 Microsoft 账户可以采用以下两种方法。

▽　方法一：通过浏览器访问微软官方网站注册 Microsoft 账户。

▽　方法二：通过 Windows 10 的 Microsoft 账户注册链接注册 Microsoft 账户。

> **提示**
>
> 在注册 Microsoft 账户的过程中，用户需要为账户设置有效的手机号码及电子邮件，以便在后续登录操作系统或进行验证时使用。由于注册 Microsoft 账户的过程比较简单，按照微软公司提供的提示即可完成操作，故这里不再赘述。

2.4.3　从本地账户切换至 Microsoft 账户

在 Windows 10 中用户可以参考以下操作步骤将本地账户切换为 Microsoft 账户。

(1) 按 Win+I 键打开【设置】窗口后选择【账户】选项，打开【账户信息】窗口，单击【改用 Microsoft 账户登录】选项，如图 2-43 左图所示。

(2) 打开【Microsoft 账户】对话框，在系统提示下输入 Microsoft 账户及密码，单击【下一步】按钮切换至 Microsoft 账户，如图 2-43 右图所示。

图 2-43　切换为 Microsoft 账户

2.4.4　设置 Windows 10 登录模式

在 Windows 10 中，用户可以采用图片密码、安全密钥、字符密码、Windows Hello PIN、Windows Hello 人脸/指纹(需硬件支持)多种方式登录系统。下面将介绍在办公中比较实用的几种登录方式(注意：如果用户通过远程方式登录 Windows 10，则只能使用字符密码登录模式，如果系统启用了【需要通过 Windows Hello 登录 Microsoft 账户】选项，则不会显示字符密码、图片密码设置选项)。

1. 使用图片密码登录系统

图片密码就是预先在一张图片上绘制一组手势，操作系统保存这组手势后，当用户登录操作系统时，需要重新在图片上绘制手势。如果绘制的手势和之前设置的手势相同，即可登录操作系统。

启用图片密码的具体操作步骤如下。

(1) 按 Win+I 键打开【设置】窗口，选择【账户】|【登录选项】选项，打开图 2-44 左图所示的【登录选项】窗口，单击【图片密码】选项将其展开，然后单击【添加】按钮。

(2) 打开【Windows 安全中心】对话框，输入系统账户密码后，单击【确定】按钮，如图 2-44 右图所示。

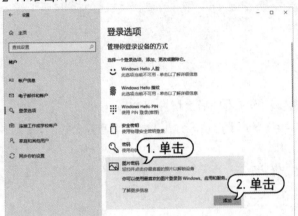
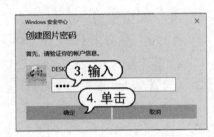

图 2-44　添加图片密码

(3) 在【欢迎使用图片密码】窗口中单击【选择图片】按钮，打开【打开】对话框，选择一张图片作为图片密码的图片后，单击【打开】按钮，如图 2-45 左图所示。

(4) 在打开的界面中单击【使用此图片】按钮，如图 2-45 右图所示。

图 2-45　选择图片

(5) 确定使用的图片后，即可在图 2-46 所示的界面中创建手势组合。因为每个图片密码只允许创建 3 个手势，所以图中醒目的 3 个数字表示当前已创建至第几个手势。手势可以使用鼠标绘制任意圆、直线和点等图形，手势的大小、位置和方向，以及画手势的顺序，都将成为图片密码的一部分。因此，用户在创建手势时必须牢记手势。

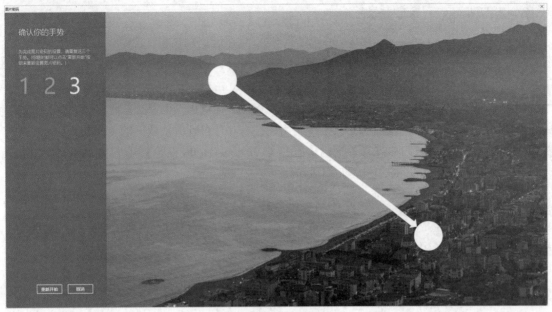

图 2-46　创建手势组合

(6) 手势创建完成后，系统将会提示用户确认手势密码，用户根据提示重新绘制手势并验证通过后，图片密码创建成功。此时，重新登录或解锁 Windows 10，操作系统将会自动使用图片密码登录模式。

> **提示**
>
> 图片密码只能在登录 Microsoft 账户的 Windows 10 操作系统中使用。如果用户想要修改图片密码，可以在【设置】窗口中选择【账户】|【登录选项】选项，然后在【图片密码】选项下单击【更改】按钮。如果想要删除图片密码，在【图片密码】选项下单击【删除】按钮即可。

2. 使用 Windows Hello PIN 登录系统

Windows Hello PIN(简称 PIN)即个人识别码。在 Windows 10 操作系统中使用 PIN 登录更加方便、快捷。

在 Windows 10 的安装过程中(OOBE 阶段)，如果设置使用 Microsoft 账户，则操作系统会要求用户启用 PIN。如果是在本地账户已经安装完成的 Windows 10 中启用 PIN，则需要先使用 Microsoft 账户登录并通过短信或邮箱验证之后，才能启用 PIN。

在图 2-44 左图所示的【登录选项】窗口中展开 Windows Hello PIN 选项，单击其下方的【更改】或【删除】按钮，可以修改或删除系统中设置的 PIN，如图 2-47 所示。

图 2-47　修改与删除 PIN

3. 使用 Windows Hello 登录系统

Windows Hello 是 Windows 10 系统提供的一种安全认证识别技术,它能够在用户登录操作系统时,对当前用户的指纹、面部和虹膜等生物特征进行识别。Windows Hello 相比传统的密码更加安全。

使用 Windows Hello 登录系统需要特定的硬件支持:指纹识别需要指纹收集器;面部识别和虹膜识别需要使用 Intel 3D 实感相机,或采用该技术并且得到微软认证的传感器。在电脑中安装相应的设备后,在【登录选项】窗口中展开【Windows Hello 人脸】或【Windows Hello 指纹】选项,即可添加 Windows Hello 人脸或指纹。

> **提示**
>
> 启用 Windows Hello 之后必须启用 PIN,以保证在 Windows Hello 无法使用时用户还可以使用 PIN 解锁 Windows 10。

2.5 系统任务管理

在 Windows 10 中,用户可以通过以下 4 种方法打开【任务管理器】窗口管理系统中的任务进程,并查看当前电脑 CPU、内存、磁盘、网络流量、GPU 等的使用情况。

▽ 按 Ctrl+Shift+Esc 键。

▽ 按 Ctrl+Alt+Delete 键。

▽ 在任务栏上右击鼠标,从弹出的快捷菜单中选择【任务管理器】命令。

▽ 按 Win+R 键后,在打开的【运行】文本框中输入 taskmgr.exe 并按 Enter 键。

第一次打开 Windows 10【任务管理器】窗口时将显示图 2-48 所示的简略版任务管理器,只显示当前系统中任务进程的简略信息(在简略版任务管理器中未响应程序右侧将显示红色的"未响应"标识)。如果用户要强行关闭当前电脑中某个无法响应操作的应用程序,只需要在简略版任务管理器中选中该应用程序的名称后,单击【结束任务】按钮即可。

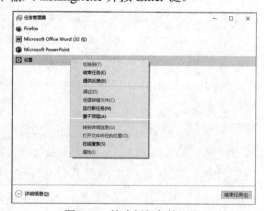

图 2-48　简略版任务管理器

在简略版任务管理器中右击某个应用程序,将弹出一个用于控制应用程序的菜单,该菜单中比较重要的命令的功能如下。

▽ 切换到:选择该命令将会打开应用程序并将其置于当前屏幕显示。

▽ 结束任务:选择该命令可关闭选中的应用程序。

▽ 置于顶层:始终保持该应用程序在其他应用程序前面。

▽ 打开文件所在的位置:打开应用程序所在的位置。

▽ 运行新任务：当文件资源管理器崩溃失去桌面环境时，用户可以通过手动运行 explorer.exe 来重新启动桌面环境。选择【运行新任务】命令后将打开【新建任务】对话框，在该对话框中不仅可以运行应用程序，还可以选择是否以管理员身份运行程序，如图 2-49 所示。

▽ 在线搜索：调用浏览器默认的搜索引擎搜索选中的应用程序或进程(搜索的关键词为进程名称加应用程序名称)，如图 2-50 所示。

▽ 属性：打开应用程序或进程的属性页。

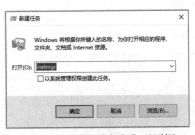

图 2-49　【新建任务】对话框　　　　图 2-50　在线搜索应用程序

在简略版任务管理器中单击【详细信息】选项，可以切换至图 2-51 所示的详细版任务管理器。在该任务管理器中用户可以查看更详细的进程管理器、性能检测器、用户管理器等。

▽ 进程管理：图 2-51 所示的【进程】标签页通过颜色和数字来直观地显示应用程序或进程使用系统资源的情况，当一个应用程序出现异常，并导致操作系统出现某种资源过载时，任务管理器会通过红色向用户报警。

▽ 性能管理：图 2-52 所示的【性能】标签页中显示的是系统所监视的设备列表与资源使用率动态图。

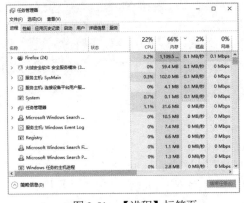
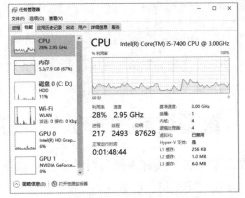

图 2-51　【进程】标签页　　　　图 2-52　【性能】标签页

▽ 应用历史记录：图 2-53 所示的【应用历史记录】标签页显示每一款 Windows 应用程序占用的 CPU 时间、网络流量等。

▽ 启动：图 2-54 所示的【启动】标签页的主要作用是显示操作系统启动项。操作系统的启动项大部分会影响电脑的启动速度。用户可以通过右击启动项名称，在弹出的快捷菜单中选择【禁用】命令，禁用启动项。

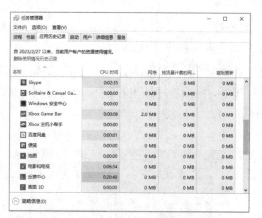 

图 2-53　【应用历史记录】标签页　　　　图 2-54　【启动】标签页

▽ 用户：图 2-55 所示的【用户】标签页用于显示当前操作系统中用户账户的 CPU、内存、磁盘、网络等的使用情况。

▽ 详细信息：在图 2-56 所示的【详细信息】标签页中，用户可以非常详细地查看系统进程的各种资源使用情况，并通过右键菜单执行进程中止、设置优先级等高级操作。

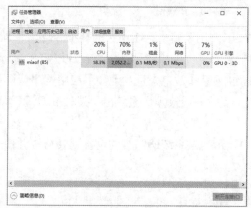 

图 2-55　【用户】标签页　　　　图 2-56　【详细信息】标签页

▽ 服务：【服务】标签页中提供启动/关闭 Windows 服务的命令(有关 Windows 服务的内容将在后面的章节详细介绍)。

2.6　重要资料的备份与还原

在日常办公中做好重要资料的备份可以在电脑发生故障后挽回很多不必要的损失。在 Windows 10 中，用户可以通过文件备份功能备份系统中的文件，也可以通过系统映像功能备份操作系统。

2.6.1　文件备份与还原

使用 Windows 10 的备份与还原功能，用户可以有效保护电脑中重要的办公文件和操作系统的安全(文件和系统映像的备份与还原都基于 NTFS 文件系统的卷影复制功能)。

1. 文件备份

文件备份功能针对操作系统默认的视频、图片、文档、下载、音乐、桌面文件及硬盘分区进行备份，启用文件备份功能之后，操作系统将会定期对选择的对象进行备份，用户也可以更改计划并且随时手动创建备份。设置文件备份之后，操作系统将跟踪新增或修改的对象并将它们添加到备份中。

在 Windows 10 中默认关闭备份与还原功能，启用该功能的操作步骤如下。

(1) 按 Win+I 键打开【设置】窗口，选择【更新与安全】|【备份】选项，在打开的【备份】窗口中单击【转到"备份和还原(Windows 7)"】选项，如图 2-57 左图所示。

(2) 在打开的【备份和还原(Windows 7)】窗口中单击【设置备份】按钮，启动 Windows 备份，如图 2-57 右图所示。

图 2-57　启动 Windows 备份

(3) 打开【设置备份】对话框，操作系统将自动检测电脑中符合备份存储要求的硬盘分区、移动硬盘、U 盘等，选择一个备份硬盘后单击【下一页】按钮，如图 2-58 左图所示。

(4) 文件备份默认备份 Windows 库、桌面及个人文件夹中的数据以创建系统备份映像，如图 2-58 中图所示。用户可以在【设置备份】对话框中选择【让我选择】单选按钮，单击"下一页"按钮，在打开的对话框中自定义备份内容(选择保存重要办公资料的文件夹)，如图 2-58 右图所示。设置完成后单击【下一页】按钮。

图 2-58　设置备份位置和备份内容

(5) 在打开的如图 2-59 所示的对话框中，确认备份对象及备份计划(若需要修改备份时间，可单击【更改计划】选项)，这里保持默认设置，然后单击【保存设置并退出】按钮开始备份文件。

(6) 此时，操作系统将开始备份文件，并在【备份和还原(Windows 7)】窗口中显示备份进度，如图 2-60 所示。

图 2-59　确认备份对象　　　　　　　图 2-60　备份文件

　　文件备份完成后，将会显示文件备份信息，包括备份文件所占空间、备份内容和备份计划等，如图 2-61 左图所示。单击【管理空间】选项可以打开【管理 Windows 备份磁盘空间】对话框查看或删除备份数据，如图 2-61 右图所示，单击【查看备份】按钮，在打开的对话框中可以选择删除某一时间备份的数据以释放硬盘空间；单击【更改设置】按钮可以设置以何种方式备份系统映像。

图 2-61　管理备份文件

提示

　　在默认情况下，文件备份将会使用计划任务，每 6 天自动进行一次备份。如果用户不想使用操作系统指定的备份计划，可以在图 2-61 左图所示的窗口中单击【关闭计划】选项关闭自动备份功能。若用户需要手动执行文件备份，单击【立即备份】按钮即可。

　　如果用户对操作系统指定的备份计划不满意，可以参考以下步骤进行修改。

(1) 按 Win+S 键打开搜索窗口，输入"任务计划程序"搜索相应的应用，然后按 Enter 键，打开任务计划设置界面，如图 2-62 所示。

(2) 依次在左侧的列表中选择【任务计划程序库】| Microsoft | Windows | WindowsBackup 选项，如图 2-63 所示。

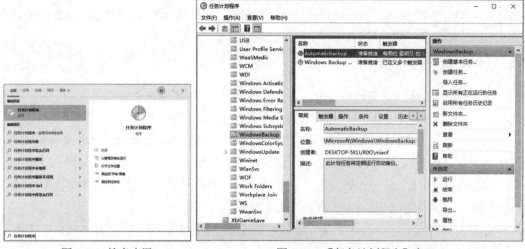

图 2-62 搜索应用   图 2-63 【任务计划程序】窗口

(3) 图 2-63 所示【任务计划程序】窗口的中间窗格中，显示了所有关于 Windows 备份的计划任务，其中 AutomaticBackup 为文件备份计划任务，双击打开该任务计划。

(4) 在弹出的【AutomaticBackup 属性(本地计算机)】对话框中选择【触发器】选项卡，查看触发该任务的时间节点，如图 2-64 左图所示。选中时间节点后单击【编辑】按钮，打开图 2-64 右图所示的【编辑触发器】对话框，用户可以按照自己的办公时间修改触发任务的新时间节点，完成后单击【确定】按钮即可。

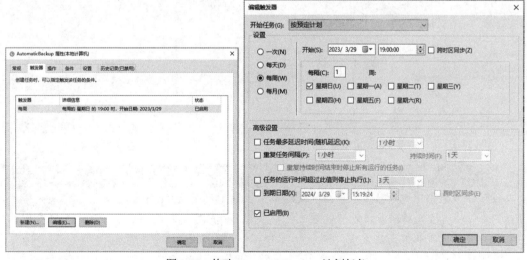

图 2-64 修改 AutomaticBackup 计划任务

2. 文件还原

要还原备份的文件，在图 2-61 所示的【备份和还原(Windows 7)】窗口中单击【还原我的文件】按钮，然后在打开的还原向导中按照系统提示操作即可。

2.6.2 系统映像备份与还原

使用 Windows 10 提供的系统映像备份与还原功能，可以在操作系统出现故障无法启动的情况下，通过 WinRE 还原系统。

1. 系统映像备份

系统映像是 Windows 分区或数据分区的全状态副本，其中包含操作系统设置、应用程序及个人文件。当操作系统无法启动时，用户可以利用创建的系统映像来还原操作系统。

在设置文件备份时默认创建系统映像，若需要手动创建系统映像，可以参考以下操作步骤。

(1) 打开图 2-61 所示的【备份和还原(Windows 7)】窗口后，单击【创建系统映像】选项，启动系统映像创建向导，如图 2-65 所示，选择系统映像备份位置(这里有 3 个备份位置选项，分别是硬盘、光盘和网络)，然后单击【下一页】按钮。

(2) 在弹出的对话框中确认备份设置后，单击【开始备份】按钮，即可开始创建系统映像备份，如图 2-66 所示。

图 2-65 选择系统映像备份位置　　图 2-66 选择备份分区

> **提示**
> 等待系统映像创建完成后，将会在设置的备份位置创建 WindowsImageBackup 系统映像存储文件夹。该文件夹被操作系统标注为恢复文件夹，因此用户尽量不要移动或修改该文件夹中的内容，否则会导致系统映像无法使用。

2. 系统映像还原

使用系统映像还原操作系统，将进行完整还原，用户不能选择个别项目进行还原。并且当前操作系统中的所有应用程序、操作系统设置和文件都将被替换，因此在进行系统映像还原前应做好当前电脑中办公文件的备份。

　　系统映像的还原需要在 WinRE 中完成，在还原系统前用户应确保当前系统中具备可用于恢复的磁盘恢复分区，然后参考以下步骤操作。

　　(1) 按住 Shift 键选择【开始】菜单中的【重启】选项，打开【高级选项】界面，在该界面中选择【系统映像恢复】选项。在系统提示下输入具有管理员权限账户的名称和密码。

　　(2) 重启电脑并进入 WinRE 环境，自动运行系统映像还原向导(系统映像还原向导默认使用最新备份映像进行还原)。

　　(3) 根据系统映像还原向导的提示确认系统映像还原信息后，即可开始系统映像还原操作。系统还原完成后，电脑将再次重新启动并进入还原后的系统。

2.7　系统重置与保护

　　Windows 10 中的"系统重置"功能类似于手机上的"恢复出厂设置"功能，使用该功能可以使办公电脑立刻恢复到系统刚刚安装好的纯净状态。结合"系统保护"功能，可以有效保护电脑的系统文件、配置和数据。

2.7.1　系统重置

　　使用 Windows 10 的"系统重置"功能，既可以从电脑中移除个人数据、应用程序和设置，也可以选择保留个人数据，然后重新安装 Windows 10。在电脑办公中系统重置功能相当实用。

　　设置系统重置的操作步骤如下。

　　(1) 按 Win+I 键打开【设置】窗口，选择【更新和安全】|【恢复】选项，打开图 2-67 所示的【恢复】窗口，单击【开始】选项。

　　(2) 在打开的【初始化这台电脑】对话框中选择数据操作类型，包括【保留我的文件】和【删除所有内容】两个选项，如图 2-68 所示。

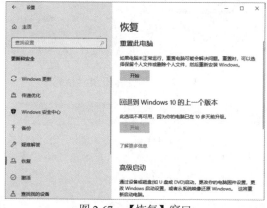

图 2-67　【恢复】窗口

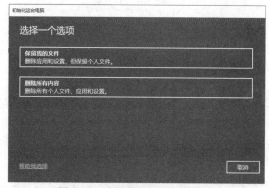

图 2-68　选择数据操作类型

　　(3) 接下来，根据【初始化这台电脑】对话框中的提示依次选择重新安装 Windows 系统的方式、其他设置并确认系统重置。Windows 10 系统随后将重启并启用自动修复，完成重置。

2.7.2 系统保护

使用"系统保护"功能，操作系统将会定期保存 Windows 10 的系统文件、配置、数据文件等资料。操作系统以特定事件(如安装驱动程序、卸载软件)或时间节点为触发器，自动保存这些文件和配置信息，并将其存储于被称为还原点的文件中，当操作系统无法启动或驱动程序安装失败时，用户可以使用还原点将操作系统恢复到之前某一个状态。

1. 设置系统保护

在 Windows 10 中，用户可以参考以下操作步骤设置系统保护(系统还原点)。

(1) 按 Win+Pause Break 键打开系统信息界面，单击【系统保护】按钮，打开【系统属性】对话框的【系统保护】选项卡，如图 2-69 所示。

(2) 默认情况下，系统保护功能是关闭状态，如果要对硬盘分区启用系统保护，用户只需在【系统保护】选项卡中选中要开启系统保护的硬盘分区，然后单击【配置】按钮打开系统保护配置对话框，选中【启用系统保护】单选按钮后，单击【确定】按钮即可，如图 2-70 所示。

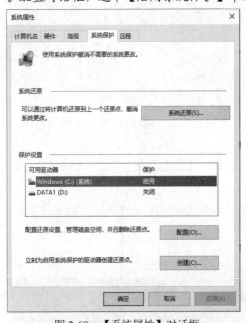

图 2-69 【系统属性】对话框

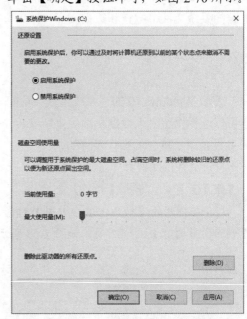

图 2-70 系统保护配置对话框

> **提示**
>
> 系统还原点除了可以由操作系统自动触发来创建，还可以手动创建。在图 2-69 所示的【系统属性】对话框中单击【创建】按钮，然后在打开的对话框中输入还原点名称并单击【确定】按钮，按照操作系统提示即可完成还原点的创建。

2. 还原系统保护

若要还原系统，用户可在图 2-69 所示的【系统属性】对话框中单击【系统还原】按钮，打开系统还原向导，根据提示单击【下一步】按钮。

2.8 实例演练

本章的实例演练将指导用户掌握 Windows 10 的一些基础设置与应用，帮助用户解决办公中遇到的问题。

2.8.1 更改系统的日期和时间

Windows 10 系统的日期和时间都显示在桌面的任务栏中，如果系统时间和现实生活中的时间不一致，用户可以参考以下操作步骤对系统的日期和时间进行调整。

☞【例 2-2】 在 Windows 10 中调整系统的日期与时间。 🎬视频

(1) 单击任务栏最右侧的时间显示区域，打开显示日期和时间的对话框，然后在该对话框中单击【更改日期和时间设置】选项，如图 2-71 所示。

(2) 打开【日期和时间】窗口，单击【更改】按钮，打开【更改日期和时间】对话框，设置新的日期和时间后单击【更改】按钮即可，如图 2-72 所示。

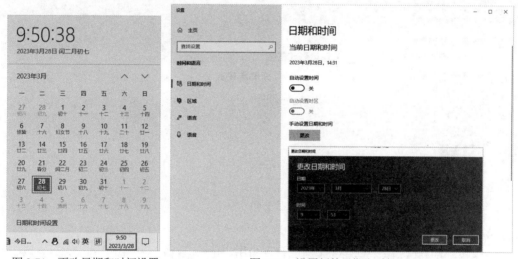

图 2-71　更改日期和时间设置　　　　图 2-72　设置新的日期和时间

2.8.2 使用 Windows 10 自带工具

1. 语音识别

在 Windows 10 系统中按 Win+H 键，用户可以使用麦克风记录声音(会议中的声音)，通过弹出的窗口可进行语音识别和听写。

2. 剪贴板管理器

按 Win+V 键将打开图 2-73 所示的剪贴板管理器，其中记录了用户在 Windows 10 系统中

执行过的所有复制内容。单击剪贴板管理器中的内容后，按 Ctrl+V 键即可将内容粘贴到 Word、Excel、PowerPoint 或 WPS 文档中。

3. 截图工具

按 Win+Shift+S 键可以调用 Windows 10 系统自带的截图工具栏，如图 2-74 所示。单击截图工具栏中的截图按钮，用户可以进行【矩形截图】【任意形状截图】【窗口截图】【全屏幕截图】操作。

4. 便笺工具

通过【开始】菜单可以启动 Windows 10 的便笺工具。使用便笺工具，用户可以记录日常办公中的事务(建议将便笺工具图标固定在任务栏)，如图 2-75 所示。

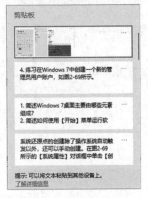

图 2-73　剪贴板

图 2-74　截图工具栏

图 2-75　便笺工具

2.9　习题

1. 简述 Windows 10 桌面主要由哪些元素组成。
2. 简述如何使用【开始】菜单运行软件。
3. 尝试在 Windows 10 中创建一个新的管理员用户账户。
4. 尝试使用便笺工具记录本章学习的知识要点。
5. 尝试为 Windows 10 系统设置图片登录密码。

第3章

电脑办公软件和设备

在使用电脑办公的过程中，常常需要很多工具软件和外部设备加以辅助，例如，使用压缩软件、看图软件、电子阅读软件，使用打印机等外部设备。本章将主要介绍常用办公软件和外部设备的使用方法。

本章重点

- 安装与卸载电脑软件
- 使用 Microsoft Edge 浏览器
- 使用 Microsoft OneNote

- 使用常用办公设备
- 使用 Microsoft Outlook

二维码教学视频

【例 3-1】 下载、安装并启用 IDM 下载器
【例 3-2】 使用 WinRAR 压缩办公文件
【例 3-3】 将 PDF 文件转换为 Word 文件
【例 3-4】 使用 Windows 10 图片查看器
【例 3-5】 使用 Windows 10 截图工具
【例 3-6】 使用 Adobe Acrobat 编辑 PDF 文件
【例 3-7】 使用 Outlook 发送电子邮件

【例 3-8】 设置 Outlook 启动快捷键
【例 3-9】 设置 Outlook 邮件接收提醒
【例 3-10】 在 Outlook 中设置延迟发送邮件
【例 3-11】 在 OneNote 中设置与他人分享笔记

本章其他视频参见视频二维码列表

3.1 安装与卸载电脑软件

在电脑中使用某个办公软件，必须要将这个软件安装到电脑中，才能打开它并进行相关的操作。如果不想再使用安装后的软件，可以将其卸载。

3.1.1 在电脑中安装软件

要在电脑中安装软件，用户首先需要检查当前办公电脑的配置是否能够运行该软件。一般软件(尤其是大型软件)，都会对电脑硬件的设备和操作系统有一定的要求(如硬盘空间大小、处理器型号、内存大小、Windows 版本等)。只有电脑硬件设备和系统版本达到软件的要求，软件才能正常安装和工作。在 Windows 10 系统桌面右击【此电脑】图标，从弹出的菜单中选择【属性】命令，可以查看当前电脑的系统信息和硬件设备规格，如图 3-1 左图所示；双击【此电脑】图标，在打开的文件资源管理器中可以查看电脑硬盘的剩余空间，如图 3-1 右图所示。

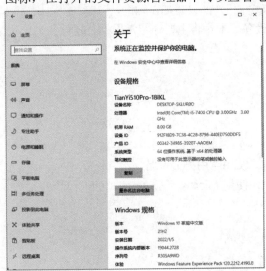
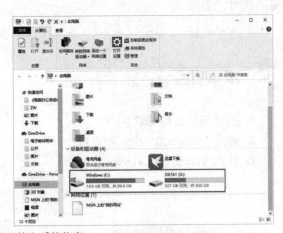

图 3-1 查看电脑硬件和系统信息

在确认办公电脑满足软件的安装需求后，用户可以通过两种方式来获取安装程序：第一种是从网上下载安装程序，网络上有很多共享的免费软件提供下载，用户可以上网查找并下载这些安装程序；第二种是购买安装光盘，一般软件销售都以光盘的介质为载体，用户可以到软件销售商处购买安装光盘，然后将光盘放入电脑光驱内进行安装。

目前，各种常见软件的安装大都采用自动化安装(无须用户过多的操作即可完成)，以安装 Office 2016 为例，用户只需要执行以下几个简单的操作即可完成软件的安装。

(1) 双击 Office 2016 软件安装程序文件(setup.exe)后，如图 3-2 左图所示，系统将打开【用户账户控制】对话框，单击【是】按钮。

(2) 稍等片刻，软件安装程序将自动打开图 3-2 中图所示的 Microsoft Office 安装界面开始自动安装 Office 2016 的基本组件。

(3) 安装完成后，在打开的界面中单击【关闭】按钮即可，如图 3-2 右图所示。

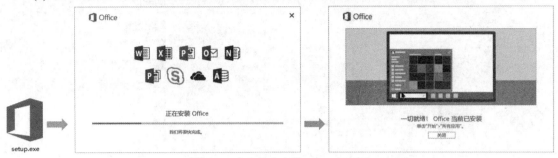

图 3-2　在电脑中安装 Office 2016

3.1.2　卸载电脑中的软件

卸载软件就是将该软件从电脑硬盘内删除，软件如果使用一段时间后不再需要，或者由于磁盘空间不足，用户可以删除一些软件。

在 Windows 10 中，删除软件可采用两种方法：一种是使用卸载程序卸载软件；另一种是通过【设置】窗口卸载软件。

1. 使用卸载程序卸载软件

大部分软件会提供内置的卸载功能，例如，要卸载电脑中的"腾讯 QQ"软件，可单击【开始】按钮 ，在弹出的开始菜单中选择【腾讯软件】|【卸载腾讯 QQ】命令。此时，系统会打开卸载提示对话框，提示用户是否删除软件，单击【是】按钮，即可开始卸载软件，如图 3-3 所示。

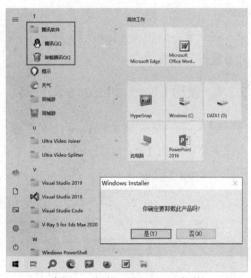

图 3-3　卸载"腾讯 QQ"软件

2. 通过 Windows 设置卸载软件

如果软件自身没有提供卸载程序，用户可以通过选择【设置】窗口中的【应用】选项来卸载该程序，具体操作步骤如下。

(1) 按 Win+I 键打开【设置】窗口，选择【应用】选项，在打开的【应用和功能】界面的应用列表中找到并单击要删除的软件，在显示的选项区域中单击【卸载】按钮，如图 3-4 左图所示。

(2) 在系统弹出的提示对话框中再次单击【卸载】按钮，系统将执行卸载程序操作，卸载选中的软件，如图 3-4 右图所示。

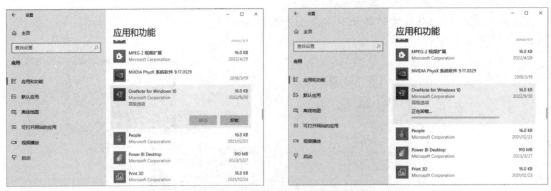

图 3-4 通过【应用和功能】界面卸载电脑中的软件

3.2 使用办公软件

在日常办公中，无论处理各种工作文档、报表、演示文稿，还是做项目、带团队，都离不开各种办公软件。

3.2.1 使用 Microsoft Edge 浏览器

Microsoft Edge 是 Windows 10 的默认浏览器，用户在电脑中安装 Windows 10 系统后，单击任务栏左侧的【开始】按钮，从弹出的菜单中选择 Microsoft Edge 命令即可启动图 3-5 所示的 Microsoft Edge 浏览器，其界面由标签栏、功能栏、网页浏览区域等几部分组成。

图 3-5 Microsoft Edge 浏览器

1. 基本操作

Microsoft Edge 浏览器的功能栏中包括返回、刷新、地址栏、扩展、分屏窗口、收藏、集锦、登录、设置及其他等选项。用户在地址栏中输入一个网址后按 Enter 键，浏览器将打开该网址，在网页浏览器区域显示相应的网页内容，并在标签栏中显示网页的标题，如图 3-5 所示。

　　在 Microsoft Edge 浏览器的网页浏览区域中单击超链接，可以从一个网页跳转到另一个网页。同时，功能栏中的【返回】按钮←(快捷键：Alt+←)将显示为可用状态，单击该按钮可以返回前一个网页。单击功能栏中的【刷新】按钮↻(快捷键：Ctrl+R)可以刷新当前网页内容。

　　单击 Microsoft Edge 浏览器标题栏中的【新建标签页】按钮＋(快捷键：Ctrl+T)可以在标题栏中新建一个网页标签页，方便用户在浏览器中同时打开多个网页(单击标签页右上角的【关闭标签页】按钮✕(快捷键：Ctrl+W)，可以关闭相应的标签页)。将鼠标指针放置在标签页上拖动，可以调整标签页在标签栏中的位置。单击功能栏中的【分屏窗口】按钮中可以将网页浏览区域分为两个屏幕显示，并将打开的标签页显示在屏幕的右侧区域，如图 3-6 所示。

　　在 Microsoft Edge 的网页浏览区域中单击网页中的文件下载链接，浏览器将自动下载相应的文件并打开图 3-7 所示的【下载】窗口提示文件下载进度和结果(单击【打开文件】选项，可以打开下载的文件)。

图 3-6　分屏浏览网页

图 3-7　下载文件

> 提示
>
> 　　单击 Microsoft Edge 功能栏右侧的【设置及其他】按钮…(快捷键：Alt+F)，在弹出的菜单中用户可以使用浏览器中的大部分功能，如新建窗口、新建标签页、缩放窗口大小、查看下载文件、打印网页、设置浏览器参数等。

2. 扩展管理

　　Microsoft Edge 支持安装扩展程序，用户可以为浏览器增加额外的功能，如网页广告拦截器、用户脚本管理器、电商商品历史价格查看器、哔哩哔哩助手、IDM 下载器等。单击 Microsoft Edge 功能栏中的【扩展】按钮↻，在弹出的列表中选择【管理扩展】选项，即可打开图 3-8 所示的【扩展】界面，其中显示了浏览器已安装的扩展程序列表，用户可以通过单击扩展程序右侧的【禁用】按钮⚪和【启用】按钮⚫，管理扩展程序的使用。单击【详细信息】选项，可以打开扩展程序的设置界面，其中会显示扩展程序的介绍、版本、权限等。单击【删除】选项则可以将扩展程序从 Microsoft Edge 中删除。

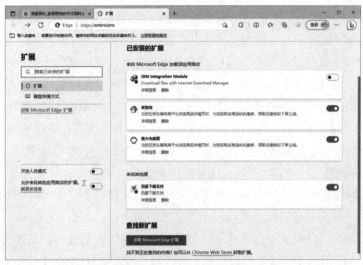

图 3-8　Microsoft Edge【扩展】界面

在【扩展】界面中单击【获取 Microsoft Edge 扩展】按钮，可以打开图 3-9 所示的 Microsoft Edge 外接程序界面，在该界面中用户可以搜索、选择并安装自己想要的扩展程序。

图 3-9　Microsoft Edge 外接程序界面

👉【例 3-1】 在 Microsoft Edge 中下载、安装并启用 IDM 下载器。🎬视频

(1) 在 Microsoft Edge 功能栏中单击【扩展】按钮🧩，从弹出的列表中选择【管理扩展】选项，打开图 3-8 所示的【扩展】界面，单击【获取 Microsoft Edge 扩展】按钮。

(2) 进入图 3-9 所示的 Microsoft Edge 外接程序界面，在界面左上角的搜索栏中输入 IDM 后按 Enter 键，在搜索结果页面中单击 IDM Integration Module 扩展后的【获取】按钮，打开 IDM 下载器的扩展插件下载页面，使用页面中给出的下载链接下载插件。

(3) 插件下载完成后，在浏览器打开的【下载】窗口中单击下载的 IDM 下载器插件安装压缩包(idman637build14.zip)下的【打开文件】选项，如图 3-10 所示，即可打开该文件，找到 IDM 下载器的安装文件。

图 3-10　下载 IDM 下载器扩展插件

(4) 双击 IDM 下载器的安装文件，按照软件安装提示完成软件的安装后重新启动电脑。打开 Microsoft Edge 浏览器，进入图 3-8 所示的【扩展】界面，单击 IDM Integration Module 扩展项右侧的【禁用】按钮将其状态设置为【启用】即可。

3. 使用集锦

Microsoft Edge 浏览器支持集锦功能，使用该功能用户可以将当前已经打开的网页暂时保存，以便稍后查看。

在 Microsoft Edge 中打开一个网页后，单击功能栏中的【集锦】按钮，将打开图 3-11 左图所示的【集锦】列表。单击其中的【启动新集锦】选项，在打开的界面中用户可以输入新集锦的名称(如"图片集锦")，如图 3-11 中图所示。单击【添加当前页面】按钮，即可将当前打开的页面加入创建的集锦中，如图 3-11 右图所示。

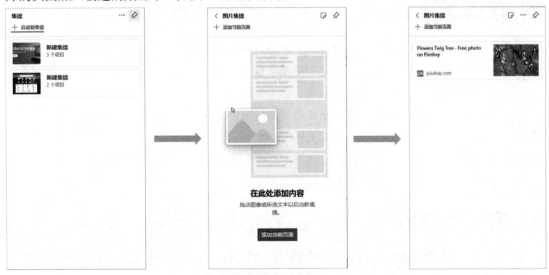

图 3-11　添加集锦

计算机基础与实训教材系列

在 Microsoft Edge 中创建集锦后，单击功能栏中的【集锦】按钮 ⊞ 就可以快速找到自己在集锦中保存的网页。

4. 设置 SmartScreen 筛选器

设置 SmartScreen 筛选器可以帮助用户识别钓鱼网站和恶意软件，避免办公电脑受到来自网络的攻击。SmartScreen 筛选器被深度集成于 Windows 10 操作系统，设置 SmartScreen 筛选器后，即便用户不使用 Microsoft Edge，使用其他第三方浏览器浏览网页，SmartScreen 筛选器也会对该浏览器浏览和下载的内容进行检测。

设置 SmartScreen 筛选器的具体操作步骤如下。

(1) 按 Win+S 键打开搜索窗口，输入"应用和浏览器控制"后按 Enter 键，找到相应的应用后单击该应用，打开图 3-12 所示的【应用和浏览器控制】窗口，单击【启用】按钮。

图 3-12　打开【应用和浏览器控制】窗口

(2) 在打开的界面中单击【基于声誉的保护】选项，启用适用的 SmartScreen 类型即可(包括应用和文件、Microsoft Edge、应用程序及 Microsoft 应用商店)。

5. 使用 InPrivate 保护隐私

当用户在公共电脑上使用 Microsoft Edge 办公时，浏览或搜索的记录信息可能会被他人获取。通过使用 InPrivate 浏览功能，可以使浏览器不保留任何浏览历史记录、临时文件、表单数据、Cookie，以及用户名和密码等信息。

在 Microsoft Edge 功能栏单击【其他及设置】按钮 …(快捷键：Alt+F)，在弹出的菜单中选择【新建 InPrivate 窗口】命令(快捷键：Ctrl+Shift+N 键)，Microsoft Edge 浏览器将会自动启用 InPrivate 浏览功能并打开一个新的窗口。在该窗口中浏览网页不会保留任何浏览记录和搜索信息，关闭该浏览器窗口就会立即结束 InPrivate 浏览。

3.2.2　使用文件下载软件

虽然 Microsoft Edge 提供基本的文件下载功能，但在日常办公中为了提高文件的下载速度，保证大文件的稳定下载，通常会在电脑中安装一个第三方下载软件。

目前，常用的第三方文件下载软件如表 3-1 所示。

表 3-1 常用的文件下载软件

软件名称	说　明	软件名称	说　明
IDM 下载器	免费的高速文件下载软件	FDM 下载器	同时支持 Windows 和 MacOS 的下载软件
XDM 下载器	适合下载网页视频的软件	迅雷	多线程文件下载软件

在办公电脑中安装以上文件下载软件后，单击网页中提供的文件下载链接，浏览器将会自动启动文件下载软件下载指定的文件。以例 3-1 在 Microsoft Edge 中下载的 IDX 下载器为例，单击文件下载链接后，浏览器将打开图 3-13 左图所示的【下载文件信息】对话框，在该对话框中的【另存为】文本框中用户可以设置保存下载文件的路径，单击【开始下载】按钮即可下载指定的文件。

文件下载完成后打开 IDM 下载器主界面，双击下载的文件，在打开的【文件属性】对话框中单击【打开】按钮即可打开该文件，如图 3-13 右图所示。

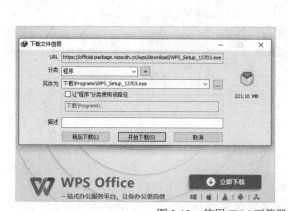 

图 3-13 使用 IDM 下载器下载 WPS Office 安装文件

> **提示**
>
> 通常情况下，为了提高电脑的工作效率，办公电脑中不需要安装太多功能相同的软件，表 3-1 所示的软件仅为用户选择文件下载软件时提供参考。在实际工作中，用户只需要选择一款合适的文件下载软件即可。

3.2.3 使用文件检索软件

随着电脑硬盘容量的不断提升，其中存储的文件量也不断增加。在 Windows 10 中，用户可以通过按 Win+S 键打开搜索窗口查找电脑中的文件，但其搜索速度往往较慢，不能快速检索出电脑中所有符合搜索关键词的文件。因此，在日常工作中需要使用一款第三方文件检索软件来实现办公文件的快速查找。

目前，常用的第三方文件检索软件主要是 Everthing 和 Listary。

▽ Everthing 是一款体积小、速度快的文件检索软件，用户只需要在其工作界面顶部的搜索

框内输入想要找到的电脑文件(或文件夹)名称的一部分,该软件即可迅速检索出电脑硬盘中所有符合输入关键字的搜索结果。在搜索结果列表中右击所需的文件,即可对该文件执行【打开】【复制】【打开路径】【剪切】【删除】【重命名】【编辑】【打印】等操作,如图 3-14 所示。

图 3-14　使用 Everthing 快速检索电脑中.txt 格式的文件

▽ Listary 是一款用起来非常方便的文件检索软件,用户在电脑中安装该软件后无须启动该软件,只需要在系统桌面任意位置输入搜索关键字即可检索电脑中符合要求的文件(按两次 Ctrl 键可以弹出 Listary 检索框)。

3.2.4　使用文件压缩软件

在使用电脑办公的过程中,用户经常需要传输或存储容量较大的文件,使用压缩软件可以将这些文件的容量进行压缩,以便加快传输速度和节省硬盘空间。

目前,常用的文件压缩软件如表 3-2 所示。

表 3-2　常用的文件压缩软件

软件名称	说　　明	软件名称	说　　明
Bandizip	免费无广告的文件压缩软件	TC4shell	集成在 Windows 10 中的文件压缩软件
7-zip	极高压缩性能的文件压缩软件	WinRAR	一款压缩率很高的压缩软件

在 Windows 10 中使用文件压缩软件的方法非常简单,用户只需选中需要压缩的文件或文件夹,然后右击鼠标,从弹出的快捷菜单中选择一款电脑中安装的文件压缩软件,在打开的软件界面中进行简单的设置即可。

【例 3-2】　使用 WinRAR 软件压缩办公文件。　🎬视频

(1) 打开保存办公文件的文件夹后,选中需要压缩的文件并右击鼠标,从弹出的快捷菜单中选择【添加到压缩文件】命令,如图 3-15 左图所示。

(2) 打开【压缩文件名和参数】对话框，在【压缩文件名】文本框中输入压缩文件名后，在【压缩文件格式】选项区域中设置压缩文件的格式，单击【确定】按钮，如图 3-15 右图所示。

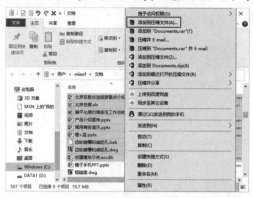

图 3-15　使用 WinRAR 压缩文件

提示

如果用户要为办公文件设置压缩密码，可以在图 3-15 右图所示的【压缩文件名和参数】对话框中选择【高级】选项卡，然后单击【设置密码】按钮。

3.2.5　使用文件格式转换软件

办公中常用的文件格式转换软件如表 3-3 所示。

表 3-3　常用的文件格式转换软件

软件名称	说　　明	软件名称	说　　明
格式工厂	可以转换任何文件类型的软件	小丸工具箱	一款视频文件格式转换专业软件
File Converter	支持上百种文件格式相互转换	Pandoc	基于命令行的文件格式转换软件

【例 3-3】 以转换 PDF 文件格式为 Word 格式为例，介绍"格式工厂"的使用方法。📹 视频

(1) 启动格式工厂后在软件启动界面中选择【文件转 PDF】选项，如图 3-16 左图所示。

(2) 在打开的文件转 PDF 界面左下角单击【PDF 转文件】按钮，如图 3-16 右图所示，切换至 PDF 文件转换其他格式文件界面。

图 3-16　PDF 转换其他格式文件

(3) 单击界面左侧的【PDF转Word】选项,然后单击【点击或拖拽文件至此处】按钮,打开【打开】对话框,选择一个PDF格式的文件,单击【打开】按钮,如图3-17所示。

 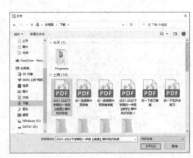

图3-17 设置将PDF格式的文件转换为Word格式

(4) 在图3-17左图所示的软件界面中单击【开始转换】按钮,即可开始PDF格式转Word格式。转换完成后,即可打开转换好的Word文件。

> **提示**
>
> 除了可以使用上面介绍的各种软件转换办公文件的格式,用户还可以通过一些文件格式转换网站来转换文件的格式(如convertio),但需要将文件上传至网站才能实现文件格式的转换,不适用于保密要求较高的办公文件。

3.2.6 使用图片处理软件

办公中常用的图片处理软件如表3-4所示。

表3-4 常用的图片处理软件

软件名称	说　明	软件名称	说　明
ACDSee	用于浏览、管理电脑图片的软件	截图和草图	Windows 10自带的截图编辑工具
照片查看器	Windows 10自带的图片管理工具	美图秀秀	免费的图片加工处理软件

下面通过实例介绍几个Windows 10中处理图片的常用操作。

【例3-4】 使用Windows 10图片查看器查看并调整图片大小、格式。 📹视频

(1) 打开保存图片的文件夹后,选中并双击一张图片或按Enter键(如图3-18左图所示),即可打开照片查看器查看图片。

(2) 按左右方向键可以查看与当前图片同一文件夹中的其他图片。

(3) 单击照片查看器界面顶部的【查看更多】按钮···,在弹出的列表中选择【调整图像大小】选项,如图3-18右图所示。

(4) 打开【重设大小】对话框,设置新的图片的宽度、高度、质量、文件类型(格式)后,单击【保存】按钮,如图3-19左图所示。

计算机基础与实训教材系列

图 3-18　使用照片查看器调整图片大小

(5) 打开【另存为】对话框，选择一个保存图片文件的文件夹后，在【文件名】文本框中输入文件名，然后单击【保存】按钮即可，如图 3-19 右图所示。

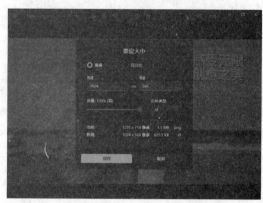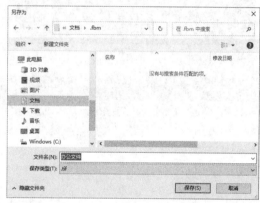

图 3-19　设置图片参数并保存图片

【例 3-5】　在 Windows 10 中截图，并利用截图和草图工具裁剪截图。📹 视频

(1) 使用 Microsoft Edge 浏览器打开一个包含图片的网页后，按 Win+Shift+S 键进入截图模式，拖动鼠标绘制一个截图区域，如图 3-20 左图所示。

(2) 单击任务栏右侧弹出的通知，打开图 3-20 右图所示的截图和草图工具。

图 3-20　使用 Windows 10 截图并通过截图和草图工具打开

(3) 单击截图和草图工具顶部的【图像裁剪】按钮 ☒，进入图片编辑状态，调整图片四周的编辑框调整图片的裁剪区域，如图 3-21 所示。

(4) 按 Enter 键确认图片的裁剪区域，单击截图和草图工具右上角的【另存为】按钮 ☐，打开【另存为】对话框，在【文件名】文本框中输入截图文件名后单击【保存】按钮，将截图文件保存在电脑中，如图 3-22 所示。

图 3-21　裁剪图片　　　　　　　　　　　　　图 3-22　保存截图

> 💡 提示
>
> 使用 Word、Excel、PowerPoint 等 Microsoft Office 组件可以对电脑中的图片进一步进行处理，如抠图、添加效果、变形、添加蒙版效果等(本书将在后面的章节进行介绍)。

3.2.7　使用 PDF 编辑软件

PDF 是办公中常见的文件格式。PDF 格式的文件浏览效果较好，可以很好地保护文档内容免遭随意篡改，并且在网络传输过程中不会出现乱码现象。

常用的 PDF 阅读与编辑软件如表 3-5 所示。

表 3-5　常用的 PDF 查看与编辑软件

软件名称	说　明	软件名称	说　明
金山 PDF 阅读器	一款稳定的 PDF 编辑软件	Adobe Acrobat	一款兼容性强的 PDF 编辑软件
Adobe Reader	一款 PDF 文件阅读器(无法编辑)	福昕 PDF 编辑器	一款简单、免费的 PDF 编辑软件

【例 3-6】　使用 Adobe Acrobat 编辑 PDF 文件并将其导出为 Word 格式。🎬 视频

(1) 打开保存 PDF 文件的文件夹后，右击需要编辑的 PDF 文件，在弹出的菜单中选择【打开方式】|【Adobe Acrobat DC】命令，如图 3-23 左图所示。

(2) 启动 Adobe Acrobat 软件，在软件工作界面右侧的窗格中单击【编辑 PDF】选项，即可进入 PDF 文件编辑状态，如图 3-23 右图所示。

(3) 在 PDF 文件编辑状态中，用户可以选中文档中的段落块对其进行位置调整、删除等操作。选中段落块中的文本，在工作界面右侧的窗格中可以设置文本的格式，如图 3-24 所示。

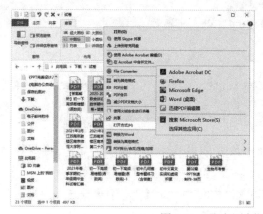

图 3-23　通过右键菜单打开 Adobe Acrobat

(4) 单击 Adobe Acrobat 工作界面顶部的【保存文件】按钮🖫保存编辑后的 PDF 文件。

(5) 单击 Adobe Acrobat 工作界面左上方的【编辑 PDF】下拉按钮，从弹出的列表中选择【导出 PDF】选项，打开图 3-25 所示的 PDF 导出界面，选中【Word 文档】单选按钮后单击【导出】按钮将 PDF 文件导出为 Word 文件。

图 3-24　编辑 PDF 文档　　　　　　　　图 3-25　PDF 导出界面

3.2.8　使用电子邮件管理软件

电子邮件是一种用电子手段提供信息交换的通信方式，是电脑办公自动化中使用最广的应用之一。通过网络的电子邮件系统，用户可以非常低廉的价格、非常快速的方式，向自己的领导、同事、下属、客户发送各种信息(如工作汇报、商业活动邀请函、广告等)。

电子邮件的地址格式为：用户标识符+@+域名(如 miaofa@sina.com，其中的"@"符号表示"在"的意思)。日常办公中常用的电子邮件软件如表 3-6 所示。

表 3-6　常用的电子邮件软件

软件名称	说　　明	软件名称	说　　明
Outlook	Microsoft Office 软件的组件之一	Thunderbird	搭配 Firefox 浏览器的电子邮箱软件
Foxmail	著名的电子邮件客户端软件	网易邮箱大师	高效、可靠的电子邮件管理平台

下面以 Outlook 软件为例,介绍办公中常用的电子邮件管理操作。

1. 注册 Outlook 邮箱并发送邮件

用户可以通过微软官方网站注册电子邮箱,并在 Outlook 中使用该电子邮箱发送电子邮件。

【例 3-7】 新建 Outlook 账户并向客户发送一封电子邮件。 📹视频

(1) 启动 Microsoft Edge 并访问 Outlook 邮箱注册网站(用户可以通过"百度""必应"等搜索引擎搜索该网站的地址),单击【创建免费账户】按钮,如图 3-26 左图所示。

(2) 在打开的【创建账户】提示框中输入 Outlook 账户名后单击【下一步】按钮,如图 3-26 右图所示。

图 3-26 通过 Outlook 邮箱官方网站注册账户

(3) 在网站提示下依次输入账户密码、个人信息、验证码,完成 Outlook 账户的创建。

(4) 启动 Outlook 软件,在打开的欢迎界面中单击【下一步】按钮,如图 3-27 左图所示。

(5) 在软件提示下输入姓名、电子邮件账户、账户密码等信息后,单击【下一步】按钮,如图 3-27 右图所示。

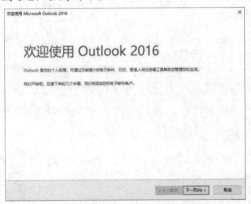
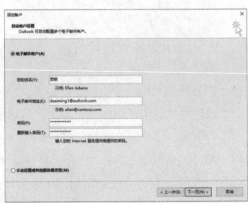

图 3-27 添加 Outlook 账户

(6) 此时,Outlook 将自动登录到邮件服务器,在打开的提示对话框中单击【完成】按钮,完成 Outlook 电子邮件的添加。

(7) 打开图 3-28 左图所示的 Outlook 工作界面,单击界面左上角的【新建电子邮件】按钮。

计算机基础与实训教材系列

(8) 打开图 3-28 右图所示的新建邮件界面，在【收件人】和【主题】文本框中分别输入邮件的收件人邮箱(使用 "；" 隔离可以填写多个邮箱)和邮件主题，在界面下方的内容框中输入邮件内容，然后单击【附加文件】下拉按钮，从弹出的列表中选择【浏览此电脑】选项。

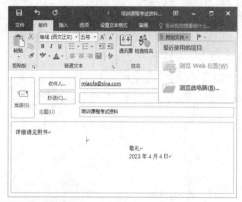

图 3-28　撰写电子邮件并添加附件

(9) 在打开的【插入文件】对话框中选择电脑中需要随电子邮件一并发送的文件后单击【打开】按钮。返回图 3-28 右图所示的新建邮件界面，单击【发送】按钮即可发送电子邮件。

2. 设置 Outlook 启动快捷键

在办公中为 Outlook 设置启动快捷键，可以提高邮件的管理效率。

【例 3-8】 设置使用快捷键快速启动 Outlook。　视频

(1) 单击任务栏左侧的【开始】按钮，在弹出的开始菜单中右击 Outlook 2016 选项，从弹出的快捷菜单中选择【更多】|【打开文件位置】命令，如图 3-29 所示。

(2) 在打开的文件夹中右击 Outlook 启动文件，从弹出的快捷菜单中选择【属性】命令，打开【Outlook 2016 属性】对话框，在【快捷键】文本框中输入一个快捷键(如 Ctrl+Alt+1)后，单击【确定】按钮，如图 3-30 所示。

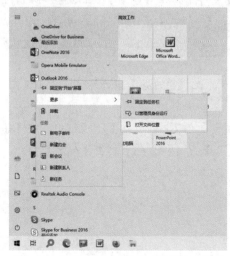

图 3-29　打开 Outlook 启动文件所在文件夹　　　　图 3-30　设置 Outlook 启动快捷键

(3) 完成以上设置后，按 Outlook 启动快捷键(Ctrl+Alt+1)即可启动该软件。

3. 查看与回复电子邮件

在 Outlook 工作界面左侧的窗格中单击【收件箱】选项即可查看收到的电子邮件列表，如图 3-31 左图所示。单击邮件列表中的邮件名称可以在工作界面右侧的窗格中查看邮件内容。单击邮件内容上方的【答复】选项，可以打开图 3-31 右图所示的邮件回复窗格撰写邮件回复内容，单击【发送】按钮即可发送回复邮件。

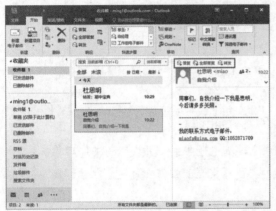 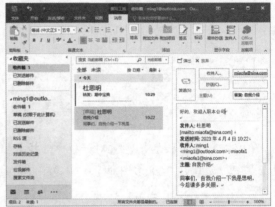

图 3-31　查看接收的电子邮件并回复

4. 转发与删除电子邮件

在图 3-31 左图所示的收件箱中选中一封电子邮件后，单击邮件内容窗格上方的【转发】选项，即可将邮件转发给其他邮箱。右击电子邮件列表中的电子邮件名称，从弹出的快捷菜单中选择【删除】命令，可以删除该邮件。

5. 设置邮件接收提醒

在工作中，来自客户、领导和同事的邮件往往需要及时阅读并回复。在 Outlook 中设置邮件接收提醒，可以在软件收到邮件的第一时间通过声音、任务栏图标和通知等提醒用户。

【例 3-9】　在 Outlook 中设置邮件接收提醒。

(1) 在 Outlook 工作界面左上角选择【文件】选项卡，在打开的界面中选择【选项】选项，打开【Outlook 选项】对话框，如图 3-32 左图所示。

(2) 在【Outlook 选项】对话框中选择【邮件】选项卡，在【邮件到达】选项组中选中【播放声音】【在任务栏中显示信封图标】和【显示桌面通知】复选框，然后单击【确定】按钮，如图 3-32 右图所示。

图 3-32　设置 Outlook 邮件提醒

6. 设置延迟发送邮件

在工作中如果用户需要某些电子邮件(如成果汇报、市场销售周报等)在一个特定的时间点自动发送至指定的邮箱,可以在 Outlook 中设置延迟发送电子邮件。

【例 3-10】　在 Outlook 中设置延迟发送电子邮件。　视频

(1) 在 Outlook 中新建一个电子邮件,然后选择【选项】选项卡,单击图 3-33 左图所示的【延迟传递】选项。

(2) 打开图 3-33 右图所示的【属性】对话框,选中【传递不早于】复选框,并在该复选框右侧设置延迟发送电子邮件的具体日期和时间,然后单击【关闭】按钮。

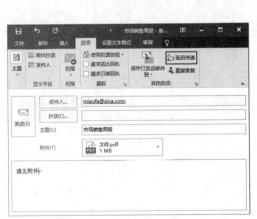

图 3-33　设置 Outlook 延迟发送电子邮件

(3) 返回图 3-33 左图所示的邮件界面后单击【发送】按钮,Outlook 将会把当前邮件暂存于"发件箱"中,待到延迟发送时间时再发送邮件。

3.2.9　使用电子笔记管理软件

在无纸化电脑办公时代,工作中记笔记可以使用电子笔记软件。相比手写工作笔记,电子笔记有容易存储、美观整洁、手机与电脑同步保存等优点。

目前，常用的电子笔记软件如表 3-7 所示。

表 3-7　常用的电子笔记软件

软件名称	说　　明	软件名称	说　　明
OneNote	功能强大的电子笔记软件	Wolai	云端信息协同平台
Xmind	实用的商业思维导图软件	幕布	一款适合做大纲笔记的工具软件

下面以 OneNote 为例来介绍电子笔记软件在办公自动化中的应用。

1. 使用 OneNote 新建笔记本

启动 OneNote 后，在软件工作界面左上角选择【文件】选项卡，在打开的界面中选择【新建】选项，在【笔记本名称】文本框中输入新建笔记本的名称(如输入"电脑办公自动化")，然后单击【创建笔记本】按钮(如图 3-34 所示)即可创建一个新的笔记本。

在新建的电子笔记本中，软件将自动创建一个默认分区，用户可以在该分区中输入自己的笔记内容，并利用软件功能区中的命令，对笔记的格式进行设置，如设置标题格式、突出关键文本、设置文本格式等，如图 3-35 所示。

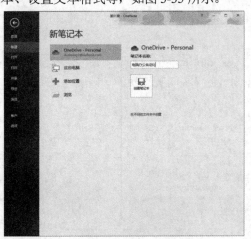

图 3-34　创建新笔记本

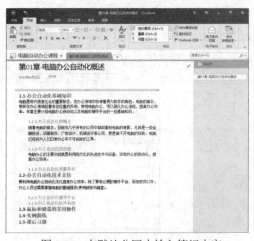

图 3-35　在默认分区中输入笔记内容

单击 OneNote 工作界面右侧窗格中的【添加页】按钮，用户可以为默认分区添加内容页(类似于书本一章中新的节)，从而创建笔记的内容结构(单击右侧窗格中的节名称可以在笔记编辑区域显示相应的笔记)，如图 3-36 所示。单击笔记标签右侧的【创建新分区】按钮＋，可以在笔记本中创建新的分区(类似于书本中新的一章)，在新的分区中可以添加新的页，如图 3-37 所示。

图 3-36　为默认分区添加页

图 3-37　创建新的分区

在 OneNote 笔记编辑区域中选中一段笔记后，用户可以通过拖动鼠标控制该笔记的大小和位置，如图 3-38 所示。

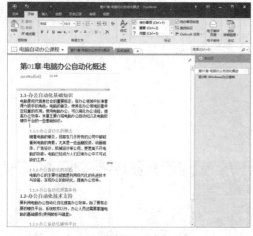　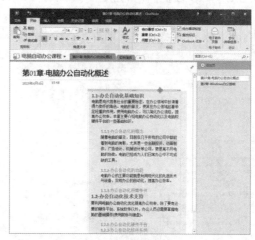

调整笔记区域大小　　　　　　　　　　　　调整笔记区域位置

图 3-38　调整笔记区域

将鼠标指针插入笔记区域的空白位置后，输入文本可以创建新的笔记区域，如图 3-39 所示。如果要删除内容页中的某个笔记区域，则右击该区域，从弹出的快捷菜单中选择【删除】命令即可，如图 3-40 所示。

　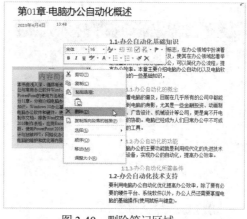

图 3-39　添加笔记区域　　　　　　　　　图 3-40　删除笔记区域

提示

用户也可以通过右击内容页或分区标签，在弹出的快捷菜单中选择【删除】命令，删除笔记本中的内容页或分区。

2. 创建快速笔记

在 OneNote 中按 Win+N 键可以创建快速笔记，并打开图 3-41 所示的快速笔记窗口(用户可以在该窗口中输入笔记内容)。

快速笔记类似于 Windows 系统中的便笺，单击快速笔记窗口上方的 ··· 按钮，在显示的功能区中用户可以设置笔记的格式，如图 3-42 左图所示。在功能区中选择【视图】选项卡，然后激活【前端显示】选项，可以设置快速笔记始终显示在任何窗口之上，如图 3-42 右图所示。

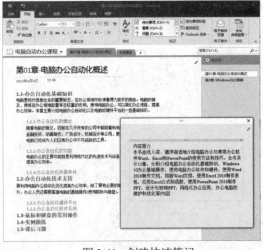

图 3-41　创建快速笔记

图 3-42　设置快速笔记

单击快速笔记窗口右侧的【关闭】按钮✖可以关闭该窗口，同时将快速笔记保存在一个默认的路径中。单击 OneNote 工作界面左上角的笔记下拉按钮，从弹出的列表中选择【快速笔记】选项(如图 3-43 左图所示)，在打开的界面中将显示创建的快速笔记内容，如图 3-43 右图所示。

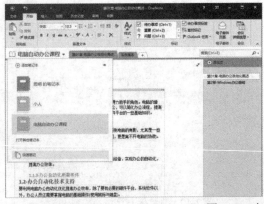

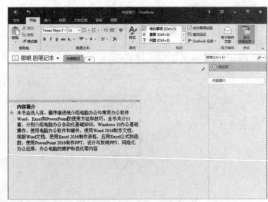

图 3-43　查看快速笔记内容

💡 提示

在图 3-43 右图所示的快速笔记内容页中，用户可以删除快速笔记内容。

3. 插入录音笔记

在 OneNote 工作界面中选择【插入】选项卡，然后单击【录音】按钮，软件将在笔记区域的光标位置创建一个音频文件，并同时记录录音开始的日期和时间。

4. 共享电子笔记

在 OneNote 中，用户可以参考以下操作步骤与他人共享笔记内容。

【例 3-11】 在 OneNote 中设置与他人分享笔记。 视频

(1) 在 OneNote 工作界面中选择【文件】选项卡，在显示的界面中选择【共享】选项，然后选择【获取共享链接】选项，并单击【查看链接】或【编辑链接】右侧的【创建链接】按钮，如图 3-44 左图所示。

(2) 选中并右击创建的链接，在弹出的快捷菜单中选择【复制】命令，如图 3-44 右图所示。

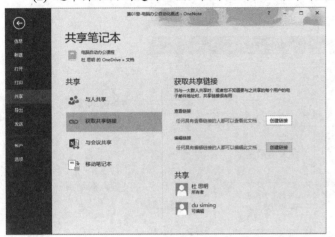

图 3-44　创建并复制共享链接

(3) 将复制的链接通过 QQ、微信等工具发送给其他用户，收到链接的人即可通过链接查看并编辑 OneNote 电子笔记内容(可使用浏览器访问链接)。

3.2.10　使用 Microsoft Office 办公软件

Microsoft Office 是微软公司开发的一套基于 Windows 操作系统的办公软件套装，其包含 Word、Excel、PowerPoint、Outlook 等众多组件，如表 3-8 所示。

表 3-8　Microsoft Office 常用组件说明

组件名称	说　　明	组件名称	说　　明
Word	主要用于文本的输入、编辑、排版、打印等	Outlook	主要用于收发电子邮件、管理联系人信息、安排工作日程、分配任务等
Excel	主要用于有繁重计算任务的预算、财务、数据汇总等	Publisher	主要用于文档图文排版(能够提供比 Word 更强大的文档页面元素控制)
PowerPoint	主要用于制作各类演示文稿	Access	主要用于存储大量数据
Skype fo Business	主要用于进行无线语言和视频通话，在办公中传递消息、参加会议	OneNote	主要用于创建与编辑电子笔记

前面介绍过 Outlook 和 OneNote 软件，下面通过两个简单的实例介绍 Office 软件中 Word、Excel 和 PowerPoint 三个主要组件在日常办公中的应用。

【例 3-12】 使用 Word+PowerPoint 快速制作一个"工作汇报"演示文稿。 视频

(1) 在 Windows 10 任务栏左侧单击【开始】按钮，从弹出的菜单中选择 Word 2016 命令启动 Word 软件，按 Ctrl+N 键创建一个空白文档。选择【视图】选项卡，在【视图】组中选择【大纲】选项切换至大纲视图。

(2) 在大纲视图中输入文本。选择【大纲】选项卡，在【大纲工具】组中将文档中需要单独在一个幻灯片页面中显示的标题设置为 1 级大纲级别，将其余内容设置为 2 级和 3 级大纲级别，如图 3-45 所示(在 Word 大纲视图中，文档各级标题和文本与 PPT 内容的对应关系如表 3-9 所示)。

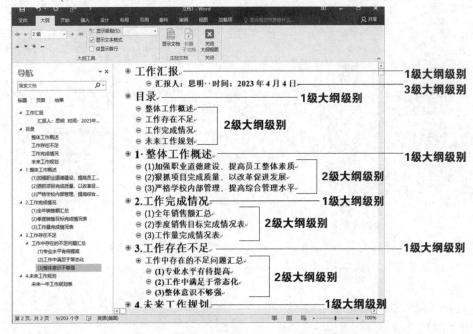

图 3-45　在大纲视图中输入文本并设置标题级别

表 3-9　Word 文档各级标题和文本对应 PPT 内容的说明

Word 大纲视图标题	PPT 内容
1 级大纲	幻灯片目录页内容、章节页标题、内容页标题
2 级大纲	幻灯片内容副标题
3 级大纲(正文文本)	幻灯片内容页正文

(3) 按 F12 键打开【另存为】对话框将制作好的 Word 大纲文件保存。

(4) 按 Ctrl+W 键关闭 Word 文档。

(5) 再次单击【开始】按钮，从弹出的菜单中选择 PowerPoint 2016 命令，启动 PowerPoint 软件，按 Ctrl+N 键，在打开的界面中单击【空白演示文稿】图标，新建一个 PPT 文档。

(6) 在【开始】选项卡中单击【新建幻灯片】下拉按钮，从弹出的下拉列表中选择【幻灯片(从大纲)】选项，如图 3-46 左图所示。

(7) 打开【插入大纲】对话框，选择上面保存的 Word 大纲文档，然后单击【插入】按钮，即可在 PowerPoint 中根据 Word 大纲文档创建一个包含文本的简单 PPT 文档(该文档按照 Word 文档中大纲级别 1 的文本划分幻灯片页面)，如图 3-46 右图所示。

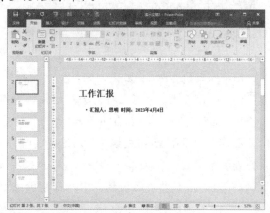

图 3-46　使用 Word 文档快速创建 PPT

(8) 在 PowerPoint 中选择【设计】选项卡，单击【主题】组右侧的【其他】按钮，在弹出的下拉列表中选择一个软件自带的主题样式，如图 3-47 所示，将主题应用于 PPT。

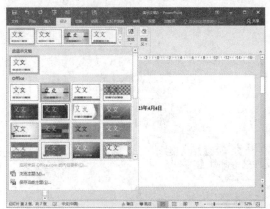

图 3-47　将 PowerPoint 预设主题应用于 PPT

(9) 最后，对 PPT 内容进行简单调整，按 F12 键打开【另存为】对话框将 PPT 文件保存。

【例 3-13】　使用 Word+Excel 批量生成办公文档(收据)并打印。 视频

(1) 启动 Excel 后按 Ctrl+N 键创建一个空白工作簿文档，然后在默认的 Sheet1 工作表中制作图 3-48 所示的收款数据表。

(2) 选中 D2 单元格，输入大小写转换公式：

=SUBSTITUTE(SUBSTITUTE(IF(-RMB(C2,2),TEXT(C2,";负")&TEXT(INT(ABS(C2)+0.5%),"[dbnum2]G/通用格式元;;")&TEXT(RIGHT(RMB(C2,2),2),"[dbnum2]0 角 0 分;;整"),),"零角",IF(C2^2<1,,"零")),"零分","整")

按 Ctrl+Enter 键，转换 C2 单元格的数据，如图 3-49 所示。

图 3-48　制作表格

图 3-49　转换大小写

(3) 双击 D2 单元格右下角的控制柄，将公式引用至 D6 单元格。

(4) 按 F12 键打开【另存为】对话框，将 Excel 工作簿以"收据.xlsx"为名保存。

(5) 启动 Word，按 Ctrl+N 键创建一个新的空白文档，然后在文档中输入文本、插入表格，制作图 3-50 左图所示的文档，然后选择【邮件】选项卡，单击【开始邮件合并】组中的【选择收件人】下拉按钮，从弹出的下拉列表中选择【使用现有列表】选项。

(6) 在打开的【选取数据源】对话框中选中步骤(4)保存的 Excel 工作簿后，单击【打开】按钮，如图 3-50 右图所示。

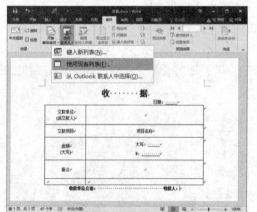

图 3-50　使用 Excel 文件执行邮件合并

(7) 打开【选择表格】对话框，单击【确定】按钮，如图 3-51 左图所示。

(8) 选中文档中"日期"后的下画线，单击【邮件】选项卡中的【插入合并域】下拉按钮，从弹出的下拉列表中选择【日期】选项，如图 3-51 右图所示。

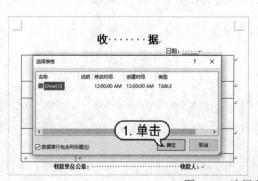

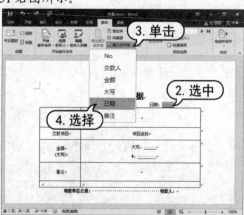

图 3-51　选择表格后插入合并域

(9) 使用同样的方法，在文档中插入合并域，完成后的效果如图 3-52 所示。

(10) 在【邮件】选项卡中单击【预览结果】组中的【预览结果】按钮，然后单击【下一记录】按钮▶和【上一记录】按钮◀预览记录的效果。

(11) 单击【完成】组中的【完成并合并】下拉按钮，在弹出的下拉列表中选择【打印文档】选项，如图 3-53 所示。

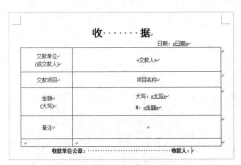

图 3-52　插入更多合并域

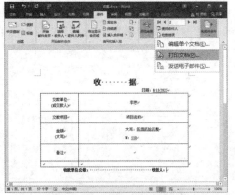

图 3-53　预览并打印文档

(12) 打开【合并到打印机】对话框，选中【全部】单选按钮，单击【确定】按钮，如图 3-54 左图所示。

(13) 打开【打印】对话框后设置文档的打印参数，然后单击【确定】按钮，如图 3-54 右图所示。

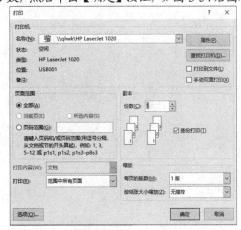

图 3-54　设置打印范围并打印文档

提示

关于 Word、Excel 和 PowerPoint 软件的详细使用方法，本书将在后面的章节中通过具体的办公案例详细介绍。

3.2.11　使用 WPS Office 办公软件

WPS Office 是目前应用非常广泛的国产办公软件。其与 Microsoft Office 软件相比，优点是基础功能免费、体积小、符合国人的使用习惯且与 Microsoft Office 兼容。

下面通过两个办公中常用的 WPS Office 应用实例来帮助用户了解该软件的功能。

☞ 【例 3-14】 使用 WPS Office 快速制作工资条。 🎬 视频

(1) 启动并登录 WPS Office 软件后，按 Ctrl+N 键进入【新建】界面，在界面左侧选择【新建表格】选项并单击【空白文档】按钮，创建一个空白表格，如图 3-55 左图所示。

(2) 在新建的空白表格中输入图 3-55 右图所示的工资数据。

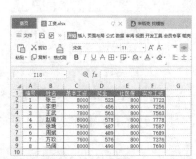

图 3-55 创建空白表格并输入工资数据

(3) 选中表格的第 2 行，右击鼠标，在弹出菜单中的【在上方插入行】文本框中输入 7 后按 Enter 键(如图 3-56 左图所示)，在表格上方插入 7 个空行，如图 3-56 右图所示。

图 3-56 在表格中插入空行

(4) 选中表格的标题栏(A1:F1 区域)，然后按住区域右侧的控制柄向下拖动，在表格第 2~8 行填充标题栏内容，如图 3-57 所示。

(5) 在 G1 单元格中输入 1，然后按住单元格右下角的控制柄向下拖动，在 G2:G8 区域中填充数字 2~8。

(6) 选中 G1:G8 区域后按 Ctrl+C 键执行"复制"命令，然后选中 G9 单元格后按 Ctrl+V 键执行"粘贴"命令。

(7) 选中 G 列，选择【数据】选项卡，单击【排序】下拉按钮，从弹出的下拉列表中选择
【升序】选项，在打开的对话框中单击【确定】按钮，如图 3-58 所示。

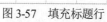

图 3-57　填充标题行

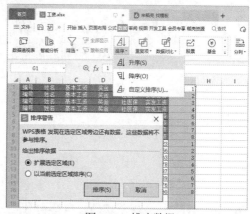

图 3-58　排序数据

(8) 选中 G 列后按 Delete 键删除其中的数据，如图 3-59 所示。

(9) 选中 A1:F16 区域，单击【开始】选项卡中的【框线】下拉按钮田，从弹出的下拉列
表中选择【所有框线】选项，为数据区域设置框线，如图 3-60 所示。

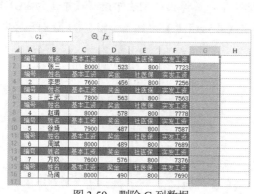

图 3-59　删除 G 列数据

图 3-60　设置框线

(10) 选择【文件】选项卡，在显示的界面中选择【打印】|【打印】命令，将制作好的工资
条打印。

【例 3-15】　使用 WPS Office 在"公司简介"文档中快速插入公司组织结构图。 视频

(1) 按 Ctrl+N 键进入【新建】界面，选择【新建演示】选项后单击【以白色为背景新建空
白演示】按钮，新建一个空白演示文稿。

(2) 在创建的空白演示文稿中删除软件自动生成的占位符，插入一个横排文本框，并在其
中输入组织结构图文本。

(3) 使用 Tab 键调整组织结构图文本的缩进，二级结构缩进一次，三级结构缩进两次。

(4) 选中文本框后选择【文本工具】选项卡，单击【转智能图形】下拉按钮，在弹出的下
拉列表中选择【组织结构图】选项，如图 3-61 所示，将文本框转换为组织结构图。

计算机基础与实训教材系列

(5) 选中创建的组织结构图，单击【更改颜色】下拉按钮，从弹出的下拉列表中选择一种颜色方案，将其应用于组织结构图，如图 3-62 所示。

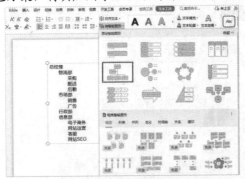

图 3-61　将文本框转换为组织结构图

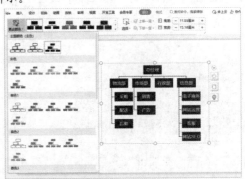

图 3-62　更改组织结构图配色

(6) 按 Ctrl+C 键复制创建的组织结构图。

(7) 再次按 Ctrl+N 键进入【新建】界面，选择【新建文字】选项，单击【空白文档】按钮创建一个空白文档，然后在其中输入"公司简介"内容文本(包括标题和正文)。

(8) 将鼠标指针置于文档中合适的位置，按 Ctrl+V 键，将组织结构图粘贴至文档中，如图 3-63 所示。

(9) 继续输入文档内容，完成后选择【文件】选项卡，在弹出的列表中选择【输出为 PDF】选项，在打开的对话框中设置文件的保存位置后单击【开始输出】按钮，如图 3-64 所示，将文件输出为 PDF 文档。

图 3-63　在文档中粘贴组织结构图

图 3-64　将文件输出为 PDF 文档

3.3　使用办公设备

在使用电脑办公时，经常会用到一些外部设备，如打印机、扫描仪和传真机等。另外，用户还可使用 U 盘或移动硬盘等移动存储设备来传递文件。

3.3.1　使用打印机和扫描仪

现代企业一般常用的打印机是打印、复印、扫描、传真多功能集成在一起的一体式打印机，如图 3-65 所示。用户只要将电脑与打印机连接并在 Windows 10 中安装打印机，即可通过打印机的控制面板方便、快捷地打印各种办公文件。

1. 使用打印机

在办公电脑上使用打印机的步骤如下。

图 3-65　一体化打印机

(1) 首先，使用打印机数据线将打印机与电脑连接(电脑端为 USB 接口)。

(2) 启动打印机和电脑，然后按照打印机驱动安装说明，通过网络安装打印机驱动程序(打印机驱动程序安装结束后，系统会提示"已经识别到打印机")，然后重新启动电脑。

(3) 打开需要打印的文件，通过打印预览检查文件的打印设置符合打印要求后，执行【打印】命令即可打印文件。

2. 使用扫描仪

在使用扫描仪之前，要对扫描仪的基本原理进行一个初步的了解，这样有利于正确地使用扫描仪。为了能够将图像客观真实地反映出来，必须要保证光线能够平稳地照到待扫描的稿件上，所以可以先打开扫描仪预热几分钟，使机器内的灯管达到均匀发光的状态，确保它的光线集中在某一寸空间，如图 3-66 所示。

图 3-66　使用扫描仪

为了节约扫描时间，有的用户会忽略预扫步骤。其实预扫功能是很有必要的，它能够保证扫描效果。

此外，很多用户在使用扫描仪时，想要知道采用多大的分辨率来扫描，其实这是根据用户的需求来决定的。分辨率越高的扫描仪代表图像更加清晰，但同时图像文件也更大。如果想要扫描后的作品通过打印机打印出来，扫描之前还需要考虑打印机的分辨率。

3.3.2　使用移动存储设备

移动存储设备主要包括 U 盘、移动硬盘及各种存储卡，使用这些设备可以方便地将办公文件随身携带或传递到其他办公电脑中。

計算机基础与实训教材系列

▽ U盘：U盘是一种常见的移动存储设备，如图3-67(a)所示。它的特点是体型小巧、存储容量大和价格便宜。目前常见的U盘的容量为32GB、64GB、128GB和256GB等。

▽ 移动硬盘：移动硬盘是以硬盘为存储介质并注重便携性的存储产品，如图3-67(b)所示。相对于U盘来说，它的存储容量更大，存取速度更快，但是价格相对昂贵一些。目前常见的移动硬盘的容量为1TB～4TB。

▽ 存储卡：SD卡和TF卡都属于存储卡，但又有区别。从外形上来区分，SD卡比TF卡要大；从使用环境上来分，SD卡常用于数码相机等设备中，如图3-67(c)所示，而TF卡比较小，常用于手机中，如图3-67(d)所示。

(a)　　　　　　　　(b)　　　　　　　　(c)　　　　　　　　(d)

图3-67　移动存储设备

移动存储设备的使用方法基本相同，具体如下。

(1) 将U盘的数据线插入电脑主机的USB接口中，桌面任务栏右下角的通知区域中将显示连接USB设备的图标。

(2) 此时，双击桌面上的【此电脑】图表，在打开的窗口中双击【可移动磁盘(G:)】选项，可以打开U盘操作其中的内容(包括对文件或文件的复制、移动、删除、重命名等)。

(3) 完成U盘的操作后，在任务栏右侧右击U盘图标，从弹出的菜单中选择【弹出可移动磁盘】命令，当系统提示"安全移除硬件"后，将U盘从电脑USB接口中拔出。

3.4　实例演练

本章介绍了在电脑中安装、卸载软件的方法，以及常用办公软件的功能和基本操作。下面的实例演练将指导用户通过自主学习进一步掌握电脑办公软件的使用方法。

3.4.1　使用插件强化 Microsoft Edge 功能

本章3.2.1节介绍了Microsoft Edge的使用方法，以及在Microsoft Edge中下载、安装与使用扩展程序的方法。扩展程序也称"插件"，目前常用的Microsoft Edge插件有以下几种，用户可以参考例3-1介绍的方法，为Microsoft Edge安装这些插件，并在工作中使用这些插件提高工作效率。

1. Tampermonkey(油猴)

油猴插件具有各种强大的功能，如观看全网视频、解除文件下载限速、下载受网站限制的音乐和视频。

2. AdGuard 广告拦截器

AdGuard 广告拦截器是一个可以屏蔽网页广告的插件，下载并开启该插件后使用 Microsoft Edge 浏览任何网页都不会弹出广告。

3. iTab 新标签页

使用 iTab 新标签页后，用户可以将 Microsoft Edge 浏览器的主页替换成自定义的简洁模式，还可以在其中添加一些常用网站链接标签。

4. imageAssistant 图片批量下载器

imageAssistant 图片批量下载器是一款可以批量下载的扩展插件，启动该插件后 Microsoft Edge 会自动检测浏览的网页中的所有图片。用户可以从检测列表中下载全部图片，也可以选择下载其中一部分图片。

5. SuperCopy 超级复制

SuperCopy 超级复制是一款可以解除网页复制限制的插件，启用该插件后用户可以随意复制使用 Microsoft Edge 浏览器打开的网页中的文字。

6. Similar Sites 类似的网站插件

Similar Sites 类似的网站插件可以帮助用户通过一个网站，找到更多的同类网站。例如，用户使用 Microsoft Edge 浏览器打开一个视频网站后，启动该插件，插件就会根据用户访问的网站帮用户找到其他类似内容的视频网站。

7. Global Speed 视频速度控制

Global Speed 视频速度控制插件可以控制使用 Microsoft Edge 浏览器打开视频网页中视频的播放速度，其最高支持 16 倍速播放视频，最低支持 0.07 倍速播放视频。

3.4.2　使用 WPS 写作模式辅助编辑文档

在制作各种办公文档时，我们经常因为写作过程中的起名、名言警句、诗词描绘而发愁。此时，使用 WPS Office 打开文件，在 WPS 写作模式中可以解决这个问题。

【例 3-16】　使用 WPS 写作模式编辑"活动传单"文档。 视频

(1) 使用 WPS Office 软件打开"活动传单"文档后，单击状态栏右下角的【写作模式】按钮 进入写作模式，然后选中页面中的一段句子或者一个关键词/字，在弹出的列表中选择【找素材】选项，如图 3-68 所示。

图3-68　进入写作模式按照关键字找素材

(2) 在打开的【素材库】窗格中用户可以通过选择【综合】【金句】【书摘】【成语】【诗词】等选项卡，查找与关键词/字或者句子相关的内容。

(3) 单击查找结果中的内容，即可将其插入文档中。

3.5　习题

1. 使用 Microsoft Edge 下载 WPS Office 安装包并在电脑中安装该软件。

2. 使用 WinRAR 压缩本地电脑中的一个文件夹，然后对其进行解压。

3. 使用文件格式转换软件将 Word 文档转换为 PDF 文件。

4. 使用打印机打印本章制作的办公文件。

5. 尝试使用 Word+Excel 软件批量制作带照片的准考证文档。

第 4 章

制作Word办公文档

Word 2016 是 Office 2016 软件中的文字处理组件，它拥有简洁、直观的工作界面，可以帮助用户方便、快捷地进行文字录入和图文排版，是电脑办公自动化中最常用的文档制作软件之一。本章将通过制作"入职通知"和"考勤管理制度"文档，由浅入深地帮助用户逐步掌握 Word 2016软件的基础操作，包括 Word 文档的创建与保存、文本内容的输入与编辑、文本与段落格式的设置、项目符号和编号的使用、在 Word 文档中使用表格、格式刷与选择性粘贴功能的应用、文档页眉和页脚的设置等内容。

本章重点

- Word 2016 基础知识
- 设置文本和段落格式
- 使用模板创建新文档
- 在 Word 文档中插入表格

- 新建空白文档并输入内容
- 使用 Word 文本样式
- 设置项目符号和编号
- 使用文档对比与修订模式

二维码教学视频

【例 4-1】 使用中文输入法
【例 4-2】 在文档中输入符号
【例 4-3】 在文档中输入当前日期
【例 4-4】 使用文本替换功能
【例 4-5】 设置段落文本格式
【例 4-6】 设置文本对齐方式

【例 4-7】 设置段落缩进
【例 4-8】 设置行间距和段间距
【例 4-9】 创建文本样式
【例 4-10】 套用文本样式
【例 4-11】 将文档保存为模板
本章其他视频参见视频二维码列表

4.1　Word 2016 办公基础

Word 2016 是 Office 2016 的组件之一，也是目前文字处理软件中最受欢迎的、用户使用最多的文字处理软件。使用 Word 2016 处理文件，大大提高了企业办公自动化的效率。

4.1.1　Word 2016 主要应用

Word 2016 是一个功能强大的文档处理软件。它既能够制作各种简单的办公商务和个人文档，又能满足专业人员制作用于印刷的版式复杂的文档。Word 2016 主要有以下几种办公应用。

▽ 文字处理功能：Word 2016 是一个功能强大的文字处理软件，利用它可以输入文字，并可设置不同的字体样式和大小。

▽ 表格制作功能：Word 2016 不仅能处理文字，还能制作各种表格，可以更好地解释和补充文字说明。

▽ 图形图像处理功能：在 Word 2016 中可以插入图形图像对象，如文本框、艺术字和图表等，以制作出图文并茂的文档。

▽ 文档组织功能：在 Word 2016 中可以建立任意长度的文档，还能对长文档进行各种管理。

▽ 页面设置及打印功能：在 Word 2016 中可以设置出各种大小不一的版式，以满足不同用户的需求，使用打印功能可轻松地将电子文本转换到纸上。

4.1.2　Word 2016 工作界面

在 Windows 10 操作系统中，单击任务栏左侧的【开始】按钮，从弹出的开始菜单中选择 Word 2016 选项，即可启动 Word 2016 并进入软件的启动界面，该界面由模板列表和文档导航栏组成，如图 4-1 所示。

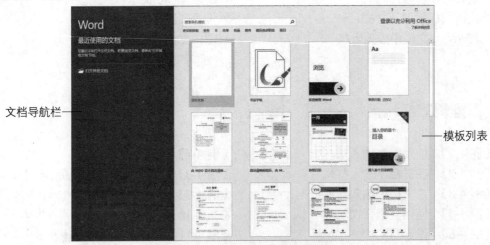

图 4-1　Word 2016 启动界面

在图 4-1 所示的 Word 启动界面左侧的文档导航栏中软件将会记录用户最近打开的 Word 文档；在模板列表中用户可以通过单击【空白文档】选项创建一个图 4-2 所示的空白 Word 文档，或者使用软件提供的模板来创建新的 Word 文档。创建 Word 文档后，将显示 Word 2016 工作界面，其主要由标题栏、快速访问工具栏、功能区、导航窗格、文档编辑区域、状态栏与视图栏组成。

图 4-2　Word 2016 工作界面

▽ 标题栏：标题栏位于窗口的顶端，用于显示当前正在运行的程序名及文件名等信息。标题栏最右端有 4 个按钮，分别用来设置功能区的显示方式(功能区显示选项▣)和控制窗口的最小化▬、最大化▢和关闭✖。

▽ 快速访问工具栏：快速访问工具栏中包含最常用操作的快捷按钮，方便用户使用。在默认状态下，快速访问工具栏中包含 3 个快捷按钮，分别为【保存】按钮▤、【撤销】按钮⤺和【重复输入】按钮↻(当用户单击【撤销】按钮⤺撤销一项 Word 操作后，【重复输入】按钮↻将自动变为【恢复】按钮↪)。

▽ 功能区：在功能区中单击相应的标签，即可打开对应的功能选项卡，包括【开始】【插入】【设计】【布局】【引用】【邮件】【审阅】【视图】【加载项】等选项卡。

▽ 文档编辑区域：它是 Word 中最重要的部分，所有的文本操作都将在该区域中进行，用来显示和编辑文档、表格等。

▽ 状态栏与视图栏：位于 Word 窗口的底部，显示了当前的文档信息，如当前显示的文档是第几页、当前文档的总页数和当前文档的字数等；还提供有视图方式、显示比例和缩放滑块等辅助功能，以显示当前的各种编辑状态。

4.1.3　Word 2016 视图模式

Word 软件为用户提供了多种浏览文档的方式，包括页面视图、阅读视图、Web 版式视图、大纲视图和草稿视图。在【视图】选项卡的【视图】组中可以切换 Word 文档视图。

▽ 页面视图：页面视图是 Word 2016 默认的视图模式。该视图中显示的效果和打印的效果完全一致。在页面视图中可以看到页眉、页脚、水印和图形等各种对象在页面中的实际打印位置，便于用户对页面中的各种元素进行编辑。

▽ 阅读视图：该视图模式比较适合阅读比较长的文档，如果文字较多，它会自动分成多屏以方便用户阅读，如图 4-3 所示。

▽ Web 版式视图：Web 版式视图是几种视图方式中唯一按照窗口的大小来显示文本的视图。使用这种视图模式查看文档时，无须拖动水平滚动条就可以查看整行文字，如图 4-4 所示。

图 4-3　阅读视图

图 4-4　Web 版式视图

▽ 大纲视图：对于一个具有多重标题的文档来说，用户可以使用大纲视图来查看该文档。大纲视图是按照文档中标题的层次来显示文档的，用户可将文档折叠起来只看主标题，也可将文档展开查看整个文档的内容，如图 4-5 所示。

▽ 草稿视图：草稿视图是 Word 中最简洁的视图模式。在该视图中，不显示页边距、页眉和页脚、背景、图形图像，以及没有设置为"嵌入型"环绕方式的图片。因此，这种视图模式仅适合编辑内容和格式都比较简单的文档，如图 4-6 所示。

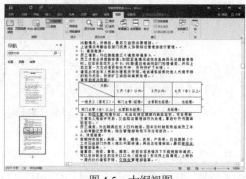

图 4-5　大纲视图

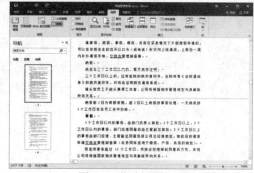

图 4-6　草稿视图

4.1.4　Word 2016 基本设置

在使用 Word 2016 制作各种办公文档之前，用户需要进行一些前期设置，这对于后面的文档编辑有一定的帮助作用。Word 2016 的基本设置主要包括：显示设置、校对设置、保存设置和输入法设置等几方面。

1. 显示设置

在 Word 工作界面的功能区中选择【文件】选项卡，在显示的界面中选择【选项】选项(如图 4-7 左图)，在打开的【Word 选项】对话框中选择【显示】选项，用户可以在【始终在屏幕上显示这些格式标记】选项区域中设置显示辅助文档编辑的格式标记(这些标记不会在打印文档时被打印在纸上)，如图 4-7 右图所示，包括制表符(→)、空格(⋯)、段落标记(↵)、隐藏文字(abc)、可选连字符(¬)、对象位置(⚓)、可选分隔符(◻)等。

图 4-7　设置始终在屏幕上显示的格式标记

2. 校对设置

在图 4-7 右图所示的【Word 选项】对话框中选择【校对】选项，在显示的选项区域中单击【自动更正选项】按钮(如图 4-8 左图所示)，打开【自动更正】对话框，选择【键入时自动套用格式】选项卡，取消【自动编号列表】复选框的选中状态，然后单击【确定】按钮可以取消Word 2016 默认自动启动的"自动编号列表"功能(在编辑 Word 文档时关闭该功能有助于提高文档的输入效率)，如图 4-8 右图所示。

图 4-8　设置关闭"自动编号列表"功能

3. 保存设置

在图 4-7 右图所示的【Word 选项】对话框中选择【保存】选项，在显示的选项区域中可以设置 Word 软件保存文档的格式、自动保存时间以及自动恢复文件的保存位置。

4. 输入法设置

撰写各种办公文档离不开输入法。Windows 10 操作系统默认使用微软拼音输入法，该输入法虽然能够满足日常办公中简单的中英文输入，但是其输入效率不高，无法满足大强度工作量下文字的输入要求。

目前，办公中常用的输入法如表 4-1 所示。

表 4-1　电脑办公中常用的输入法

输入法名称	特　点	输入法名称	特　点
搜狗输入法	功能成熟的中文拼音输入法	QQ 输入法	支持拼音、五笔、笔画输入的输入法
百度输入法	无广告的高效中文输入法	谷歌输入法	支持简体中文和繁体中文输入

用户可以参考以下操作，在 Windows 10 中设置系统的默认输入法。

(1) 通过 Microsoft Edge 浏览器下载并安装表 4-1 中任意一款输入法。

(2) 按 Win+I 键打开【设置】窗口，选择【时间和语言】|【语言】选项，在显示的界面中将【Windows 显示语言】设置为【中文(中华人民共和国)】，然后单击【拼写、键入和键盘设置】选项，如图 4-9 左图所示。

(3) 在打开的【输入】界面中单击【高级键盘设置】选项，打开【高级键盘设置】窗口，单击【替代默认输入法】下拉按钮，从弹出的下拉列表中选择一种输入法，如图 4-9 右图所示。

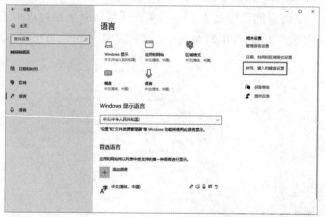

图 4-9　设置 Windows 默认输入法

提示

在 Windows 10 中设置默认输入法后，使用 Word 2016 制作办公文档时，用户可以通过快捷键来控制输入法的状态。例如，按 Shift 键可以在中文输入状态和英文输入状态下切换；按 Caps Lock 键可输入英文大写字母，再次按该键则可输入英文小写字母；按 Ctrl+Shift 键可以切换当前输入法；按 Win+空格键可以打开输入法列表切换当前输入法。

4.2 制作入职通知

入职通知是用人单位向应聘人员发出的关于建立劳动关系的一种要约，其中详细介绍了应聘者入职岗位的工资报酬、劳务期限、节假日休息等条例，以及入职报到的具体时间。本节将通过制作一个入职通知，帮助用户掌握使用 Word 2016 新建、保存文档，以及在文档中输入和编辑文本内容等操作。

4.2.1 新建空白文档

在 Word 2016 中可以创建空白文档，也可以根据现有的内容创建文档。

空白文档是最常使用的文档。要创建空白文档，可单击【文件】按钮，在打开的界面中选择【新建】命令，打开【新建】界面，选择【空白文档】选项，如图 4-10 所示。

4.2.2 保存文档

对于新建的 Word 文档或正在编辑某个文档时，如果出现了办公电脑突然死机、停电等非正常关闭的情况，文档中的信息就会丢失。因此，为了保护劳动成果，做好文档的保存工作是十分重要的。在 Word 中保存文档的方法主要有以下两种。

▽ 保存新建文档：在功能区中选择【文件】选项卡，在打开的界面中选择【保存】命令，或单击快速访问工具栏上的【保存】按钮🖫(快捷键：F12)，打开【另存为】对话框，设置保存的路径、名称及格式后，单击【保存】按钮，如图 4-11 所示。

图 4-10 新建空白 Word 文档

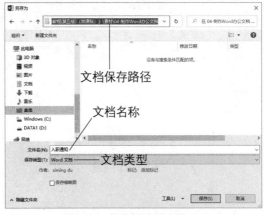

图 4-11 保存新建的文档

▽ 保存已保存过的文档：要对已保存过的文档进行保存，可单击【文件】按钮，在打开的界面中选择【保存】命令，或单击快速访问工具栏上的【保存】按钮🖫(快捷键：Ctrl+S)，将文档按照其原有的路径、名称及格式进行保存。

4.2.3 输入文本内容

在 Word 中创建一个空白文档后,在文档的开始位置将出现一个闪烁的光标,称为"插入点"。在文档中输入的任何内容(包括英文、中文、符号、日期和时间等)都会在插入点处出现。

1. 输入英文

按 Shift 可以切换当前输入法的中/英文输入状态。在英文状态下通过键盘可以直接输入英文、数字及标点符号。

2. 输入中文

一般情况下,Windows 系统自带的中文输入法都是通用的,用户可以使用默认的输入法切换方式,如打开/关闭输入法控制条(Ctrl+空格键)、切换输入法(Shift+Ctrl 键)等。选择一种中文输入法后,即可开始在插入点处输入中文文本。

【例 4-1】 在"入职通知"文档中使用中文输入法输入文本。 ▶视频

(1) 打开"入职通知"文档后,将输入法切换为中文输入状态,在文档默认插入点(第 1 行)输入文本"入职通知",如图 4-12 左图所示。

(2) 按 Enter 键换行,在"入职通知"文档中输入如图 4-12 右图所示的文本内容。

输入文档标题　　　　　　　　　　　　　　　　输入通知内容

图 4-12　输入"入职通知"文本内容

(3) 按 Ctrl+S 组合键将文档保存。

3. 输入符号

在输入文本的过程中,有时需要输入一些特殊符号,如希腊字母、商标符号、图形符号和数学符号等,这些特殊符号通过键盘是无法直接输入的。这时,可以通过 Word 提供的插入符号功能来实现符号的输入。

【例 4-2】 在"入职通知"文档中，输入符号①、②、③。 视频

(1) 继续例 4-1 的操作，将鼠标指针置入文档中需要插入特殊符号的位置。

(2) 选择【插入】选项卡，在【符号】组中单击【符号】下拉按钮，在弹出的下拉列表中选择【其他符号】选项，打开【符号】对话框，选中①符号，单击【插入】按钮，在文档中插入符号①，如图 4-13 所示。

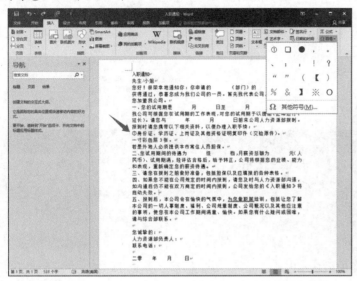

图 4-13　在文档中插入符号

(3) 使用同样的方法，在文档中合适的位置继续插入符号②、③。

(4) 单击【关闭】按钮关闭【符号】对话框，按 Ctrl+S 组合键保存文档。

4. 输入日期和时间

使用 Word 编辑文档时，可以使用插入日期和时间功能来输入当前日期和时间。

在 Word 2016 中输入日期类格式的文本时，软件会自动显示默认格式的系统当前日期，按 Enter 键即可完成当前日期的输入，如图 4-14 所示。

如果要输入其他格式的日期和时间，除了可以手动输入外，还可以通过【日期和时间】对话框进行插入，具体操作方法如下。

【例 4-3】 在"入职通知"文档结尾输入格式为"××××年××月××日"的当前日期。 视频

(1) 继续例 4-2 的操作，将鼠标指针置于文档的结尾部分(重新输入日期)，然后选择【插入】选项卡，在【文本】组中单击【日期和时间】按钮，打开【日期和时间】对话框。

(2) 在【日期和时间】对话框的【可用格式】列表中选择【2023 年 4 月 6 日】选项后，单击【设为默认值】按钮，将该格式设置为 Word 文档默认日期格式，然后单击【确定】按钮，如图 4-15 所示。

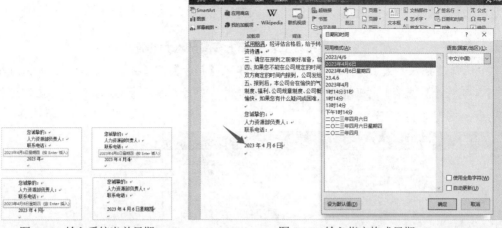

| 图 4-14 输入系统当前日期 | 图 4-15 输入指定格式日期 |

提示

在图 4-15 所示的【日期和时间】对话框中选中【自动更新】复选框，可以设置文档中插入的日期和时间根据当前系统时间自动更新。

4.2.4 编辑文本内容

在 Word 中，文字是组成段落的最基本内容，任何一个文档都是从段落文本开始进行编辑的。下面介绍在 Word 中编辑文本的基本方法。

1. 选取文本

在 Word 中进行文本编辑前，必须先选取文本，既可以使用鼠标或键盘来选取，也可以使用鼠标和键盘结合来选取。

使用鼠标选取文本是 Word 中最基础的操作，通过拖动、双击和三击鼠标，用户可以选择文档中指定的文本区域、文本段落或者全部文本。

▽ 拖动选取：将鼠标光标定位在起始位置，按住左键不放，向目的位置拖动鼠标以选择文本。

▽ 双击选取：将鼠标光标移到文本编辑区左侧，当鼠标光标变成形状时，双击，即可选择该段的文本内容；将鼠标光标定位到词组中间或左侧，双击可选择该单字或词。

▽ 三击选取：将鼠标光标定位到要选择的段落，三击选中该段的所有文本；将鼠标光标移到文档左侧空白处，当光标变成形状时，三击选中整篇文档。

使用键盘上的快捷键，用户可以快速、准确地选择文档中的文本，例如，选择鼠标插入点左侧或右侧的字符、插入点位置至行首(或行尾)之间的文本区域、插入点至下一屏(或上一屏)之间的文本区域等，具体如表 4-2 所示。

表 4-2 选取文本内容的快捷键及功能

快捷键	功 能	快捷键	功 能
Shift+→	选取插入点右侧的一个字符	Shift+←	选取插入点左侧的一个字符

(续表)

快捷键	功　能	快捷键	功　能
Shift+↑	选取插入点位置至上一行相同位置之间的文本	Shift+↓	选取插入点位置至下一行相同位置之间的文本
Shift+Home	选取插入点至行首之间的文本	Shift+End	选取插入点至行尾之间的文本
Shift+PageDown	选取插入点至下一屏之间的文本	Shift+PageUp	选取插入点至上一屏之间的文本
Shift+Ctrl+Home	选取插入点至文档开始之间的文本	Shift+Ctrl+End	选取插入点至文档结尾之间的文本
Ctrl+A	选取整篇文档		

在实际工作中将鼠标和键盘结合起来使用，可以根据需要灵活地选取文档中的文本，从而大大提高各种办公文档的制作效率。

▽ 选取连续的较长文本：将插入点定位到要选取区域的开始位置，按住 Shift 键不放，再移动光标至要选取区域的结尾处，单击即可选取该区域之间的所有文本内容。

▽ 选取不连续的文本：选取任意一段文本，按住 Ctrl 键，再拖动鼠标选取其他文本，即可同时选取多段不连续的文本。

▽ 选取整篇文档：按住 Ctrl 键不放，将光标移到文本编辑区左侧空白处，当光标变成形状时，单击即可选取整篇文档。

▽ 选取矩形文本：将插入点定位到开始位置，按住 Alt 键并拖动鼠标，即可选取矩形文本区域。

💡 提示

在 Word 中使用命令操作还可以选中与光标处文本格式类似的所有文本，具体方法为：将光标定位在目标格式下任意文本处，打开【开始】选项卡，在【编辑】组中单击【选择】按钮，在弹出的列表中选择【选择格式相似的文本】命令即可。

2. 移动、复制和删除文本

在编辑文本时，经常需要重复输入文本，可以使用移动或复制文本的方法进行操作。此外，也经常需要对多余或错误的文本进行删除操作。

移动文本是指将当前位置的文本移到另外的位置，在移动的同时，会删除原来位置上的原版文本。移动文本后，原位置的文本消失。移动文本有以下几种方法。

▽ 选择需要移动的文本，按 Ctrl+X 组合键，再在目标位置处按 Ctrl+V 组合键。

▽ 选择需要移动的文本，在【开始】选项卡的【剪贴板】组中，单击【剪切】按钮，再在目标位置处单击【粘贴】按钮。

▽ 选择需要移动的文本后，右击鼠标，在弹出的快捷菜单中选择【剪切】命令，再在目标位置处右击，在弹出的快捷菜单中选择【粘贴选项】命令。

▽ 选择需要移动的文本后，按左键不放，此时鼠标光标变为形状，移动鼠标光标，当虚线移到目标位置时，释放鼠标。

复制文本,是指将需要复制的文本移到其他位置,而原版文本仍然保留在原来的位置。复制文本有以下几种方法。

▽ 选取需要复制的文本,按 Ctrl+C 组合键,将插入点移到目标位置,再按 Ctrl+V 组合键。

▽ 选择需要复制的文本,在【开始】选项卡的【剪贴板】组中,单击【复制】按钮，将插入点移到目标位置处,单击【粘贴】按钮。

▽ 选取需要复制的文本,右击鼠标,在弹出的快捷菜单中选择【复制】命令,把插入点移到目标位置,右击并在弹出的快捷菜单中选择【粘贴选项】命令。

在 Word 中删除文本的方法如下。

▽ 按 Backspace 键,删除光标左侧的文本;按 Delete 键,删除光标右侧的文本。

▽ 选择要删除的文本,在【开始】选项卡的【剪贴板】组中,单击【剪切】按钮。

▽ 选择文本,按 Backspace 键或 Delete 键均可删除所选文本。

3. 查找与替换文本

在篇幅比较长的文档中,使用 Word 提供的查找与替换功能可以快速地找到文档中某个文本或更改文档中多次出现的某个词语,从而无须反复地查找文本,使操作变得较为简单,节约办公时间,提高工作效率。

要查找文档中的文本,用户可以使用【导航】窗格进行查找,也可以使用 Word 2016 的高级查找功能。

▽ 使用【导航】窗格查找文本:【导航】窗格(如图 4-16 所示)中的上方为搜索框,用于输入搜索文档中的文本关键字,在下方的列表框中选择【结果】选项卡可以查看文档中符合搜索条件的段落(单击段落可以跳转至相应的位置)。

▽ 使用高级查找功能:使用高级查找功能不仅可以在文档中查找普通文本,还可以对特殊格式的文本、符号等进行查找。选择【开始】选项卡,在【编辑】组中单击【查找】下拉按钮,在弹出的下拉列表中选择【高级查找】命令,打开【查找和替换】对话框的【查找】选项卡,如图 4-17 所示。在【查找内容】文本框中输入要查找的内容,单击【查找下一处】按钮,即可将光标定位在文档中第一个查找目标处。单击若干次【查找下一处】按钮,可依次查找文档中对应的内容。

图 4-16 【导航】窗格

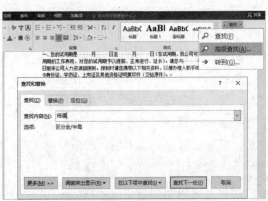

图 4-17 【查找和替换】对话框

在图 4-17 所示的【查找】选项卡中单击【更多】按钮，可展开该对话框的高级设置界面，在该界面中可以设置更为精确的查找条件，如区分查找内容的大小写、使用通配符、区分前缀、区分后缀、忽略空格，以及确定文档查找范围等，如图 4-18 所示。在【查找和替换】对话框中选择【替换】选项卡，则可以实现对文档中指定文本内容的快速替换，具体方法如下。

【例 4-4】 在"入职通知"文档中将文本"工资"替换为"薪资"。 视频

(1) 打开"入职通知"文档，在【开始】选项卡的【编辑】组中单击【替换】按钮，打开【查找和替换】对话框。

(2) 自动打开【替换】选项卡，在【查找内容】文本框中输入文本"工资"，在【替换为】文本框中输入文本"薪资"，单击【查找下一处】按钮，查找第一处文本，如图 4-19 所示。

图 4-18　更多查找选项　　　　　　图 4-19　查找文本

(3) 单击【替换】按钮，完成第一处文本的替换，此时自动跳转到第二处符合条件的文本"工资"处。单击【替换】按钮，查找到的文本就被替换，然后继续查找。如果不想替换，可以单击【查找下一处】按钮，则将继续查找下一处符合条件的文本。

(4) 完成文档中所有文本的替换操作后，单击【关闭】按钮即可。

提示

在图 4-20 所示的【替换】选项卡中单击【全部替换】按钮，文档中所有的文本"工资"都将被替换成文本"薪资"，并弹出提示框提示已完成搜索和替换几处文本。

4. 撤销与恢复操作

在编辑文档时，Word 会自动记录最近执行的操作，因此当操作错误时，可以通过撤销功能将错误操作撤销。如果误撤销了某些操作，还可以使用恢复操作将其恢复。

在 Word 中执行撤销操作命令，可以采用以下两种方法。

▽ 在快速访问工具栏中单击【撤销】按钮，撤销上一次的操作。单击【撤销】按钮右侧的下拉按钮，可以在弹出的下拉列表中选择要撤销的操作。

▽ 按 Ctrl+Z 组合键，可撤销最近的一次操作。

在 Word 中执行恢复操作命令的方法有以下两种。

▽ 在快速访问工具栏中单击【恢复】按钮，恢复操作。

▽ 按 Ctrl+Y 组合键，恢复最近的一次撤销操作(这是 Ctrl+Z 组合键的逆操作)。

4.2.5 设置文本格式

在 Word 文档中输入的文本默认字体为宋体，字号为五号，为了使文档更加美观、条理更加清晰，通常需要对文本进行格式化操作。

1. 使用【字体】组设置

打开【开始】选项卡，使用如图 4-20 所示的【字体】组中提供的按钮即可设置文本格式，如文本的字体、字号、颜色、字形等。

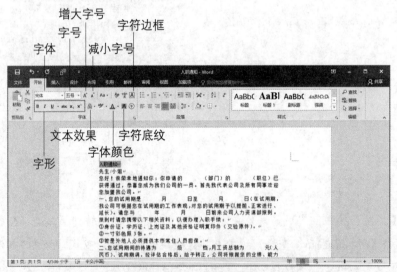

图 4-20 【字体】组

▽ 字体：指文字的外观。Word 2016 提供了多种字体，默认字体为宋体。

▽ 字形：指文字的一些特殊格式，包括加粗 **B**、倾斜 *I*、下画线 u、删除线 abc、上标 x² 和下标 x₂ 等。选中文本后，单击字形组中的功能按钮即可将文本设置为相应的字形格式。

▽ 字号：指文字的大小。Word 2016 提供了多种字号。

▽ 字符边框：为文本添加边框。单击【带圈字符】按钮，可为字符添加圆圈效果。

▽ 文本效果：为文本添加特殊效果。单击该按钮，在弹出的菜单中可以为文本设置轮廓、阴影、映像和发光等效果。

▽ 字体颜色：指文字的颜色。单击【字体颜色】按钮右侧的下拉箭头，在弹出的菜单中可选择需要的颜色命令。

　　▽　字符缩放：可增大或者缩小字符。

　　▽　字符底纹：为文本添加底纹效果。

2. 通过【字体】对话框设置

　　利用【字体】对话框，不仅可以完成【字体】组中所有的字体设置功能，而且还可以为文本添加其他的特殊效果和设置字符间距等。

　　选中文本后，单击【开始】选项卡【字体】组右下角的对话框启动器按钮 ⬚ (或者选中一段文字后右击鼠标，在弹出的快捷菜单中选择【字体】命令)，打开【字体】对话框的【字体】选项卡(如图 4-21 左图所示)。在该选项卡中可对文本的字体、字号、颜色、下画线等属性进行设置。选择【字体】对话框中的【高级】选项卡(如图 4-21 右图所示)，在其中可以设置文字的缩放比例、文字间距和相对位置等参数。在【字体】对话框中单击【文字效果】按钮，将打开图 4-22 所示的【设置文本效果格式】对话框，在该对话框中用户可以为选中的文本设置填充、边框和特殊效果(包括阴影、映像、发光、柔化边缘、三维格式等)。

图 4-21　【字体】对话框　　　　　　　　图 4-22　【设置文本效果格式】对话框

【例 4-5】　在"入职通知"文档中设置标题和段落的文本格式。 🎬 视频

　　(1) 打开"入职通知"文档后，选中标题文本"入职通知"，然后右击鼠标，在弹出的快捷菜单中选择【字体】命令，打开【字体】对话框。

　　(2) 在【字体】选项卡中设置【中文字体】为【微软雅黑】，设置【字形】为【加粗】，设置【字号】为【二号】，如图 4-21 左图所示。

　　(3) 单击【文字效果】按钮，打开图 4-22 所示的【设置文本效果格式】对话框，展开【文本填充】选项区域，选中【纯色填充】单选按钮后，将【填充颜色】 🎨▾ 设置为红色，然后连续单击【确定】按钮关闭【设置文本效果格式】对话框和【字体】对话框。

　　(4) 选中除标题以外的所有文本，单击【字体】组右下角的对话框启动器按钮 ⬚，再次打开【字体】对话框，选择【高级】选项卡，设置【间距】为【加宽】，设置【间距】选项后的【磅值】参数为【1.2 磅】，然后单击【确定】按钮，如图 4-21 右图所示。

4.2.6 设置段落格式

段落是构成整个文档的骨架,它由正文、图表和图形等加上一个段落标记构成。为了使文档的结构更清晰、层次更分明,Word 2016 提供了段落格式设置功能,包括段落对齐方式、段落缩进、段落间距等。

1. 设置段落对齐方式

在文档中选中段落(或将插入点置于段落中)后,用户可以在如图 4-23 所示的【开始】选项卡的【段落】组中通过单击左对齐≡、居中对齐≡、右对齐≡、两端对齐≡和分散对齐≡按钮来设置段落的对齐方式,也可以使用 Word 默认的对齐快捷键来设置段落的对齐方式。

▽ 两端对齐(快捷键:Ctrl+J)。默认设置,两端对齐时文本左右两端均对齐,但是段落最后不满一行的文字右边是不对齐的。

▽ 居中对齐(快捷键:Ctrl+E)。文本居中排列。

▽ 左对齐(快捷键:Ctrl+L)。文本的左边对齐,右边参差不齐。

▽ 右对齐(快捷键:Ctrl+R)。文本的右边对齐,左边参差不齐。

▽ 分散对齐(Ctrl+Shift+J)。文本左右两边均对齐,而且每个段落的最后一行不满一行时,将拉开字符间距使该行均匀分布。

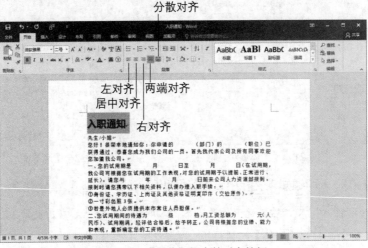

图 4-23 【段落】组中的对齐按钮

【例 4-6】 在"入职通知"文档中为标题文本设置居中对齐,为日期设置右对齐。 😊 视频

(1) 继续例 4-5 的操作,选中标题文本"入职通知",然后按 Ctrl+E 快捷键。

(2) 将插入点置于日期文本"2023 年 4 月 6 日"中,按 Ctrl+R 快捷键。

2. 设置段落缩进

段落缩进指段落文本与页边距之间的距离。Word 软件提供了左缩进、右缩进、悬挂缩进和首行缩进 4 种段落缩进方式。

▽　左缩进：设置整个段落左边界的缩进位置。

▽　右缩进：设置整个段落右边界的缩进位置。

▽　悬挂缩进：设置段落中除首行以外的其他行的起始位置。

▽　首行缩进：设置段落中首行的起始位置。

在文档中选中需要设置的段落后，单击【开始】选项卡【段落】组中的【段落设置】按钮 （或者右击鼠标，在弹出的快捷菜单中选择【段落】命令），在打开的【段落】对话框中，可以设置段落的缩进方式和缩进值。

【例 4-7】　在"入职通知"文档中设置段落缩进。　🎬 视频

(1) 继续例 4-6 的操作，选中文档底部图 4-24 左图所示的文本后，右击鼠标，从弹出的快捷菜单中选择【段落】命令。

(2) 打开【段落】对话框，在【缩进】选项区域的【左侧】文本框中输入【28 字符】后单击【确定】按钮，如图 4-24 右图所示。

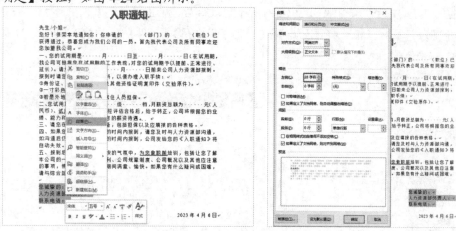

图 4-24　为段落设置左缩进 28 字符

(3) 选中文档中图 4-25 左图所示的段落，单击【段落】组中的【段落设置】按钮 ，打开【段落】对话框，将【特殊格式】设置为【首行缩进】，然后单击【确定】按钮，为选中的段落设置图 4-25 右图所示的缩进效果。

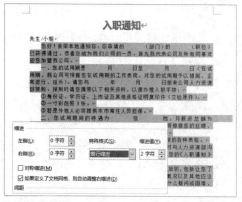

图 4-25　为段落设置首行缩进

📖 **提示**

在图 4-23 所示的【段落】组中单击【减少缩进量】按钮▆和【增加缩进量】按钮▆也可以设置段落的缩进值。

3. 设置段落间距

段落间距的设置包括文档行间距与段间距的设置。

▽ 行间距决定段落中各行文本之间的垂直距离。Word 默认的行间距值是单倍行距，用户可以根据需要重新对其进行设置，具体方法是：在【段落】对话框中选择【缩进和间距】选项卡，在【行距】下拉列表中选择相应选项，并在【设置值】微调框中输入数值。

▽ 段间距决定段落前后空白距离的大小。在【段落】对话框中选择【缩进和间距】选项卡，在【段前】和【段后】微调框中输入值，可以设置段间距。

👉 **【例 4-8】** 在"入职通知"文档中为段落设置行间距和段间距。 🎬视频

(1) 继续例 4-7 的操作，选中图 4-26 左图所示的段落后，单击【段落】组中的【段落设置】按钮▆，打开【段落】对话框，将【行距】设置为【固定值】，将【设置值】设置为 22 磅，然后单击【确定】按钮。

(2) 此时，选中文本的行间距效果将如图 4-26 右图所示。

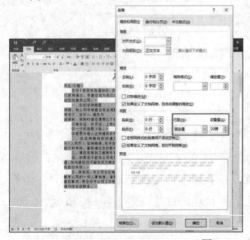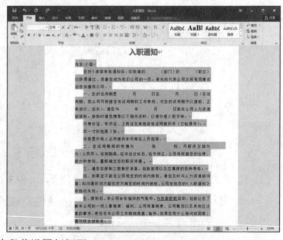

图 4-26　为段落设置行间距

(3) 选中文档中符号①、②、③后的 3 段文本，再次打开【段落】对话框，将【段前】和【段后】均设置为【1 行】，然后单击【确定】按钮，设置选中段落的段间距，结果如图 4-27 所示。

图 4-27　设置段间距

4.2.7　使用文本样式

在 Word 中,样式是指一组已经命名的字符或段落格式。Word 自带有一些书刊的标准样式,

94

如正文、标题、副标题、强调、要点等，每一种样式所对应的文本段落的字体、段落格式等有所不同。

完成第一份工作文档的制作后，为所有新文档建立统一的样式，可以避免在日后的工作中重复对文档中的标题、文本、段落等进行重复设置，从而提高办公效率。

1. 创建文本样式

在 Word 2016 中选中一段文本(或将插入点置于文本中)后，单击【开始】选项卡的【样式】组中的【其他】下拉按钮，在弹出的下拉列表中选择【创建样式】选项，即可打开【根据格式设置创建新样式】对话框，在该对话框中为新样式设置一个名称后，单击【确定】按钮即可创建一个新的文本样式。

【例 4-9】 为"入职通知"文档中的内容文本和标题文本创建新的样式。 视频

(1) 继续例 4-8 的操作，选中标题文本"入职通知"，单击【开始】选项卡【样式】组中的【其他】下拉按钮，从弹出的下拉列表中选择【创建样式】选项，如图 4-28 左图所示。

(2) 打开【根据格式设置创建新样式】对话框，在【名称】文本框中输入"正式标题-1"，单击【确定】按钮，如图 4-28 右图所示。以标题文本格式创建新的样式。

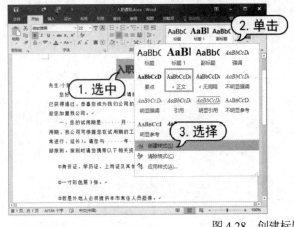
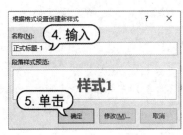

图 4-28　创建标题文本样式

(3) 选中文档第 1 段文字，参考步骤(1)(2)的操作，打开【根据格式设置创建新样式】对话框，在【名称】文本框中输入"标准正文"后，单击【确定】按钮。

(4) 选中文档中符号①、②、③之后的文本，参考步骤(1)(2)的操作，打开【根据格式设置创建新样式】对话框，在【名称】文本框中输入"并列文本"后，单击【确定】按钮。

(5) 按 Ctrl+S 键保存"入职通知"文档。

2. 套用文本样式

在 Word 中创建文本样式后，用户可以在进一步编辑文档的过程中，通过套用样式快速设置文档中文本、段落的格式。

【例 4-10】 在"入职通知"文档中添加"新员工入职须知"内容，并套用文本样式。 📹 视频

(1) 继续例 4-9 的操作，将鼠标指针置于页面中最后一个文字后，选择【插入】选项卡，单击【页面】组中的【空白页】按钮，在文档中插入一个空白页，并在其中输入图 4-29 所示的"新员工入职须知"文本内容。

(2) 选中文本"新员工入职须知"，在【开始】选项卡的【样式】列表框中选中【正式标题-1】选项，即可将该样式套用于文本，如图 4-30 所示。

图 4-29 插入空白页并输入文本

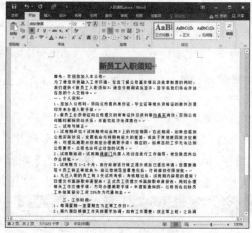
图 4-30 套用文本样式

(3) 重复步骤(2)的操作，将"并列文本"和"标准文本"样式套用在文档中的其他文本，完成后"入职通知"文档的效果如图 4-31 所示。

图 4-31 通过套用样式快速完成文本格式设置

4.2.8 将文档保存为模板

完成"入职通知"文档的制作后，用户可以参考以下方法将文档保存为模板，以便在制作其他办公文档时可以随时调用该模板中包含的文本样式，创建格式统一的办公文档。

【例 4-11】 将"入职通知"保存为"办公文件标准模板"。 视频

(1) 按 Ctrl+A 快捷键选中文档中的所有内容后，按 Delete 键将其删除。

(2) 按 F12 键打开【另存为】对话框，单击【保存类型】下拉按钮，在弹出的下拉列表中选择【Word 模板(*.dotx)】选项，在【文件名】文本框中输入"办公文件标准模板"，然后单击【确定】按钮。

4.3　制作考勤管理制度

考勤管理制度用于规范公司员工的上下班时间、事假等。本节将通过制作一个"考勤管理制度"文档，帮助用户进一步掌握 Word 文档设置的相关操作，如使用项目符号和编号、为文档添加边框和底纹，以及设置文档页面背景等。

4.3.1　使用模板创建文档

在工作中使用模板，可以方便地制作出格式统一的办公文档。

【例 4-12】 使用例 4-11 制作的"办公文件标准模板"创建"考勤管理制度"文档。 视频

(1) 继续例 4-11 的操作，选择【文件】选项卡，在显示的界面中选择【新建】选项，打开【新建】界面后选择【个人】选项卡，单击【办公文件标准模板】选项，如图 4-32 左图所示。

(2) 此时，Word 将自动创建一个新的文档，其【开始】选项卡的【样式】组中将包含【标准正文】【并列文本】【正式标题-1】样式，如图 4-32 右图所示。

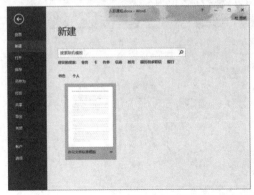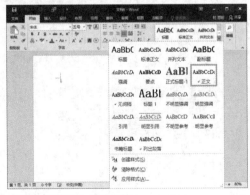

图 4-32　使用自定义的"办公文件标准模板"创建文档

(3) 按 F12 键打开【另存为】对话框，将文档以文件名"考勤管理制度"保存。

4.3.2　选择性粘贴文本

在 Word 中，选择性粘贴功能是非常强大的。利用"选择性粘贴"功能，用户可以将文本或对象进行多种效果的粘贴，实现粘贴格式和功能上的应用需求。

【例 4-13】 利用"选择性粘贴"功能将文本复制到"考勤管理制度"文档。 视频

(1) 打开素材文档后，复制其中的所有文本，然后切换至"考勤管理制度"文档，右击鼠标，从弹出的快捷菜单中选择【只保留文本】选项 ，如图 4-33 所示。将复制的文本仅保留文本(不保留源格式)粘贴至"考勤管理制度"文档。

(2) 分别选中文档的标题和内容，在【开始】选项卡的【样式】组中为其套用【标准正文】【并列文本】【正式标题-1】样式，如图 4-34 所示。

图 4-33　粘贴时只保留文本

图 4-34　套用样式

(3) 切换至素材文档，选中其中的表格，如图 4-35 所示，按 Ctrl+C 快捷键执行"复制"命令。

(4) 切换至"考勤管理制度"文档，将插入点置于合适的位置后，单击【开始】选项卡中的【粘贴】下拉按钮，从弹出的下拉列表中选择【选择性粘贴】选项。

(5) 打开【选择性粘贴】对话框，选中【带格式的文本(RTF)】选项，然后单击【确定】按钮(如图 4-36 所示)，将素材文档中的表格粘贴至"考勤管理制度"文档。

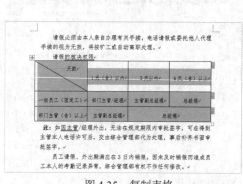

图 4-35　复制表格

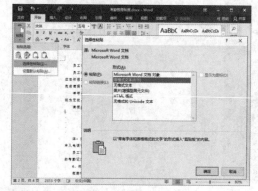

图 4-36　设置选择性粘贴

图 4-36 所示【选择性粘贴】对话框中各选项的功能说明如下。

▽ 【源】：显示复制内容的源文档位置或引用电子表格单元格地址等，若显示为"未知"，则表示复制内容不支持"选择性粘贴"操作。

▽ 【粘贴】单选按钮：将复制内容以某种"形式"粘贴到目标文档中，粘贴后断开与源程序的联系。

▽　【粘贴链接】单选按钮：将复制内容以某种"形式"粘贴到目标文档中，同时还建立与源文档的链接，源文档中关于该内容的修改都会反映到目标文档中。

▽　【形式】列表框：选择将复制对象以何种形式插入当前文档中。

▽　【说明】：当选择一种"形式"时显示相关说明。

▽　【显示为图标】复选框：在【粘贴】为【Microsoft Word 文档对象】或选中【粘贴链接】单选按钮时，该复选框才可以选择，在这两种情况下，嵌入文档中的内容将以其源程序图标形式出现，用户可以单击【更改图标】按钮来更改此图标。

4.3.3　设置项目符号和编号

使用项目符号和编号列表，可以对文档中并列的项目进行组织，或者将内容的顺序进行编号，以使这些项目的层次结构更加清晰、更有条理。Word 2016 提供了多种标准的项目符号和编号，并且允许用户自定义项目符号和编号。

1. 添加项目符号和编号

Word 2016 提供了自动添加项目符号和编号的功能。在以 1、、(1)、a 等字符开始的段落中按 Enter 键，下一段开始将会自动出现 2、、(2)、b 等字符。

另外，也可以在输入文本之后，选中要添加项目符号或编号的段落，打开【开始】选项卡，在【段落】组中单击【项目符号】按钮，将自动在每段前面添加项目符号；单击【编号】按钮将以 1、、2、、3.的形式编号。

【例 4-14】 在"考勤管理制度"文档中为文本应用项目符号和编号。 视频

(1) 继续例 4-13 的操作，选中文档中需要添加编号的文本，单击【开始】选项卡【段落】组中的【编号】下拉按钮，从弹出的下拉列表中选择一种编号样式，即可将其应用于文本，如图 4-37 所示。

(2) 选中文档中需要添加项目符号的文本，单击【开始】选项卡【段落】组中的【项目符号】下拉按钮，从弹出的下拉列表中选择一种项目符号，即可为其设置如图 4-38 所示的项目符号。

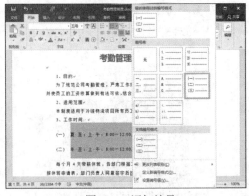

图 4-37　添加编号

图 4-38　添加项目符号

计算机基础与实训教材系列

2. 自定义项目符号和编号

在使用项目符号和编号功能时，用户除了可以使用系统自带的项目符号和编号样式外，还可以对项目符号和编号进行自定义设置。

▽ 自定义项目符号：单击【开始】选项卡【段落】组中的【项目符号】下拉按钮，在图 4-38 所示的下拉列表中选择【定义新项目符号】选项，打开【定义新项目符号】对话框。通过设置【符号】【图片】【字体】【对齐方式】，用户可以自定义项目符号。

▽ 自定义编号：单击【开始】选项卡【段落】组中的【编号】下拉按钮，在图 4-37 所示的下拉列表中选择【定义新编号格式】选项，打开【定义新编号格式】对话框。通过设置【编号样式】【编号格式】【对齐方式】【字体】，用户可以自定义编号。

【例 4-15】 在"考勤管理制度"文档中自定义项目符号和编号的样式效果。 📹 视频

(1) 继续例 4-14 的操作，选中图 4-37 所示设置编号的文本段落，单击【编号】下拉按钮，从弹出的下拉列表中选择【定义新编号格式】选项。

(2) 在打开的【定义新编号格式】对话框中将【编号样式】设置为【1,2,3,...】，单击【字体】按钮，打开【字体】对话框，将【字体颜色】设置为红色，单击【确定】按钮后文档中编号的效果将如图 4-39 所示。

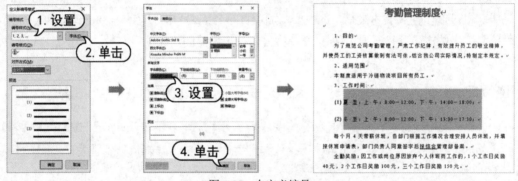

图 4-39　自定义编号

(3) 选中图 4-38 所示设置项目符号的文本段落，单击【项目符号】下拉按钮，从弹出的下拉列表中选择【定义新项目符号】选项，打开【定义新项目符号】对话框，单击【符号】按钮，打开【符号】对话框，从中选择一种符号，单击【确定】按钮后文本段落效果如图 4-40 所示。

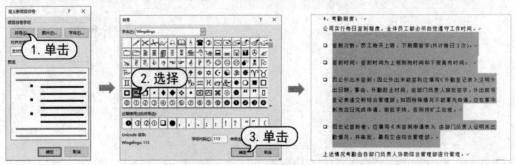

图 4-40　自定义项目符号

计算机基础与实训教材系列

提示

在【段落】组中单击【多级列表】下拉按钮 ，可以应用多级列表样式，也可以自定义多级符号，从而使得文档的条理更加分明。

4.3.4 使用表格

在 Word 文档中使用表格，可以设计出一些左右不对称的文档页面。通过表格将页面分割并分别在不同区域放入不同信息，这样的结构和适当的留白不仅能突出文档的主要信息，还可以缓解阅读者的视觉疲劳。

1. 在文档中插入表格

表格由行和列组成，用户可以直接在 Word 文档中插入指定行列数的表格，也可以通过手动的方法绘制完整的表格或表格的部分。

▽ 快速插入 10×8 表格

当用户需要在 Word 文档中插入列数和行数在 10×8(10 为列数，8 为行数)范围内的表格(如6×6)时，可以参考下例介绍的方法操作。

【例 4-16】 在"考勤管理制度"文档中插入 6×6 表格。 📹视频

(1) 继续例 4-15 的操作，将鼠标指针插入文档末尾，输入文本"员工请假单"，并在【开始】选项卡的【字体】和【段落】组中设置文本的字体、字号和对齐方式。

(2) 按 Enter 键另起一行，选择【插入】选项卡，单击【表格】组中的【表格】下拉按钮，在弹出的列表中移动鼠标使列表中的表格处于选中状态，如图 4-41 左图所示。

(3) 此时，列表上方将显示出相应的表格列数和行数，同时在 Word 文档中也将显示出相应的表格。

(4) 单击鼠标左键，即可在文档中插入所需的表格，如图 4-41 右图所示。

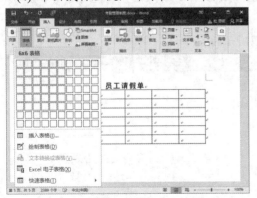

图 4-41 在文档中插入 6×6 表格

▽ 使用【插入表格】对话框创建表格

用户也可以在 Word 中使用【插入表格】对话框，通过指定表格行、列数创建表格。

【例 4-17】 在"考勤管理制度"文档中使用【插入表格】对话框创建一个 6×10 的表格。 📹视频

(1) 继续例 4-16 的操作，将鼠标指针插入文档中，输入文本"未签到情况说明书"，并在【开始】选项卡中设置文本的格式和对齐方式。

(2) 按 Enter 键另起一行，选择【插入】选项卡，单击【表格】组中的【表格】下拉按钮，在弹出的列表中选择【插入表格】命令。

(3) 打开【插入表格】对话框，在【列数】文本框中输入 6，在【行数】文本框中输入 10，然后单击【确定】按钮，如图 4-42 左图所示。

(4) 此时，将在文档中插入如图 4-42 右图所示的 6×10 的表格。

图 4-42　在文档中插入 6×10 表格

▽ 将文本转换为表格

在 Word 中，用户可以参考下列操作，将输入的文本转换为表格。

【例 4-18】 在"考勤管理制度"文档中将输入的文本转换为表格。 📹视频

(1) 继续例 4-17 的操作，在文档中输入文本，然后选中文档中需要转换为表格的文本，选择【插入】选项卡，单击【表格】组中的【表格】下拉按钮，在弹出的列表中选择【文本转换成表格】命令。打开【将文字转换成表格】对话框，根据文本的特点设置合适的选项参数，单击【确定】按钮，如图 4-43 左图所示。

(2) 此时，将在文档中插入一个如图 4-43 右图所示的表格。

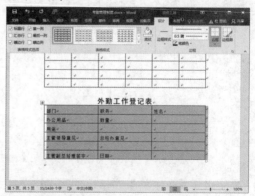

图 4-43　将选中的文本转换为表格

▽ 绘制表格

对于一些特殊的表格,例如带斜线表头的表格或行列结构复杂的表格,用户可以通过手动绘制的方法来创建,具体方法如下。

(1) 在文档中插入一个 3×3 的表格,选择【插入】选项卡,单击【表格】组中的【表格】按钮,在弹出的列表中选择【绘制表格】命令。

(2) 此时,鼠标指针将变成笔状,用户可以在表格第 1 列的第 2 行和第 3 行绘制竖线,如图 4-44 左图所示,然后在第一个单元格中绘制斜线表头,如图 4-44 右图所示。

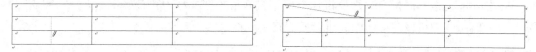

图 4-44 手动绘制竖线和斜线表头

2. 设置表格的行高和列宽

要设置表格的行高和列宽,用户可以在选中表格或单元格区域后,在【布局】选项卡的【单元格大小】组的【高度】和【宽度】微调框中进行设置,如图 4-45 所示。

3. 改变表格单元格的列宽

用户如果需要单独对某个或几个单元格列宽进行局部调整而不影响整个表格,可以在选中单元格后,拖动单元格右侧的边框线。

【例 4-19】 在"考勤管理制度"文档中单独调整单元格列宽。 📹视频

(1) 将鼠标指针移至目标单元格的左侧框线附近,当指针变为➡形状时单击选中单元格。

(2) 将鼠标指针移至目标单元格右侧的框线上,当鼠标指针变为十字形状时按住鼠标左键不放,左右拖动即可,如图 4-46 所示。

图 4-45 设置表格行高和列宽

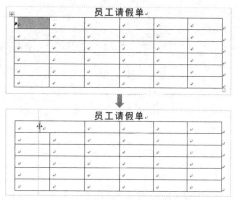

图 4-46 拖动单元格的右侧框线

(3) 使用同样的方法,可以调整表格中其他单元格的列宽。

4. 固定表格的列宽

在文档中设置好表格的列宽后,为了避免列宽发生变化,影响文档版面的美观,可以通过设置固定表格的列宽,使其一直保持不变。

计算机基础与实训教材系列

(1) 右击需要设置的表格，在弹出的快捷菜单中选择【自动调整】|【固定列宽】命令。

(2) 此时，在固定列宽的单元格中输入文本，单元格宽度不会发生变化。

5. 合并与拆分单元格

Word 直接插入的表格都是行列平均分布的，但在编辑表格时，经常需要根据录入内容的总分关系，合并其中的某些相邻单元格，或者将一个单元格拆分成多个单元格。

▽ 合并相邻的单元格

在文档中编辑表格时，有时需要将几个相邻的单元格合并为一个单元格，以表达不同的总分关系。此时，用户可以在文档中通过合并表格单元格来实现效果。

【例 4-20】 在"考勤管理制度"文档中根据文档制作需要，合并表格中的单元格。 视频

(1) 选中需要合并的多个单元格(连续)后，右击鼠标，在弹出的快捷菜单中选择【合并单元格】命令，如图 4-47 所示，将被选中的单元格合并。

(2) 使用同样的方法，合并表格中的其他单元格并输入文本，结果如图 4-48 所示。

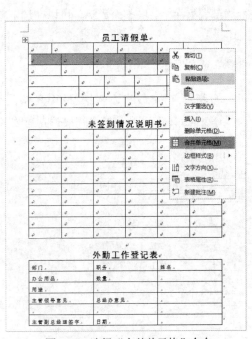

图 4-47　选择"合并单元格"命令

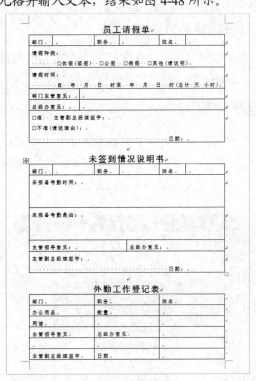

图 4-48　表格效果

▽ 拆分单元格

执行【拆分单元格】命令，用户可以将表格中的一个单元格拆分为多个单元格。

【例 4-21】 在"考勤管理制度"文档中拆分表格中的单元格。 视频

(1) 选中需要拆分的单元格，右击鼠标，在弹出的快捷菜单中选择【拆分单元格】命令，打开【拆分单元格】对话框。

(2) 在【拆分单元格】对话框中设置具体的拆分行数和列数后，单击【确定】按钮，如图 4-49 左图所示。

(3) 此时，步骤(1)选中的单元格将被拆分为两列，如图 4-49 右图所示。

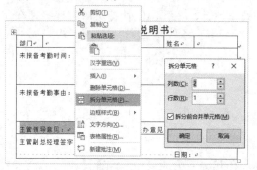

图 4-49　拆分单元格

(4) 使用同样的方法，拆分表格中的其他单元格。

6. 设置表格对齐方式

Word 提供多种表格内容的对齐方式，可以让文字居中对齐、右对齐或左对齐等，而居中对齐又可以分为靠上居中对齐、水平居中对齐和靠下居中对齐；靠右对齐可以分为靠上右对齐、中部右对齐和靠下右对齐；左对齐可以分为靠上左对齐、中部左对齐和靠下左对齐。

【例 4-22】在"考勤管理制度"文档中设置表格中的文本对齐方式。　📹视频

(1) 继续例 4-21 的操作，选中文档中表格的第 1 行，选择【表格工具】的【布局】选项卡，在【对齐方式】组中单击【水平居中】按钮，如图 4-50 左图所示。

(2) 选中多行，单击【对齐】组中的【中部左对齐】按钮，如图 4-50 右图所示。

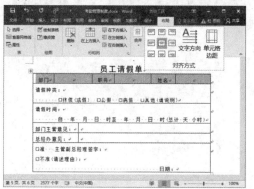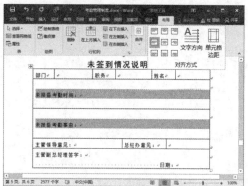

图 4-50　设置单元格内容的对齐方式

7. 插入行与列

用户可以使用以下方法在表格中插入行。

▽ 将鼠标指针插入表格中的任意单元格中，右击鼠标，在弹出的快捷菜单中选择【在上方插入行】或【在下方插入行】命令。

▽ 选择【表格工具】的【布局】选项卡，在【行和列】组中单击【在上方插入】按钮 或 【在下方插入】按钮 。

用户可以使用以下方法在表格中插入列。

▽ 将鼠标指针插入表格中的任意单元格中，右击鼠标，在弹出的快捷菜单中选择【在左侧 插入列】或【在右侧插入列】命令。

▽ 选择【表格工具】的【布局】选项卡，在【行和列】组中单击【在左侧插入】按钮 或 【在右侧插入】按钮 。

8. 删除行与列

用户可以使用以下方法删除 Word 表格中的行与列。

▽ 将鼠标指针插入表格单元格中，右击鼠标，在弹出的快捷菜单中选择【删除单元格】命 令，打开【删除单元格】对话框，选择【删除整行】单选按钮，可以删除所选单元格所 在的行，选择【删除整列】单选按钮，可以删除所选单元格所在的列，如图 4-51 所示。

▽ 将鼠标指针插入表格单元格中，选择【表格工具】的【布局】选项卡，在【行和列】组 中单击【删除】下拉按钮，在弹出的下拉列表中选择【删除行】或【删除列】选项。

9. 删除表格

删除表格的方法并不是使用 Delete 键，选中表格后按 Delete 键只会清除表格中的内容，正 确删除表格的方法如下。

▽ 选中表格，按 Backspace 键或 Shift+Delete 组合键。

▽ 选择【表格工具】的【布局】选项卡，在【行和列】组中单击【删除】下拉按钮，在弹 出的下拉列表中选择【删除表格】选项，如图 4-52 所示。

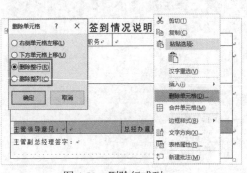

图 4-51　删除行或列

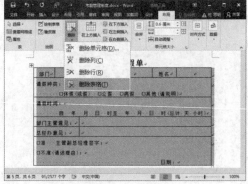

图 4-52　删除表格

4.3.5　设置页眉和页脚

在制作文档时，经常需要为文档添加页眉和页脚内容，页眉和页脚显示在文档中每个页面 的顶部和底部区域。可以在页眉和页脚中插入文本或图形，也可以显示相应的页码、文档标题 或文件名等内容，页眉与页脚中的内容在打印时会显示在页面的顶部和底部区域。

1. 添加页眉和页脚

为文档插入静态的页眉和页脚时，插入的页码内容不会随页数的变化而自动改变。因此，静态的页眉与页脚常用于添加一些固定不变的信息内容。

【例 4-23】 为"考勤管理制度"文档添加页眉和页脚。 视频

(1) 继续例 4-22 的操作，选择【插入】选项卡，在【页眉和页脚】组中单击【页眉】下拉按钮，在展开的库中选择一种内置的页眉样式，如图 4-53 左图所示。

(2) 进入页眉编辑状态，在页面顶部输入页眉文本，如图 4-53 右图所示。

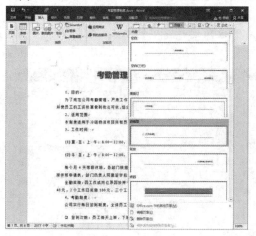 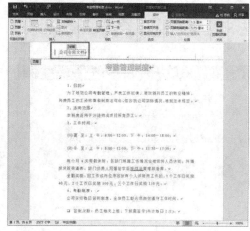

图 4-53 添加文档页眉

(3) 按键盘上的向下方向键，切换至页脚区域中，输入需要的页脚内容，如图 4-54 所示。

(4) 单击【设计】选项卡中的【关闭页眉和页脚】按钮，即可为文档添加如图 4-55 所示的页眉和页脚。

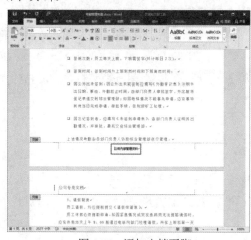 

图 4-54 添加文档页脚　　　　　　图 4-55 页眉和页脚效果

2. 添加动态页码

在制作页脚内容时如果需要显示相应的页码，可以运用动态页码来添加自动编号的页码。

计算机基础与实训教材系列

【例4-24】为"考勤管理制度"文档添加一个在每页底端居中显示的动态编号页码。 📹视频

(1) 继续例4-23的操作，选择【插入】选项卡，在【页眉和页脚】组中单击【页脚】下拉按钮，在展开的库中选择一种Word内置的页脚样式，如【空白】选项。

(2) 进入页脚编辑状态，在【设计】选项卡的【页眉和页脚】组中单击【页码】下拉按钮，在弹出的下拉列表中选择【页面底端】|【普通数字2】选项，如图4-56所示。

(3) 此时可以看到页脚区域显示了页码，并应用了"普通数字2"样式。

(4) 在【页眉和页脚】组中单击【页码】下拉按钮，在弹出的下拉列表中选择【设置页码格式】命令，打开【页码格式】对话框。

(5) 单击【编号格式】下拉按钮，在弹出的下拉列表中选择需要的格式，然后单击【确定】按钮，如图4-57所示。

图4-56 设置页码　　　　　图4-57 设置页码编号格式

(6) 将鼠标指针放置在页脚文本中，可以对页脚内容进行编辑。

(7) 完成以上设置后，向下拖动窗口滚动条，可以看到每页的页码均不同，随着页数的改变自动发生变化。

(8) 单击【设计】选项卡中的【关闭页眉和页脚】按钮，完成"考勤管理制度"文档的制作，按Ctrl+S快捷键保存文档。

4.3.6 设置文档比较

在实际工作中，一份文档常常由多人共同编写。在完成"考勤管理制度"文档的内容制作后，用户可能需要将文档发送给领导或同事进行修改。在得到编辑修改后的文档后，通过设置文档比较可以快速找出文档中被修改的部分。

【例4-25】使用"文档比较"功能找出两份"考勤管理制度"文档的不同处。 📹视频

(1) 打开"考勤管理制度"文档后选择【审阅】选项卡，单击【比较】组中的【比较】下拉按钮，从弹出的下拉列表中选择【比较】选项。

(2) 打开【比较文档】对话框，设置【源文档】和【修订的文档】，然后单击【确定】按钮，如图 4-58 左图所示。

(3) 此时，Word 将打开图 4-58 右图所示的【比较结果】文档窗口。在该窗口中用户可以对源文档和修订的文档进行比较(窗口右口的【修订】窗格中显示了修订的文档相对源文档进行修订的数量和内容，单击修订内容可以快速切换到相应的位置)。

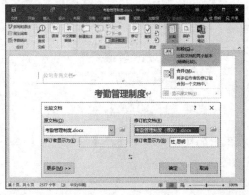

图 4-58　比较两个文档

4.3.7　使用修订模式

通过设置文档比较修改文档内容虽然可以解决多人修改同一文档的对比问题，但是如果不断复制新文档，并在复制的文档中进行修改，就会造成同一份文档在多人编辑的过程中生成许多副本，从而增加了文档最终修改时的工作量。

要解决这个问题，用户可以在 Word 中使用修订模式来修改文档。

1．进入修订模式

在【审阅】选项卡中激活【修订】按钮可以进入修订模式。在修订模式中，用户对文档所有修改都将被 Word 标注。

【例 4-26】 在"考勤管理制度"文档中进入修订模式修改文档。 视频

(1) 打开"考勤管理制度"文档后选择【审阅】选项卡，在【修订】组中单击【修订】按钮，进入修订模式。

(2) 修改文档中的内容，Word 将用红色文字标注修改，如图 4-59 所示。

2．添加批注

为修订的内容添加批注，可以对修订的内容进行解释，方便其他参与编辑文档的其他用户了解文档修订的意图。

【例 4-27】 在"考勤管理制度"文档中为修订内容添加批注。 视频

(1) 继续例 4-26 的操作，选中文档中修订的一段文本，单击【审阅】选项卡【批注】组中的【新建批注】按钮，打开如图 4-60 所示的批注栏，输入批注内容。

计算机基础与实训教材系列

图 4-59　修订文档　　　　　　　　　　图 4-60　添加批注

(2) 其他用户在阅读批注内容后右击批注框，在弹出的快捷菜单中选择【答复批注】命令，可以在批注框内回复批注内容；选择【删除批注】命令，可以删除批注。

3. 接受文档修订

在审阅文档时，在修订模式下右击系统标注的修订位置，从弹出的快捷菜单中选择【接受插入】命令，可以删除 Word 软件标注的修订并接受修订的结果；选择【拒绝插入】命令，如图 4-61 左图所示，将取消对选中位置的修订，恢复该部分内容修订之前的效果。

此外，单击【审阅】选项卡【更改】组中的【接受】下拉按钮，在弹出的下拉列表中选择【接受所有修订】选项，可以接受对文档的所有修订，如图 4-61 右图所示。

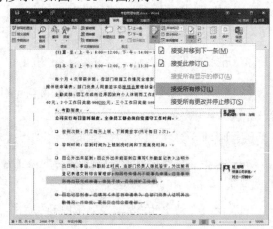

图 4-61　接受文档修订

4.3.8　设置文档保护

在工作中，出于各方面的要求，用户需要对 Word 文档或文档中的局部内容进行保护，以避免制作好的文档遭到其他用户的修改。

1. 保护整个文档

用户可以在【审阅】选项卡中单击【限制编辑】按钮，为文档设置限制编辑密码，防止其他用户对文档进行编辑。

【例 4-28】 为"考勤管理制度"文档设置限制编辑密码。 📹视频

(1) 打开"考勤管理制度"文档后选择【审阅】选项卡，单击【保护】组中的【限制编辑】按钮，在打开的【限制编辑】窗格中选中【仅允许在文档中进行此类型的编辑】复选框，且在下面的下拉列表中选择【不允许任何更改(只读)】选项，然后单击【是，启动强制保护】按钮。

(2) 打开【启动强制保护】对话框，在【新密码(可选)】和【确认新密码】文本框中输入文本编辑密码，然后单击【确定】按钮，如图 4-62 所示。

(3) 此时，用户将无法编辑文档内容。要停止文档保护以继续编辑文档，用户须单击【限制编辑】窗格底部的【停止保护】按钮，在打开的对话框中输入文档编辑密码，并单击【确定】按钮，如图 4-63 所示。

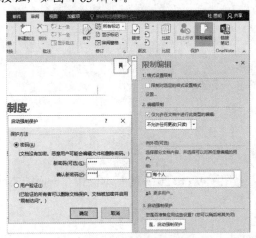

图 4-62　设置文档编辑密码

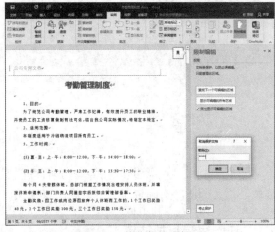

图 4-63　停止保护文档

🔧 提示

如果用户遗忘了自己设置的文档编辑密码，在需要编辑文档中的文本时，可以按 Ctrl+N 快捷键新建一个空白文档，然后在空白文档的【插入】选项卡中单击【对象】下拉按钮，从弹出的下拉列表中选择【文件中的文字】选项，在打开的对话框中选择设置保护的文档，并单击【插入】按钮将文档中的文字插入创建的空白文档中进行编辑。

2. 保护文档局部

在 Word 中除了可以设置保护整个文档内容不被编辑以外，用户还可以设置仅保护文档中一部分内容不被编辑。

【例 4-29】 在"考勤管理制度"中设置保护除"员工请假单"以外的所有内容。 📹视频

(1) 打开"考勤管理制度"文档后选中"员工请假单"表格，单击【审阅】选项卡中的【限制编辑】按钮，打开【限制编辑】窗格。

(2) 在【限制编辑】窗格中选中【仅允许在文档中进行此类型的编辑】复选框和【每个人】复选框，然后单击【是，启动强制保护】按钮，打开【启动强制保护】对话框，输入新密码和确认新密码后单击【确定】按钮，如图 4-64 左图所示。

(3) 此时，文档中"员工请假单"表格中的内容将被标注为黄色(可以修改)，而文档中的其他内容则不可修改，如图 4-64 右图所示。

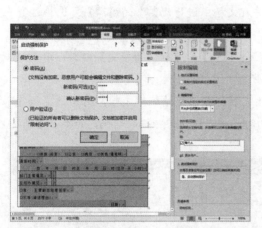
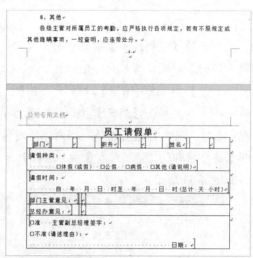

图 4-64　设置文档局部内容不受保护

4.4　实例演练

本章通过制作"入职通知"和"考勤管理制度"介绍了 Word 2016 的基本操作。下面的实例演练，将继续通过实例帮助用户巩固所学知识。

4.4.1　制作房屋租赁协议

租赁协议是经常要使用的办公文档。用户可以通过选择性粘贴，从其他文档或网页中复制合同的文字内容，经过简单的编辑快速制作出所需的协议文档。

【例 4-30】 使用 Word 2016 制作"房屋租赁协议"文档。 视频

(1) 选中来自网页或其他合同模板文档中的文本，按 Ctrl+C 快捷键执行"复制"命令。

(2) 按 Ctrl+N 快捷键新建一个空白文档，然后在文档中右击鼠标，从弹出的快捷菜单中选择【粘贴选项】中的【保留源格式】选项，将复制的内容和格式复制到新的文档中。

(3) 阅读文档内容，查找并修改其中不合理的内容。按 Ctrl+H 快捷键，打开【查找和替换】对话框，设置查找内容和替换内容后单击【查找下一处】和【替换】按钮，查找并替换文档中的内容，如图 4-65 所示。

(4) 选中协议最后的签名部分内容，单击【审阅】选项卡中的【限制编辑】按钮，在打开的窗格中设置限制编辑文档中的大部分内容，但允许修改协议签名部分内容，如图 4-66 所示。

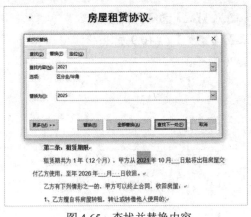 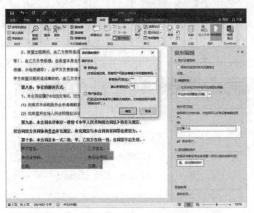

图 4-65　查找并替换内容　　　　　　　图 4-66　设置限制编辑文档局部

(5) 最后，按 F12 键打开【另存为】对话框，将制作好的办公文档以"房屋租赁协议"为名保存。

4.4.2　制作电子收据单

本书 3.2.10 节实例中介绍过使用 Word+Excel 批量生成电子收据单的方法。下面介绍使用 Word 2016 软件制作电子收据单的方法。

【例 4-31】　使用 Word 2016 制作"电子收据单"文档。　视频

(1) 按 Ctrl+N 快捷键创建一个空白文档，在文档的第 1 行输入文本"收据"，在【开始】选项卡的【样式】组中选中【标题 1】样式后，按 Ctrl+E 快捷键设置文本居中，如图 4-67 所示。

(2) 按 Enter 键另起一行，输入文本"日期："后将插入点置于"日"字的左侧，按 Tab 键将"日期："文本向右移动，如图 4-68 所示。

 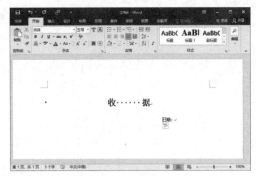

图 4-67　设置标题样式和对齐方式　　　　图 4-68　设置文本右移

(3) 按 Enter 键另起一行，按 Backspace 键将插入点返回文档的左侧，单击【插入】选项卡中的【表格】下拉按钮，在弹出的下拉列表中选择【插入表格】选项，在文档中插入一个 4 行 2 列的表格。

(4) 选中文档中插入的表格，在【布局】选项卡的【单元格大小】组中设置【高度】为 1.7 厘米，如图 4-69 所示。

(5) 选中表格第1列，在【单元格大小】组中设置【宽度】为3.75厘米。

(6) 选中表格第2列，在【单元格大小】组中设置【宽度】为10.9厘米。

(7) 在表格中输入文本并设置文本格式，如图4-70所示。

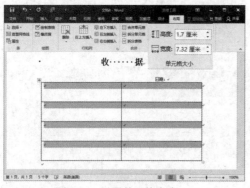

图4-69　设置单元格高度

图4-70　输入表格文本

(8) 最后，按F12键打开【另存为】对话框，将制作的文档以"收据"为名保存。

4.5　习题

1. 简述Word工作界面的组成元素。

2. 如何在Word中输入和选择文本？

3. 如何在Word中设置段落格式？

4. 新建一个Word文档并输入内容，设置标题的字体为【华文新魏】，字号为【小一】，副标题的字体为【华文楷体】，字号为【三号】，正文的字体为【宋体】，字号为【五号】，并为段落添加项目符号和编号。

5. 尝试使用Word 2016制作毕业后的"个人简历"。

第5章

排版与打印办公文档

在日常办公中，经常需要在文档中加入图片、形状、艺术字、文本框、图表及 SmartArt 图形等各种对象，并利用 Word 软件对文档内容进行排版设置与打印。本章将通过制作"公司宣传单"和"商业计划书"文档，帮助用户进一步掌握使用 Word 2016 排版与打印常用办公文档的方法，包括设置页边距、纸张大小和文档网格，设置文档页面背景，以图文混排方式排版文档，在文档中使用图表、SmartArt 图形、艺术字和文本框，为文档设置索引、目录，制作文档封面效果，快速批量打印文档等内容。

➔ 本章重点

- ◗ 设置文档页面格式
- ◗ 在文档中插入各种对象
- ◗ 套用模板制作文档
- ◗ 打印 Word 文档

- ◗ 设置图文混排版式
- ◗ 为长文档设置索引、目录
- ◗ 在文档中插入图表

➔ 二维码教学视频

【例 5-1】 设置文档页边距
【例 5-2】 设置文档纸张类型
【例 5-3】 设置文档网格
【例 5-4】 设置文档页面背景颜色
【例 5-5】 在文档中插入图片
【例 5-6】 设置图片与文本的位置关系

【例 5-7】 裁剪文档中的图片
【例 5-8】 设置图片样式
【例 5-9】 为多张图片设置统一颜色
【例 5-10】 在文档中绘制形状
【例 5-11】 设置形状样式
本章其他视频参见视频二维码列表

5.1 Word 排版基础知识

文字是传递文章内容信息的重要途径。Word 排版指的是在文档中输入文字内容后，通过对文档进行格式设置，使版面美观、层次清晰、结构合理。

5.1.1 Word 文档排版原则

所谓文档排版原则，指的是一套制作专业 Word 办公文档的方法，包括对齐原则、紧凑原则、对比原则、重复原则、一致性原则等。

▽ 对比原则：文档中的每一个元素都应该尽可能地与其他元素以某一基准对齐，从而为页面中的所有元素建立视觉上的关联。

▽ 紧凑原则：将页面中相关元素成组地摆放在一起，从而使页面中的内容更清晰、更具结构化。

▽ 对比原则：让页面中的不同元素之间的差异更明显，从而可以更好地突出重要内容，同时让页面看上去更生动。

▽ 重复原则：让页面中的某个元素重复出现指定的次数，从而营造页面的统一性并增加吸引力，同时还可以让页面看起来更专业。一般在设置文档的标题后，采用重复原则，在文档中采用重复格式的标题。

▽ 一致性原则：在整个排版任务中，除非有特殊需要，否则应该确保同级别、同类型的内容具有相同的格式(在 Word 中使用"样式"可以很好地达到这个效果)。

5.1.2 Word 文档排版流程

用户可以按照创建模板→设置版面→定义样式→使用模板创建文档→在文档中添加内容→对图、文、表进行排版→完善文档版面的顺序来排版 Word 文档。

1. 创建模板

创建模板的主要目的是为重复创建同类型的文档奠定基础。

本书第 4 章通过制作"入职通知"和"考勤管理制度"文档介绍了创建模板并使用模板创建文档的方法。用户可以将 Word "模板"理解为一种参照标准、特定事物的模型样板。其功能就是为某一类文档提供依据、标准、准则。通过使用模板，可以衍生出页面格式、样式等诸多参数完全相同的多个文档。

Word 模板中主要存储以下两类信息。

▽ 页面格式：包括文档格式、页面方向、页边距、页眉/页脚等设置。

▽ 样式：包括 Word 内置和用户自己创建的多个样式。

此外，如果模板中包含演示用的内容，那么当以模板为基准创建新文档时，这些内容会原封不动地出现在每一个新文档中。在以模板为基准创建新文档时，上述两类信息会继承到新文档中，因此，当经常需要创建某一种文档时，最好的做法就是先按这种文档的格式创建一个模板，以后就可以利用模板来批量创建这类文档了。

2. 设置版面

无论 Word 文档基于何种排版目的，所有操作都是在页面中完成的。页面直接决定了版面中内容的多少及摆放位置。因此，在创建模板后，首要的工作就是定制文档页面的版面，如图 5-1 所示。

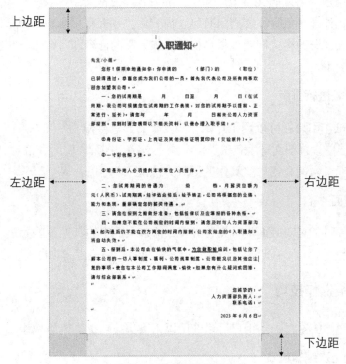

图 5-1　文档页面版面

图 5-1 中由上、下、左、右边距围住的区域为版心。用户可以在版心中输入任何所需的内容，包括文字、表格、图片、图形等(上、下、左、右边距的值可以调整)。

3. 定义样式

本书第 4 章通过实例介绍过创建文本样式的方法。为了对内容的格式进行批量设置和修改，就必须使用样式。样式是自动化排版的基本工具，也是实现其他高级排版功能的基础。因此，在开始文档的排版工作之前，最好的做法就是先在模板中创建日后使用的样式，然后以模板为基准创建一系列文档，这些文档会继承模板中的所有样式。

> **提示**
>
> 在排版过程中定义样式时，文字有字体、段落格式，字体和段落格式又细分有很多格式；表格有边框、底纹、单元格合并和对齐格式；图片有大小、位置、环绕方式、颜色模式等格式；形状/文本框有大小、边框、填充等格式。

4．使用模板创建文档

本书第 4 章通过制作"考勤管理制度"文档介绍了使用模板创建文档的方法。在 Word 中制作模板后，用户就可以使用模板方便地创建一个或多个复制品，这里的复制品不是内容复制的意思，而是指新建的文档与模板在格式设置上完全一致。

5．在文档中添加内容

创建文档后，用户就可以向文档中添加所需的内容，包括文字、表格、图片、图表、文本框、艺术字、形状、外部对象等。文档只有包含内容后，才拥有可排版的对象。在向文档添加内容时，可以忽略大部分的格式问题，只需快速添加所需的内容即可，下一步再对内容的位置和格式进行细致的编辑。

6．对图、文、表进行排版

有了前面的基础，用户就可以真正开始一些复杂的排版操作了。例如，使用样式为文档内容设置格式；在文档中设置图文环绕；在表格中输入文字与图片；使用表格对页面进行布局等。本章后面内容中将通过实例介绍一些具体的排版方法。

7．完善文档版面

文档排版最后要做的是对版面进行完善处理，添加页面中的其他一些元素，包括页眉/页脚的设计、为文档制作一个封面，以及文档背景的设置。此外，还包括添加页码、目录或者索引等。

5.1.3　Word 排版操作技巧

在排版 Word 文档的过程中，用户可以使用以下操作技巧提高排版效率。

1．快速定位到上次编辑位置

按 Shift+F5 键可定位到 Word 文档最后三次编辑的位置，即 Word 会记录一篇文档最后三次编辑文字的位置，可以重复按 Shift+F5 键，并在三次编辑位置之间循环。

2．快速插入当前日期或时间

在 Word 文档插入点位置按 Alt+Shift+D 键可以在文档中插入当前系统日期；按 Alt+Shift+T 键可以插入当前系统时间。

3．快速多次使用格式刷

Word 中提供了快速多次复制格式的方法。在【开始】选项卡的【剪贴板】组中双击【格式刷】按钮，可以将选定格式复制到多个位置；按 Esc 键可关闭格式刷。

4．快速将文本提升为标题

将鼠标插入点置于文本后，按 Alt+Shift+←键可以将文本提升为标题，且样式为【标题 1】，再连续按 Alt+Shift+→键，可以将标题 1 降为标题 2、标题 3、……、标题 9。

5. 快速改变文本字号

当需要为文本设置极大或极小字号时，可以在选中文本后，在工具栏的"字号"框中直接输入数值，即可快速改变文字大小。

6. 快速设置上下标

选中需要设置为上标的文本，按 Ctrl+Shift+=键可以将文本设置为上标(再按一次则可以将文本恢复为原始状态)；按 Ctrl+=可以将文本设置为下标(再按一次则可以将文本恢复为原始状态)。

7. 使用快捷键编辑和整理文本

在 Word 中使用表 5-1 所示的快捷键可以快速编辑与设置文本格式。

表 5-1　设置文本格式的快捷键

快捷键	说　明	快捷键	说　明
Ctrl+连字符	创建不间断连字符	Ctrl+Q	删除段落格式
Ctrl+D	选中文本后设置字体格式	Ctrl+Shift+>	增大字号
Ctrl+]	逐磅增大字号	Ctrl+Shift+<	减小字号
Ctrl+[	逐磅减小字号	Ctrl+Shift+A	将所选字母设为大写
Ctrl+B	为选中文本应用加粗格式	Ctrl+U	为选中文本应用下画线格式
Ctrl+Shift+W	只给字/词加下画线(空格不加)	Ctrl+I	为选中的文本应用倾斜格式
Ctrl+Shift+C	复制选中文本的格式	Ctrl+Shift+V	粘贴复制的格式
Ctrl+1	设置单倍行距	Ctrl+2	设置双倍行距
Ctrl+0	在段前添加一行间距	Ctrl+E	设置段落居中
Ctrl+J	两端对齐	Ctrl+L	左对齐
Ctrl+R	右对齐	Alt+Ctrl+1	应用【标题 1】样式
Alt+Ctrl+2	应用【标题 2】样式	Alt+Ctrl+3	应用【标题 3】样式

在 Word 中使用表 5-2 所示的快捷键可以快速整理和编辑文档内容。

表 5-2　整理和编辑文档的快捷键

快捷键	说　明	快捷键	说　明
Backspace	删除左侧的一个字符	Ctrl+C	复制所选文本或对象
Ctrl+Backspace	删除左侧的一个单词	Ctrl+X	将所选文本剪切到【剪贴板】
Delete	删除右侧的一个字符	Ctrl+V	粘贴文本或对象
Ctrl+Delete	删除右侧的一个单词	Ctrl+Z	撤销上一步操作
Ctrl+A	全选	Ctrl+Y	重复上一步操作
Ctrl+Enter	插入分页符	Alt+Shift+D	插入"日期"域
Alt+Shift+T	插入"时间"域		

计算机基础与实训教材系列

在 Word 中使用表 5-3 所示的快捷键可以在排版时快速切换页面位置。

表 5-3　切换文档位置的快捷键

快捷键	说　明	快捷键	说　明
End	移至行尾	Page Up	上移一屏
Home	移至行首	Page Down	下移一屏
Alt+Ctrl+Page Up	移至窗口顶端	Ctrl+ Page Up	移至上页顶端
Alt+Ctrl+Page Down	移至窗口结尾	Ctrl+ Page Down	移至下页顶端
Ctrl+End	移至文档结尾	Alt+Ctrl+P	切换到页面视图
Ctrl+Home	移至文档顶端	Alt+Ctrl+O	切换到大纲视图
Alt+Ctrl+N	切换到普通视图		

下面将通过排版 "公司宣传单" 和 "商业计划书" 文档实例，具体介绍使用 Word 2016 排版文档的方法。

5.2　排版公司宣传单

宣传单是企业宣传自身形象的推广工具之一。本节将通过制作公司宣传单，详细介绍在 Word 中设置页面、设置页面背景、使用样式制作图文混排文档的方法。

5.2.1　文档页面设置

在处理 Word 文档的过程中，为了使文档页面更加美观，用户可以根据需要规范文档的页面，如设置页边距、纸张、版式和文档网格等，从而制作出一个要求较为严格的文档版面。

1. 设置页边距

设置页边距，包括调整上、下、左、右边距，调整装订线的距离和纸张的方向。

选择【布局】选项卡，在【页面设置】组中单击【页边距】按钮，从弹出的下拉列表框中选择页边距样式，即可快速为页面应用该页边距样式。若选择【自定义边距】命令，打开【页面设置】对话框的【页边距】选项卡，在其中可以精确设置页面边距和装订线距离。

【例 5-1】　使用 Word 创建一个名为 "公司宣传单" 的文档并设置文档页边距。 视频

(1) 按 Ctrl+N 组合键创建一个空白文档，然后按 F12 键打开【另存为】对话框，将文档以 "公司宣传单" 为名进行保存。

(2) 在功能区选择【布局】选项卡，在【页面设置】组中单击【页边距】下拉按钮，从弹出的下拉列表中选择【自定义边距】命令，打开【页面设置】对话框。

(3) 选择【页边距】选项卡，在【页边距】选项区域的【上】和【下】微调框中输入"1厘米"，在【左】和【右】微调框中输入"0.6 厘米"(如图 5-2 所示)，然后单击【确定】按钮。

图 5-2　自定义页边距

💿 提示

默认情况下，Word 将此次页边距的数值记忆为【上次的自定义设置】，在功能区【布局】选项卡的【页面设置】组中单击【页边距】下拉按钮，从弹出的下拉列表中选择【上次的自定义设置】选项，即可为当前文档应用上次的自定义页边距设置。

2. 设置纸张

纸张的设置决定了要打印的效果，默认情况下，Word 文档的纸张大小为 A4。在制作某些特殊文档(如明信片、名片、宣传页或贺卡)时，用户可根据需要调整文档纸张的大小。

日常使用的纸张大小一般有 A4、16 开、32 开和 B5 等几种类型，不同的文档，其页面大小也不同，此时就需要对页面大小进行设置，即选择要使用的纸型，每一种纸型的高度与宽度都有标准的规定，但也可以根据需要进行修改。在【页面设置】组中单击【纸张大小】下拉按钮，在弹出的下拉列表中选择设定的规格选项即可快速设置纸张大小。

👉 【例 5-2】 为"公司宣传单"文档设置页面纸张类型和尺寸。🎬 视频

(1) 继续例 5-1 的操作，选择【布局】选项卡，在【页面设置】组中单击【纸张大小】下拉按钮，从弹出的下拉列表中选择【其他纸张大小】命令。

(2) 打开【页面设置】对话框，在【纸张大小】下拉列表中选择 A4 选项，在【宽度】和【高度】微调框中分别输入"21 厘米"和"30 厘米"(如图 5-3 所示)，单击【确定】按钮。

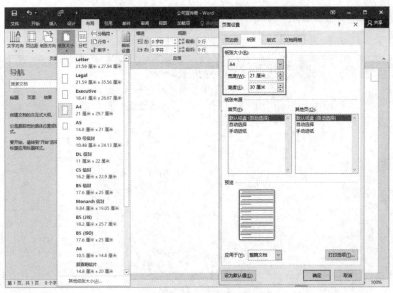

图 5-3　设置文档纸张大小

3. 设置文档网格

文档网格用于设置文档中文字排列的方向、每页的行数、每行的字数等内容。

【例 5-3】　在"公司宣传单"文档中设置文档网格。　视频

(1) 继续例 5-2 的操作，选择【布局】选项卡，单击【页面设置】组右下角的【页面设置】按钮，打开【页面设置】对话框。

(2) 选择【文档网格】选项卡，在【文字排列】选项区域的【方向】中选中【水平】单选按钮；在【网格】选项区域中选中【指定行和字符网格】单选按钮；在【字符数】的【每行】微调框中输入 50；在【行数】的【每页】微调框中输入 50(如图 5-4 所示)，单击【确定】按钮。

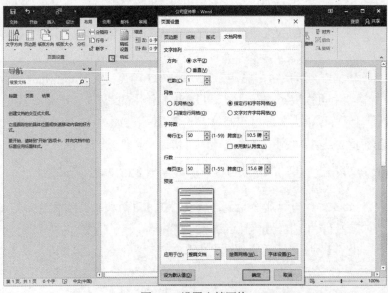

图 5-4　设置文档网格

5.2.2　设置页面背景

为了使文档更加美观，用户可以为文档设置背景，文档的背景包括页面颜色和水印效果。为文档设置页面颜色时，可以使用纯色背景以及渐变、纹理、图案、图片等填充效果；为文档添加水印效果时可以使用文字或图片。

1. 设置页面颜色

为"公司宣传单"文档设置页面颜色，可以使文档效果变得更加美观。

【例 5-4】　为"公司宣传单"文档设置页面颜色。　🔘 视频

(1) 继续例 5-3 的操作，选择【设计】选项卡，在【页面背景】组中单击【页面颜色】下拉按钮，在展开的库中选择一种颜色。

(2) 此时，文档页面将应用所选择的颜色作为背景进行填充，如图 5-5 所示。

如果在图 5-5 所示展开的库中选择【填充效果】选项，可以打开图 5-6 所示的【填充效果】对话框，在该对话框中，用户可以为文档页面设置渐变、纹理、图案或图片填充。

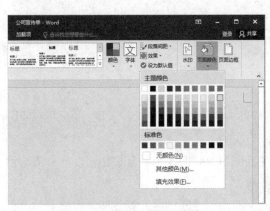

图 5-5　设置文档页面颜色

图 5-6　【填充效果】对话框

2. 设置水印效果

水印是出现在文本下方的文字或图片。如果用户使用图片水印，可以对其进行淡化或冲蚀设置以免图片影响文档中文本的显示。如果用户使用文本水印，则可以从内置短语中选择需要的文字，也可以输入所需的文本。下面以设置图片水印为例，介绍为文档设置水印的具体方法。

(1) 选择【设计】选项卡，在【页面背景】组中单击【水印】下拉按钮，在展开的库中选择【自定义水印】选项，打开【水印】对话框，选择【图片水印】单选按钮，然后单击【选择图片】按钮，如图 5-7 左图所示。

(2) 打开【插入图片】对话框，单击【从文件】选项右侧的【插入】按钮，在打开的对话框中选择水印图片文件后，单击【插入】按钮。

(3) 返回【水印】对话框，选中【冲蚀】复选框，然后单击【确定】按钮，即可为文档设置水印效果，如图 5-7 右图所示。

计算机基础与实训教材系列

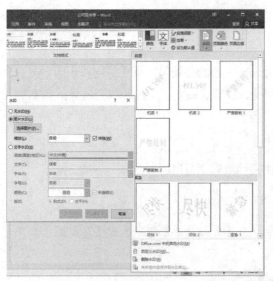

图 5-7　为文档设置水印效果

5.2.3　设置图文混排文档

在 Word 中采用图文混排，可以很方便地处理好图片与文字之间的环绕问题，使文档的排版效果更加整洁、美观。

1. 在文档中插入图片

在 Word 中，用户不仅可以插入联机图片，还可以从其他程序或位置导入图片，甚至可以使用屏幕截图功能直接从屏幕中截取画面并以图片形式插入。

▽ 插入文件中的图片。单击【插入】选项卡【插图】组中的【图片】按钮，在打开的对话框中选择一个图片文件后，单击【插入】按钮。

▽ 插入联机图片。单击【插入】选项卡【插图】组中的【联机图片】按钮，在打开的对话框中通过必应搜索引擎搜索图片后单击【插入】按钮，如图 5-8 所示。

图 5-8　搜索并插入联机图片

▽ 插入屏幕截图。单击【插入】选项卡【插图】组中的【屏幕截图】按钮，在弹出的列表中选择【屏幕剪辑】选项进入屏幕截图状态，然后拖动鼠标光标即可截取屏幕区域。

【例 5-5】　在"公司宣传单"文档中插入图片。 视频

(1) 继续例 5-4 的操作，将鼠标指针置于文档中，选择【插入】选项卡，在【插图】组中单击【图片】按钮，打开【插入图片】对话框，如图 5-9 左图所示。

(2) 在【插入图片】对话框中选中一个图片文件后，单击【插入】按钮，在文档中插入图 5-9 右图所示的图片。

图 5-9　在文档中插入图片

2. 设置图片与文本的位置关系

默认情况下，在文档中插入的图片是以嵌入方式显示的，用户可以通过设置文字环绕来改变图片与文本的位置关系。

【例 5-6】　在"公司宣传单"文档中输入文本，并设置文档中图片和文本的环绕关系。 视频

(1) 继续例 5-5 的操作，在文档中输入文本并设置文本格式。

(2) 选中文档中的图片，选择【格式】选项卡，在【排列】组中单击【位置】下拉按钮，在弹出的下拉列表中选择【文字环绕】中的【中间居中，四周型文字环绕】选项，如图 5-10 左图所示。

(3) 拖动图片四周的控制柄调整图片大小，将鼠标指针放置在图片上按住左键拖动，可调整图片在文档中的位置，如图 5-10 右图所示。

图 5-10　为图片设置四周型文字环绕效果

3. 调整图片的大小和位置

在文档中插入图片后，用户可以参考以下操作调整图片的大小和位置。

▽ 将鼠标指针放置在文档中的图片上，当指针变为后按住鼠标左键拖动可以调整图片在文档中的位置。

▽ 将鼠标指针放置在图片四周的控制柄上，按住鼠标拖动可以调整图片的大小。

▽ 选中图片后，在【格式】选项卡的【大小】组中，可以精确设置图片的宽度和高度。

4. 裁剪图片

在文档中选中插入的图片后，单击【格式】选项卡【大小】组中的【裁剪】按钮可以对图片进行裁剪。

【例 5-7】 在"公司宣传单"文档中插入并裁剪公司标志图片。 视频

(1) 继续例 5-6 的操作，单击【插入】选项卡中的【图片】按钮，在文档中插入公司标志图，然后选择【格式】选项卡，单击【大小】组中的【裁剪】按钮进入图片裁剪模式，调整图片四周的裁剪边框，如图 5-11 左图所示。

(2) 单击图片外任意位置对图片进行裁剪。拖动图片四周的控制柄可调整图片的大小，使其在页面中的效果如图 5-11 右图所示。

图 5-11　在文档中裁剪并调整公司标志图片

5. 应用图片样式

在 Word 中，用户可以使用软件提供的样式来美化图片效果。

【例 5-8】 在"公司宣传单"文档中插入图片并设置图片的样式。 视频

(1) 继续例 5-7 的操作，在文档中插入图片并参考例 5-6 的操作设置图片的位置为【中间居中，四周型文字环绕】。

(2) 按住 Ctrl 键同时选中步骤(1)插入的 3 张图片，单击【格式】选项卡【排列】组中的【对齐对象】下拉按钮，从弹出的下拉列表中先选择【对齐页面】选项，再选择【横向分布】选项，如图 5-12 左图所示。

(3) 再次单击【对齐对象】下拉按钮，从弹出的下拉列表中先选择【对齐所选对象】选项，再选择【垂直居中】选项，对齐文档中的 3 张图片，效果如图 5-12 右图所示。

图 5-12　对齐页面中的图片

(4) 保持 3 张图片的选中状态，在【格式】选项卡的【图片样式】组中单击【其他】下拉按钮，在弹出的下拉列表中选择【映像圆角矩形】样式，如图 5-13 左图所示。

(5) 选中例 5-5 在文档中插入的图片，在【图片样式】组中单击【其他】下拉按钮，在弹出的下拉列表中选择【矩形投影】样式，如图 5-13 右图所示。

图 5-13　为图片应用 Word 预设的样式

> **提示**
>
> 在为图片应用样式后若要恢复图片的原始状态，可以在选中图片后选择【格式】选项卡，在【调整】组中单击【重设图片】下拉按钮，从弹出的下拉列表中选择【重设图片和大小】选项。

6. 调整图片效果

在 Word 2016 中，用户可以通过改变图片的亮度、对比度、艺术效果和颜色调整图片在文档中的效果。

▽ 改变图片的亮度和对比度。选中图片后，在【格式】选项卡的【调整】组中单击【更正】下拉按钮，在弹出的下拉列表中可以选择图片的亮度和对比度，如图 5-14 所示。

▽ 为图片应用艺术效果。在【格式】选项卡的【调整】组中单击【艺术效果】下拉按钮，在展开的库中可以为选中的图片应用艺术效果，如图 5-15 所示。

图 5-14　设置图片的亮度和对比度　　　　　图 5-15　设置图片艺术效果

▽ 重新设置图片颜色。选择文档中的图片后，在【格式】选项卡的【调整】组中单击【颜色】下拉按钮，在展开的库中可以为图片重新设置颜色。

【例 5-9】　为"公司宣传单"文档中的图片设置统一的颜色。 ▶视频

(1) 继续例 5-8 的操作，按住 Ctrl 键选中文档中的 4 张图片后，单击【格式】选项卡【调整】组中的【颜色】下拉按钮，从弹出的下拉列表中选择【其他变体】|【其他颜色】选项，如图 5-16 左图所示。

(2) 打开【颜色】对话框，设置颜色值后，将【透明度】设置为 53%，单击【确定】按钮后，页面中图片的效果如图 5-16 右图所示。

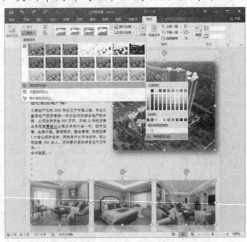

图 5-16　为选中的图片设置统一的颜色

5.2.4　使用自选图形

自选图形是使用 Word 2016 提供的形状(如矩形、圆、直线、箭头等)绘制出的图形。使用自选图形，可以修饰文档的页面，使版式效果更加丰富。

1. 绘制自选图形

在 Word 2016 中，单击【插入】选项卡中的【形状】下拉按钮，在展开的库中选择形状，即可通过拖动鼠标的方式在文档中绘制各种形状的自选图形。

【例 5-10】　在"公司宣传单"文档中绘制矩形形状。　　视频

(1) 继续例 5-9 的操作，选择【插入】选项卡，单击【插图】组中的【形状】按钮，在展开的库中选择【矩形】选项，如图 5-17 左图所示。

(2) 按住鼠标左键，在文档中合适的位置拖动即可绘制一个矩形，如图 5-17 右图所示。

图 5-17　在文档中绘制矩形

2. 设置图形样式

在文档中绘制自选图形后，图形默认采用蓝色填充+蓝色边框的样式效果。用户可以通过【格式】选项卡设置图形样式，使其符合文档设计的要求。

【例 5-11】　在"公司宣传单"文档中设置矩形形状的格式。　　视频

(1) 打开"公司宣传单"文档，选择【格式】选项卡，单击【形状样式】组中的【形状轮廓】下拉按钮，从弹出的下拉列表中选择【无轮廓】选项，取消矩形形状的轮廓，如图 5-18 所示。

(2) 右击矩形，从弹出的快捷菜单中选择【设置形状格式】命令，打开【设置形状格式】窗格，设置【填充】为【纯色填充】，【颜色】为【白色】，【透明度】为 35%，如图 5-19 所示。

图 5-18　设置形状无边框　　　　　　　　图 5-19　设置形状的填充色和透明度

(3) 在文档中再绘制 4 个矩形形状，并将其放置在合适的位置。

(4) 按住 Ctrl 键选中步骤(3)绘制的 4 个矩形形状后，单击【格式】选项卡【形状样式】组

计算机基础与实训教材系列

中的【形状轮廓】下拉按钮，从弹出的下拉列表中选择【无轮廓】选项，取消矩形形状的轮廓。

(5) 单击【形状填充】下拉按钮，从弹出的下拉列表中选择【黄色】色块，为选中的 4 个矩形形状设置黄色填充色，如图 5-20 所示。

(6) 右击选中的矩形，在弹出的快捷菜单中选择【设置形状格式】命令，在打开的【设置形状格式】窗格中选择【效果】选项卡 ，然后展开【阴影】卷展栏，设置【预设】为【左上角透视】，【透明度】为 35%，【大小】为 100%，【模糊】为 0 磅，【角度】为 347°，【距离】为 0 磅，如图 5-21 所示。

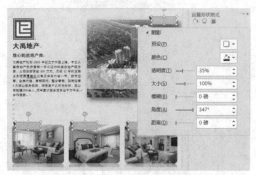

图 5-20　为形状设置填充色　　　　　　　图 5-21　为形状设置阴影效果

(7) 在文档中再插入两个宽度相同的矩形，将右侧矩形的填充颜色设置为黄色，选中左侧矩形，单击【格式】选项卡中的【形状填充】下拉按钮，从弹出的下拉列表中选择【图形】选项，为其设置图 5-22 左图所示的图片填充。

(8) 右击设置了图片填充的矩形，在弹出的快捷菜单中选择【设置图片格式】命令，在打开的窗格中选中【将图片平铺为纹理】复选框，如图 5-22 右图所示。

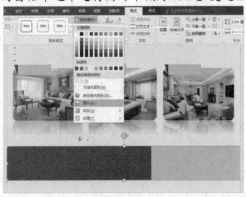

图 5-22　为形状设置图片填充

(9) 最后，调整文档中所有自选图形(矩形)的大小和位置。

5.2.5　使用艺术字

在一些特殊的 Word 文档(如公司简介、企业宣传册和产品介绍)中，艺术字作为文档的标题和重点内容被广泛使用。在文档中使用艺术字，可以使文本美观，更有特色。

在 Word 中插入艺术字的方法有两种，一种是先输入文本，再将输入的文本应用为艺术字样式，另一种是先选择艺术字的样式，然后在 Word 软件提供的文本占位符中输入需要的艺术字文本。下面将通过一个实例来具体介绍。

【例 5-12】　在"公司宣传单"文档中插入艺术字。　📹视频

(1) 打开"公司宣传单"文档，在【插入】选项卡的【文本】组中单击【艺术字】下拉按钮，在展开的库中选择需要的艺术字样式，如图 5-23 左图所示。

(2) 此时，将在文档中插入一个艺术字并显示默认文本"请在此放置您的文字"，将鼠标指针放置在艺术字四周的边框上，按住左键拖动可以调整艺术字在文档中的位置。

(3) 删除艺术字默认文本，输入">>联系我们"，然后在【开始】选项卡的【字体】组中将艺术字的大小设置为"二号"，字体设置为"华文宋体"，字体颜色设置为"红色"，如图 5-23 右图所示。

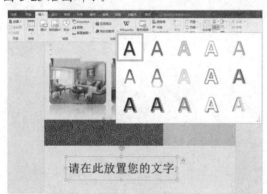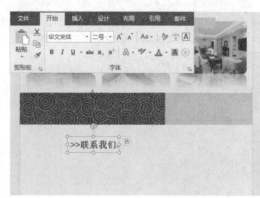

图 5-23　在文档中插入并设置艺术字

(4) 选中文档中的文本，单击【开始】选项卡【字体】组中的【文本效果】下拉按钮，从弹出的库中选择一种艺术字样式，可为文本设置艺术字效果，如图 5-24 所示。

图 5-24　为文本设置艺术字效果

5.2.6 使用文本框

在编辑一些特殊版面的文稿时，常常需要使用 Word 中的文本框将一些文本内容显示在特定的位置(文本框可以像自选图形一样被放置在文档中的任意位置)。

1. 在文档中插入文本框

在【插入】选项卡的【文本】组中单击【文本框】下拉按钮，在展开的库中选择【绘制文本框】选项，可以在文档中插入文本框。

【例 5-13】 在"公司宣传单"文档中插入一个简单的横排文本框。 🎬视频

(1) 继续例 5-12 的操作，选择【插入】选项卡，在【文本】组中单击【文本框】下拉按钮，在展开的库中选择【绘制文本框】选项。

(2) 当鼠标指针变为十字形状后，在文档中按住鼠标左键不放并拖动，拖至目标位置处释放鼠标，即可绘制出横排文本框，如图 5-25 所示。

(3) 此时，插入点将默认出现在文本框中，直接输入文本即可在文本框中添加文本。

(4) 将鼠标指针放置在文本框四周的控制柄○上，按住鼠标左键拖动可以调整文本框的大小。将鼠标指针放置在文本框四周的边框线上，当指针变为十字形状后，按住鼠标左键拖动可以调整文本框在文档中的位置，如图 5-26 所示。

图 5-25 绘制文本框

图 5-26 调整文本框的位置

2. 设置文本框效果

在 Word 中插入的文本框默认采用白色背景+黑色边框线。在排版文档时，用户可以设置文本框的背景和边框样式，并使文本框根据其中的文字自动调整大小。

【例 5-14】 在"公司宣传单"文档中调整文本框的样式效果。 🎬视频

(1) 继续例 5-13 的操作，选中页面中的文本框，在【格式】选项卡的【形状样式】组中分别单击【形状填充】和【形状轮廓】下拉按钮，将【形状填充】设置为【无填充】，将【形状轮廓】设置为【无轮廓】，如图 5-27 所示。

(2) 右击文本框，在弹出的快捷菜单中选择【设置形状格式】命令，在打开的窗格中选择【布局属性】选项卡 ，选中【根据文字调整形状大小】复选框，并取消【形状中的文字自动换行】复选框的选中状态，如图 5-28 所示。

図 5-27　设置文本框无填充和轮廓　　　　　図 5-28　设置文本框大小根据其内容改变

(3) 此时，为文本框中的文本设置合适的字体和字号后，文本框将根据其中的文本内容自动调整自身的大小，如图 5-29 所示。

(4) 将制作好的文本框复制多份，分别放置在"公司宣传单"文档的不同位置，修改文本框中的文本并调整文本框的大小，完成公司宣传单首页的制作，如图 5-30 所示。

図 5-29　文本框自适应其内容　　　　　　図 5-30　公司宣传单首页文本

5.2.7　增加空白页

完成公司宣传单首页的制作后，用户在【插入】选项卡的【页面】组中单击【空白页】按钮，可在文档中增加新的空白页(空白页将沿用第一页的背景效果)。

【例 5-15】 在"公司宣传单"中插入空白页，并在空白页中制作第二页内容。 🎬视频

(1) 继续例 5-14 的操作，按 Ctrl+A 快捷键选中文档中所有的内容后，按 Ctrl+X 快捷键执行【剪切】命令。

(2) 选择【插入】选项卡，在【页面】组中单击【空白页】按钮，在文档中插入一个空白页，然后将插入点置于文档第一页中，按 Ctrl+V 快捷键执行【粘贴】命令，将步骤(1)剪切的内容粘贴回第一页中。

(3) 选择【视图】选项卡，在【显示比例】组中单击【多页】按钮，在 Word 工作界面中以多页视图显示"公司宣传单"文档中的两页内容，如图 5-31 所示。

(4) 将插入点置于文档第二页中，在其中插入图片、形状和文本框，制作文档第二页内容，如图 5-32 所示。

图 5-31 以"多页"方式显示文档

图 5-32 制作宣传单第二页内容

🪢 提示

在实际工作中，如果用户需要删除文档中多余的空白页面，只需要将插入点置于空白页中按 Backspace 键即可。或者，在导航窗格中选择【页面】选项卡显示文档中的所有页面，然后选中空白页，按 Backspace 键也可以将其删除。如果空白页中已经输入了文本内容，用户在导航窗格中选中该页后，需要选中该页面中的所有文本后再按 Backspace 键才能删除该页。

5.2.8 设置页面边框

在制作图文混排的文档时，为文档添加页面边框可以使文档的整体效果得到提升。在 Word 2016 中，用户可以在【设计】选项卡中通过单击【页面边框】按钮为文档设置页面边框。

【例 5-16】 为"公司宣传单"文档添加页面边框。 🎬视频

(1) 继续例 5-15 的操作，选择【设计】选项卡，单击【页面背景】组中的【页面边框】按钮，打开【边框和底纹】对话框，在【设置】列表框中选中【方框】选项，将【颜色】设置为黄色，【宽度】设置为 6.0 磅，然后单击【选项】按钮，如图 5-33 左图所示。

(2) 在打开的【边框和底纹选项】对话框中将【上】【下】【左】【右】都设置为 0 磅(如图 5-33 所示)，然后连续单击【确定】按钮，即可为"公司宣传单"文档设置如图 5-33 右图所示的页面边框效果。

图 5-33　为文档设置页面边框

(3) 按 Ctrl+S 快捷键将制作好的"公司宣传单"文档保存。

5.3　排版商业计划书

　　商业计划书是公司、企业或项目单位为了达到招商融资或其他发展目标，根据一定的格式和内容要求而编辑整理的一个向受众全面展示公司和项目目前状况、未来发展潜力的书面材料。本节将通过制作一个"商业计划书"文档，详细介绍在 Word 中制作长文档标题、使用 SmartArt 图形、创建文档目录和文档封面的方法。

5.3.1　制作章节标题

　　编辑长文档一般需要在各章节前加上编号，形成文档标题结构。在 Word 2016 中，用户可以参考以下步骤定义文档章节标题。

【例 5-17】　创建"商业计划书"文档并制作章节标题。 视频

　　(1) 按 Ctrl+N 快捷键创建一个空白文档，按 F12 键打开【另存为】对话框，将文档以"商业计划书"为名保存。

　　(2) 单击【开始】选项卡【段落】组中的【多级列表】下拉按钮，从弹出的下拉列表中选择【定义新的多级列表】选项，在打开的对话框中单击【更多】按钮展开更多选项，在【单击要修改的级别】列表框中选择【1】；在【此级别的编号样式】下拉列表中选择章节标题的编号样式；将【编号对齐方式】设置为【左对齐】；将【文本缩进位置】设置为 0.75 厘米；将【将级别链接到样式】设置为【标题 1】；将【编号之后】设置为【制表符】，如图 5-34 左图所示。

　　(3) 在【单击要修改的级别】列表框中选择【2】，将【将级别链接到样式】设置为【标题 2】，将【要在库中显示的级别】设置为【级别 2】，如图 5-34 右图所示。

　　(4) 在【定义新多级列表】对话框中单击【确定】按钮，完成章节标题的设置。

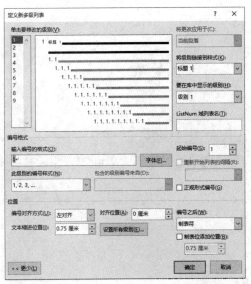
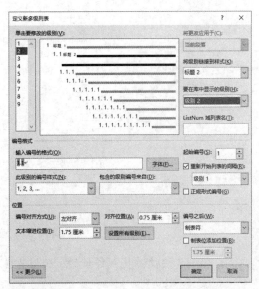

图 5-34　定义新多级列表

（5）在文档中输入图 5-35 左图所示的文本，将鼠标指针置于段落中按 Ctrl+Alt+1 键可以为其设置【标题 1】标题格式，如图 5-35 中图所示；按 Ctrl+Alt+2 键可以为段落设置【标题 2】标题格式，如图 5-35 右图所示。

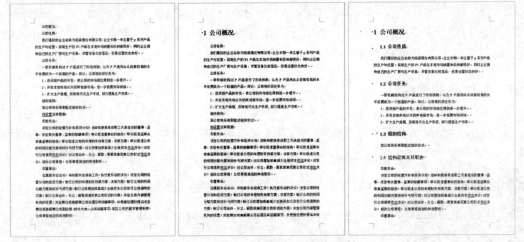

图 5-35　将设置的标题快速应用于文档

5.3.2　使用 SmartArt 图形

SmartArt 图形是信息和观点的视觉表示形式，能够快速、有效地传达信息。本节将通过在"商业计划书"文档中制作组织结构图，介绍在文档中创建与设置 SmartArt 图形的具体方法。

1. 创建 SmartArt 图形

在创建 SmartArt 图形之前，用户需要考虑最适合显示数据的类型和布局，SmartArt 图形要传达的内容是否要求特定的外观等。

【例 5-18】 在"商业计划书"文档中利用 SmartArt 图形制作一个组织结构图。 视频

(1) 继续例 5-17 的操作，将鼠标指针插入文档中，选择【插入】选项卡，单击【插图】组中的 SmartArt 按钮，打开【选择 SmartArt 图形】对话框，选中【层次结构】选项，在显示的选项区域中选择一种 SmartArt 图形样式，然后单击【确定】按钮，如图 5-36 左图所示。

(2) 在文档中创建 SmartArt 图形，并显示【设计】选项卡，如图 5-36 右图所示。

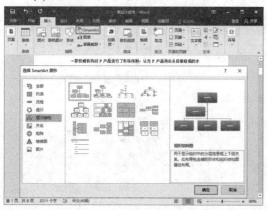

图 5-36　在文档中插入 SmartArt 图形

(3) 选中 SmartArt 图形中多余的文本占位符，按 Delete 键将其删除，并在其余的文本占位符中输入文本，如图 5-37 所示。

(4) 选中文本【财务部】所在的形状，右击鼠标，从弹出的快捷菜单中选择【添加形状】|【在后面添加形状】命令，添加图 5-38 所示的形状。

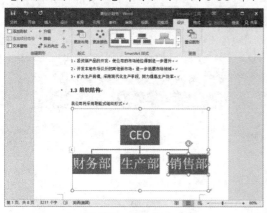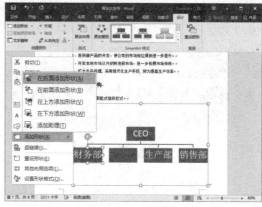

图 5-37　输入文本内容　　　　　　图 5-38　添加形状

(5) 在添加的形状中输入"开发部"，然后按住鼠标左键拖动调整 SmartArt 图形的大小，完成 SmartArt 图形的制作。

2. 设置 SmartArt 图形格式

在创建 SmartArt 图形之后，用户可以更改图形的形状、文本的填充及三维效果，如设置阴影、发光、柔化边缘或旋转效果。

计算机基础与实训教材系列

【例 5-19】 在"商业计划书"文档中设置 SmartArt 图形格式。 视频

(1) 继续例 5-18 的操作,选中文档中的 SmartArt 图形,在【设计】选项卡的【SmartArt 样式】组中单击【更改颜色】下拉按钮,在展开的库中选择需要的颜色,更改 SmartArt 图形颜色,如图 5-39 所示。

(2) 在【设计】选项卡的【SmartArt 样式】组中单击【其他】按钮 ,在展开的库中选择需要的图形样式,如图 5-40 所示。

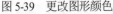

图 5-39 更改图形颜色

图 5-40 更改图形样式

(3) 选中 SmartArt 图形中的形状,右击鼠标,从弹出的快捷菜单中选择【设置形状格式】命令。

(4) 打开【设置形状格式】窗格,用户可以像设置普通形状一样,设置 SmartArt 图形中形状的填充、线条颜色、阴影、映像、柔化边缘等效果。

(5) 按住 Ctrl 键选中 SmartArt 图形中的形状,右击鼠标,从弹出的快捷菜单中选择【更改形状】选项,在弹出的子菜单中可以修改形状样式,如图 5-41 所示。

(6) 选中 SmartArt 图形中的形状后,按 Ctrl+C 快捷键执行【复制】命令,然后按 Ctrl+V 快捷键执行【粘贴】命令粘贴复制的形状,然后修改复制形状中的文本并调整其位置如图 5-42 所示。

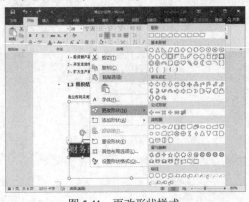

图 5-41 更改形状样式

图 5-42 复制 SmartArt 图形中的形状

5.3.3 使用图表

将数据制作成图表能够让观众更直观地看出数据的变化趋势,可以提高计划书的档次。在

Word 中可以绘制多种图表，如柱形图、折线图、饼图、条形图等。下面以制作最简单的柱形图为例，介绍在文档中创建图表的方法。

【例 5-20】 在"商业计划书"文档中创建柱形图表。 🎬 视频

(1) 继续例 5-19 的操作，在"商业计划书"文档中继续输入文本，将鼠标置于需要插入图表的位置，选择【插入】选项卡，单击【插图】组中的【图表】按钮，打开【插入图表】对话框，选中【柱形图】|【簇状柱形图】选项，单击【确定】按钮，如图 5-43 左图所示。

(2) 此时，将打开 Excel 表格，显示如图 5-43 右图所示的预置数据。

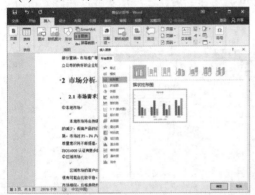

图 5-43　在文档中插入图表

(3) 在图 5-43 右图所示的工作表中输入数据后，关闭 Excel 窗口，即可在 Word 文档中插入图 5-44 所示的图表。

(4) 选中文档中插入的图表，拖动图表四周的控制柄调整图表的大小，单击【设计】选项卡【图表样式】组中的【其他】下拉按钮▼，在弹出的下拉列表中可以设置图表的样式效果，如图 5-45 所示。

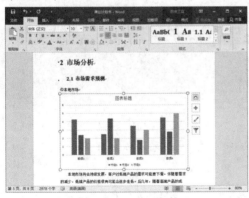

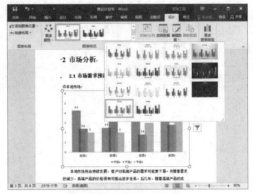

图 5-44　图表效果　　　　　　　　　图 5-45　设置图表样式

5.3.4　制作文档目录

使用 Word 中的内置样式和自定义样式，可以自动生成相应的目录。下面将以"商业计划书"文档为例，介绍通过提取样式自动生成目录的方法。

计算机基础与实训教材系列

【例 5-21】 在"商业计划书"文档中设置自动生成目录页。 🔴视频

(1) 继续例 5-20 的操作，将鼠标指针放置在"商业计划书"文档的开头，选择【插入】选项卡，单击【页面】组中的【空白页】按钮，在文档中插入一个空白页，如图 5-46 所示。

(2) 将鼠标指针置于文档中的空白页中，输入文本"商业计划书"，并在【开始】选项卡中设置文本的格式。

(3) 选择【引用】选项卡，在【目录】组中单击【目录】下拉按钮，在弹出的下拉列表中选择【自定义目录】选项。

(4) 打开【目录】对话框，在【目录】选项卡中设置目录的结构，选中【显示页码】复选框，然后单击【选项】按钮，如图 5-47 所示。

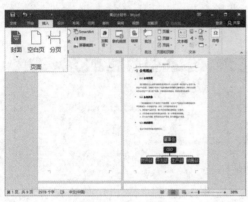

图 5-46　插入空白页

图 5-47　自定义目录

(5) 打开【目录选项】对话框，在【目录级别】列表框中删除【标题 1】和【标题 2】文本框中预定义的数字，在【标题 1】文本框中输入 1，在【标题 2】文本框中输入 2，然后单击【确定】按钮，如图 5-48 左图所示。

(6) 返回【目录】对话框，单击【确定】按钮，即可在页面中插入如图 5-48 右图所示的目录。

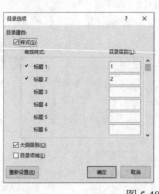

图 5-48　在空白页中插入文档目录

(7) 选中文档中插入的目录，右击鼠标，从弹出的快捷菜单中选择【段落】命令，打开【段落】对话框，单击【行距】下拉按钮，从弹出的下拉列表中选择【1.5 倍行距】选项，然后单击【确定】按钮，设置商业计划书目录文本的行距。

5.3.5　制作文档封面

在制作正式的办公文档时，为了使文档效果更加美观，需要为其制作一个封面。

【例 5-22】　为"商业计划书"文档制作封面。　视频

(1) 继续例 5-21 的操作，选择【插入】选项卡，单击【页面】组中的【封面】下拉按钮，从弹出的下拉列表中选择一种封面类型，如图 5-49 左图所示。

(2) 此时，将在文档中插入一个封面模板，将鼠标指针置于封面页面中预设的文本框中，输入封面文本"让变化成为计划"，完成封面的制作，如图 5-49 右图所示。

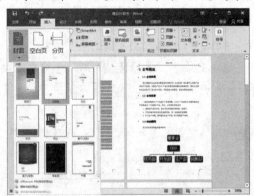

图 5-49　在文档中插入封面页

5.3.6　设置分栏版式

分栏是指按实际排版需求将文本分成若干个条块，使版面更为美观。

【例 5-23】　为"商业计划书"文档设置分栏版式。　视频

(1) 继续例 5-22 的操作，在文档中插入并选中图 5-50 左图所示的两个表格。

(2) 单击【布局】选项卡中的【分栏】下拉按钮，从弹出的下拉列表中选择【两栏】选项，即可设置两个表格以两栏并列方式显示在文档中，如图 5-50 右图所示。

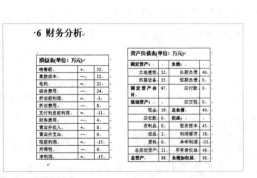

图 5-50　设置表格分两栏排版

5.3.7 添加题注

大多数办公文档不只有文字，还包含大量的图片、图表和表格。办公人员在处理文档时需要为这些元素添加编号和说明，以便可以在正文中引用它们。

为图片、图表或表格添加编号和说明是一项很重要且任务量较大的工作，虽然可以通过手动为文档中的每张图、每个图表或表格添加编号，但这样做在文档排版的后期，随着图片、图表和表格数量的增加和修改，很容易产生错误，导致编号顺序混乱。此时，用户可以在 Word 中使用题注来为图片、图表或表格自动添加编号和说明，从而减少错误的出现概率。

【例 5-24】 在"商业计划书"文档中为 SmartArt 图形、图表和表格添加题注。 💿视频

(1) 继续例 5-23 的操作，参考本书前面介绍的方法在文档中插入更多的图表与表格。

(2) 选中并右击文档中的 SmartArt 图形，在弹出的快捷菜单中选择【插入题注】命令，打开【题注】对话框，单击【新建标签】按钮，在打开的对话框中输入"图"后，单击【确定】按钮，如图 5-51 左图所示。

(3) 在【题注】对话框的【题注】文本框中默认的"图 1"文本之后输入"公司组织结构图"后单击【确定】按钮，即可为 SmartArt 图形添加图 5-51 右图所示的题注。

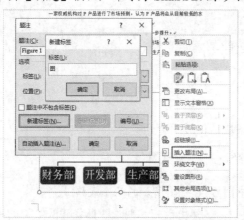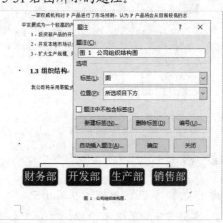

图 5-51 为 SmartArt 图形添加题注

(4) 右击文档中图 5-45 所示的图表，在弹出的快捷菜单中选择【插入题注】命令，在打开的【题注】对话框的【题注】文本框中默认的"图 2"文本之后输入"2029 年市场需求预测"后，单击【确定】按钮，可以为图表添加题注"图 2　2029 年市场需求预测"。

(5) 使用同样的方法为文档中其他的图表添加题注。

(6) 选中并右击文档中的表格，在弹出的快捷菜单中选择【插入题注】命令，打开【题注】对话框，如图 5-52 左图所示，单击【新建标签】按钮，在打开的对话框中输入"表"后，单击【确定】按钮。

(7) 在【题注】对话框的【题注】文本框中默认的"表 1"文本之后输入"2029 年预测订单"，将【位置】设置为【所选项目上方】，然后单击【确定】按钮，为表格添加图 5-52 右图所示的题注。

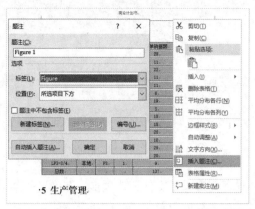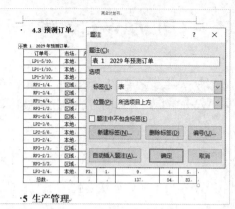

图 5-52　为表格添加题注

5.3.8　设置交叉引用

在排版内容较多的大型办公文档的过程中，可能经常要引用文档其他位置上的内容。例如图 5-53 左图所示，在文档的某个位置上写上"详情可参见 4.3 节"这样一句话，目的是让阅读者参考 4.3 节的内容。当用户按住 Ctrl 键单击这句话中的"4.3 节"时，将会快速跳转到文档中相应的内容，如图 5-53 右图所示。要实现这样的排版效果，就要使用 Word 软件提供的"交叉引用"功能。

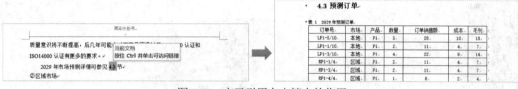

图 5-53　交叉引用在文档中的作用

【例 5-25】 在"商业计划书"文档中设置交叉引用。 🎬视频

(1) 继续例 5-23 的操作，将鼠标指针置于图 5-53 左图中的"参见"文本之后，单击【插入】选项卡【链接】组中的【交叉引用】按钮。

(2) 打开【交叉引用】对话框，将【引用类型】设置为【标题】，将【引用内容】设置为【标题编号】，在【引用哪一个标题】列表框中选中【4.3 预测订单】选项，然后单击【插入】按钮(如图 5-54 所示)，即可在文档中插入图 5-53 左图所示的交叉引用"4.3"。

(3) 按住 Ctrl 键单击"4.3"文本将跳转至"4.3预测订单"节位置，如图 5-53 右图所示。

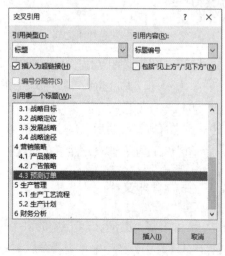

图 5-54　【交叉引用】对话框

5.4 打印 Word 文档

对于办公人员来说,打印各种 Word 文档可以算是工作过程中最常用到的操作了。下面将介绍在 Word 中打印文档的方法和常用技巧。

5.4.1 快速打印文档

在 Word 2016 中,要快速打印当前文档,用户只需要选择【文件】选项卡,在弹出的菜单中选择【打印】选项(快捷键:Ctrl+P),在显示的【打印】界面中单击【打印机】按钮,在弹出的列表中选择一台打印机后,单击【打印】按钮即可,如图 5-55 所示。在图 5-55 所示的【打印】界面中设置【份数】值可以设定文档的打印份数。

5.4.2 打印指定的页

在打印长文档时,用户如果只需要打印其中的一部分页面,可以参考以下方法。

▽ 方法一:以打印文档中的 2、5、13、27 页为例,在【打印】界面的【页数】文本框中输入"2,5,13,27"后,单击【打印】按钮即可,如图 5-56 所示。

图 5-55 快速打印文档

图 5-56 打印文档中指定的页

▽ 方法二:以打印文档中的 1、3 和 5~12 页为例,在【打印】界面的【页数】文本框中输入"1,3,5-12"后,单击【打印】按钮即可。

▽ 方法三:如果用户需要打印 Word 文档中当前正在编辑的页面,可以在打开图 5-56 所示的【打印】界面后,单击【设置】选项列表中的第一个按钮,在弹出的列表中选择【打印当前页面】选项,然后单击【打印】按钮。

5.4.3 缩小打印文档

如果用户需要将 Word 文档中的多个页面打印在一张纸上,可以参考以下方法。

(1) 在【打印】界面中单击【每版打印 1 页】按钮,在弹出的列表中选择 1 张纸打印几页文档,如图 5-57 左图所示。

(2) 以选择【每版打印 2 页】选项为例，选择该选项后，单击【每版打印 2 页】按钮，在弹出的列表中选择【缩放至纸张大小】选项，在显示的列表中选择打印所使用的实际纸张大小，如图 5-57 右图所示。

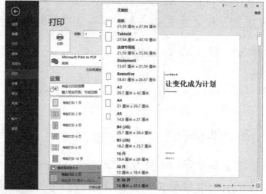

图 5-57　设置一张纸打印的文档数量和纸张大小

(3) 最后，在【打印】界面中单击【打印】按钮即可。

5.4.4　双面打印文档

用户可以参考以下方法，设置自动双面打印文档。

(1) 选择【文件】选项卡，在弹出的菜单中选择【选项】选项，打开【Word 选项】对话框。选择【高级】选项卡，在显示的选项区域中选择【在纸张背面打印以进行双面打印】复选框，然后单击【确定】按钮，如图 5-58 左图所示。

(2) 按 Ctrl+P 组合键，打开 Word 打印界面，单击【单面打印】选项，在弹出的列表中选择【手动双面打印】选项，如图 5-58 右图所示。

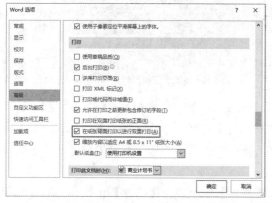

图 5-58　设置双面打印文档

(3) 单击【打印】按钮，即可通过 Word 对文档执行双面打印，打印过程中文档的一面打印完毕后，将打印机好的纸张换面(文字面向下)，然后在电脑中打开的提示对话框中单击【继续】按钮。

5.5 实例演练

本章重点介绍了使用 Word 2016 排版办公文档的常用方法。下面的实例演练将通过制作"研究报告"和企业活动"入场券"文档帮助用户巩固所学知识。

5.5.1 制作研究报告

下面练习制作"研究报告"文档，在制作的过程中，用户可以练习自定义标题样式、编辑文本、排版文档、插入目录等操作。

【例 5-26】 使用 Word 2016 制作"研究报告"文档。 视频

(1) 启动 Word 2016 后创建一个空白文档，在该文档中输入文本内容。

(2) 选取标题文本，在【开始】选项卡的【字体】组中将字体设置为【宋体】，【字号】设置为【二号】，【字体颜色】设置为【深蓝】，单击【加粗】按钮 B，在【段落】组中单击【居中】按钮，效果如图 5-59 所示。

(3) 选取文档第二行文本，在【样式】组中选择【副标题】选项，设置文档的副标题。

(4) 选取文档的内容文本，选择【布局】选项卡，在【页面设置】组中单击【分栏】下拉按钮，在弹出的菜单中选择【两栏】命令，如图 5-60 所示，设置分两栏排版文档。

 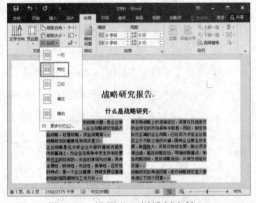

图 5-59 设置标题文本格式　　　图 5-60 设置分两栏排版文档

(5) 选择内容中的第一段文本，在【开始】选项卡的【段落】组中单击【段落设置】按钮。打开【段落】对话框，将【特殊格式】设置为【首行缩进】选项，单击【确定】按钮。

(6) 在【剪贴板】组中双击【格式刷】按钮，将设置的段落格式复制到文档其他内容文本中。完成后按 Esc 键。

(7) 选中文本"1. 战略管理中的复杂性"，在【样式】组中单击【其他】按钮，在展开的库中选择【创建样式】选项。

(8) 打开【根据格式设置创建新样式】对话框，在【名称】文本框中输入"自定义标题样式"，然后单击【修改】按钮，如图 5-61 左图所示。

(9) 打开【根据格式设置创建新样式】对话框，将字体格式设置为【微软雅黑】【加粗】，单击【格式】下拉按钮，在弹出的下拉列表中选择【段落】选项，如图 5-61 中图所示。

(10) 打开【段落】对话框，将【段前】和【段后】设置为【0.5 行】，然后单击【确定】按钮，如图 5-61 右图所示。

图 5-61　根据格式设置创建新样式

(11) 返回【根据格式设置创建新样式】对话框，单击【确定】按钮，在【样式】组的样式库中创建"自定义标题样式"样式，并应用于选中的文本。

(12) 将创建的"自定义标题样式"应用在文档中的其他文本上，如图 5-62 所示。

(13) 将鼠标指针置于文档的结尾处，选择【引用】选项卡，在【脚注】组中单击【插入脚注】按钮，在显示的两段脚注的上半段输入脚注标题；在脚注的下半段输入脚注内容，并设置脚注标题文本和内容文本的格式，如图 5-63 所示。

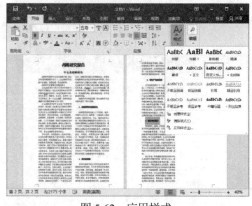
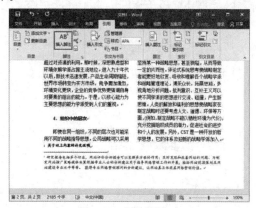

图 5-62　应用样式　　　　　　　图 5-63　插入脚注

(14) 将插入点放置在文档的标题右侧，按回车键另起一行。在【开始】选项卡的【样式】组中单击【其他】按钮，在展开的库中为创建的新行应用【正文】样式。

(15) 选择【引用】选项卡，在【目录】组中单击【目录】下拉按钮，在弹出的下拉列表中选择【自定义目录】选项。

(16) 打开【目录】对话框,取消【使用超链接而不使用页码】复选框的选中状态,单击【制表符前导符】下拉按钮,在弹出的下拉列表中选择一种符号,如图 5-64 左图所示。

(17) 单击【选项】按钮,打开【目录选项】对话框,在【自定义标题样式】选项后的文本框中输入 2,然后单击【确定】按钮,如图 5-64 中图所示。

(18) 返回【目录】对话框,单击【修改】按钮,打开【样式】对话框,选中【目录 1】选项,然后单击【修改】按钮,如图 5-64 右图所示。

图 5-64　设置目录格式和样式

(19) 打开【修改样式】对话框,在【格式】选项区域中将字体设置为【黑体】,将字号设置为 12,单击【字体颜色】下拉按钮,在展开的样式库中选择【深蓝】选项,单击【确定】按钮。

(20) 返回【样式】对话框,选中【目录 2】选项,然后参考步骤 19 的操作,设置目录 2 的字体格式。

(21) 返回【目录】对话框,单击【确定】按钮,在文档中插入如图 5-65 所示的目录,将鼠标指针插入目录的后方,按 Delete 键删除目录后的空行。

(22) 将鼠标指针插入目录的上面,按回车键插入一个空行,并输入文本"目录"并为该文本设置"标题"样式,如图 5-66 所示。

图 5-65　生成目录

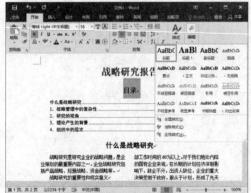

图 5-66　设置目录标题

(23) 最后,按 F12 键打开【另存为】对话框,将制作的文档保存。

5.5.2　制作活动入场券

通过在 Word 中制作企业活动"入场券",用户可以练习设置图文混排文档的操作。

【例 5-27】　使用 Word 2016 制作在 Word 文档中制作图文混排的"入场券"。 视频

(1) 按 Ctrl+N 快捷键创建一个空白 Word 文档,选择【插入】选项卡,在【插图】组中单击【图片】按钮,在文档中插入一幅图片。

(2) 选择【格式】选项卡,在【大小】组中将【形状高度】设置为 6.362 厘米,将【形状宽度】设置为 17.5 厘米。

(3) 选中图片后右击鼠标,在弹出的快捷菜单中选择【环绕文字】|【衬于文字下方】命令,如图 5-67 所示。

(4) 选择【插入】选项卡,在【文本】组中单击【文本框】按钮,在弹出的菜单中选择【绘制文本框】命令,在图片上绘制一个横排文本框。

(5) 选择【格式】选项卡,在【形状样式】组中单击【形状填充】下拉按钮,在展开的库中选择【无填充颜色】选项。

(6) 在【形状样式】组中单击【形状轮廓】下拉按钮,在展开的库中选择【无形状轮廓】选项。

(7) 选中文档中的文本框,在【大小】组中将【形状高度】设置为 1.6 厘米,将【形状宽度】设置为 8 厘米。

(8) 选中文本框并在其中输入文本,在【开始】选项卡的【字体】组中设置字体为【微软雅黑】,【字号】为【小二】,【字体颜色】为【金色】,效果如图 5-68 所示。

图 5-67　设置图片衬于文字下方

图 5-68　使用文本框插入文本

(9) 重复以上步骤在文档中插入其他文本框,在其中输入文本并设置文本的格式、大小和颜色。

(10) 选择【插入】选项卡,在【插图】组中单击【图片】按钮,在文档中再插入一幅图片,设置该图片"浮于文字上方"并调整其位置,效果如图 5-69 所示。

计算机基础与实训教材系列

(11) 在【插入】选项卡的【插图】组中单击【形状】下拉按钮，在展开的库中选择【矩形】选项，在文档中绘制矩形图形。

(12) 选择【格式】选项卡，在【形状样式】组中单击【其他】按钮⊡，在展开的库中选择【透明-彩色轮廓-金色】选项。

(13) 在【形状样式】组中单击【形状轮廓】下拉按钮，在弹出的下拉列表中选择【虚线】|【其他线条】选项，打开【设置形状格式】窗格，设置【短画线类型】为【短画线】，设置【宽度】为【1.75 磅】。

(14) 完成"入场券"的制作后，按住 Shift 键选中文档中的所有对象，右击鼠标，在弹出的快捷菜单中选择【组合】|【组合】命令，如图 5-70 所示。

图 5-69　调整图片位置　　　　　　　图 5-70　组合所有对象

(15) 按 Ctrl+D 快捷键将组合后的入场券复制多份，然后调整每份入场券在文档中的位置。

(16) 按 F12 键打开【另存为】对话框将文档保存。按 Ctrl+P 快捷键打开【打印】界面，打印制作好的入场券。

5.6　习题

1. 如何在 Word 中插入目录？
2. 如何设置 Word 文档的页边距和纸张大小？
3. 如何在 Word 文档中插入自选图形？
4. 如何在长文档中添加题注和交叉引用？
5. 新建一个 Word 文档，在文档中插入来自本地硬盘中保存的图片，设置图片样式为【单框架，黑色】，设置图片的艺术效果为【粉笔素描】，并插入 SmartArt 图形，设置其三维效果为【嵌入】。

第6章

制作Excel电子表格

Excel 2016 是 Office 2016 软件系列中的电子表格处理组件，它拥有友好的用户界面、强大的数据计算、数据处理与数据分析功能，被广泛应用于办公自动化领域。本章将以 Excel 的基础知识为主要结构，帮助用户通过制作常用办公表格熟悉 Excel 2016 的工作界面、构成 Excel 的三大元素，以及 Excel 中工作簿、工作表、行与列、单元格与区域的基本操作，并掌握在电子表格中快速输入、填充、编辑与整理数据的方法。

➡ 本章重点

- ◎ Excel 2016 基础知识
- ◎ 格式化 Excel 表格
- ◎ 设置标题跨列居中
- ◎ 在多个单元格中同时输入数据
- ◎ 隐藏与锁定单元格

- ◎ 操作工作簿、工作表和单元格
- ◎ 使用【记录单】添加数据
- ◎ 设置数据的数字格式
- ◎ 查找与替换表格数据
- ◎ 打印 Excel 电子表格

➡ 二维码教学视频

6.1 Excel 2016 办公基础

Excel 2016 是电脑办公中专门用于制作电子表格的软件。它不仅具有强大的数据组织、计算、分析和统计功能，还可以通过图表、图形等多种形式对处理结果加以形象的显示。

6.1.1 Excel 2016 主要功能

Excel 2016 在办公应用中主要有以下几个功能。

▽ 创建统计表格：Excel 2016 的制表功能就是把用户所用到的数据输入 Excel 中以形成表格。

▽ 进行数据计算：在 Excel 2016 的工作表中输入数据后，可以对用户所输入的数据进行计算，如进行求和、求平均值、求最大值及求最小值计算等。此外，Excel 2016 还提供了强大的公式运算与函数处理功能，可以对数据进行更复杂的计算工作。

▽ 建立多样化的统计图表：在 Excel 2016 中，可以根据输入的数据来建立统计图表，以便更加直观地显示数据之间的关系，让用户可以比较数据之间的变动、成长关系及趋势等。

6.1.2 Excel 2016 工作界面

Excel 2016 的工作界面主要由标题栏、快速访问工具栏、【文件】按钮、功能区、编辑栏、工作表编辑区域、工作表标签和状态栏等部分组成，如图 6-1 所示。

图 6-1 Excel 2016 工作界面

▽ 标题栏：标题栏位于应用程序窗口的最上面，用于显示当前正在运行的程序名及文件名等信息。如果是刚打开的新工作簿文件，用户所看到的是【工作簿 1】，它是 Excel 默认建立的文件名。

▽ 【文件】按钮：单击【文件】按钮，会弹出【文件】菜单，在其中显示一些基本命令，包括新建、打开、保存、打印、选项及其他一些命令。

▽ 功能区：Excel 工作界面中的功能区由功能选项卡和包含在选项卡中的各种命令按钮组成。使用功能区可以快速地查找以前版本中隐藏在复杂菜单和工具栏中的命令和功能。

▽ 状态栏：状态栏位于 Excel 窗口底部，用来显示当前工作区的状态。在大多数情况下，状态栏的左端显示【就绪】，表明工作表正在准备接收新的信息；在向单元格中输入数据时，在状态栏的左端将显示【输入】字样；对单元格中的数据进行编辑时，状态栏显示【编辑】字样。

▽ 其他组件：在 Excel 2016 工作界面中，除了包含与其他 Office 软件相同的界面元素外，还有许多其特有的组件，如编辑栏、名称栏、工作表编辑区域、工作表标签、行号与列标等。

6.1.3 Excel 的三大元素

一个完整的 Excel 电子表格主要由工作簿、工作表和单元格 3 部分组成，如图 6-2 所示。

图 6-2 工作簿、工作表和单元格

▽ 工作簿：工作簿是 Excel 用来处理和存储数据的文件。工作簿文件是 Excel 存储在磁盘上的最小独立单位，其扩展名为【.xlsx】。工作簿窗口是 Excel 打开的工作簿文档窗口，它由多个工作表组成。刚启动 Excel 时，系统默认打开一个名为【工作簿 1】的空白工作簿。

▽ 工作表：工作表是在 Excel 中用于存储和处理数据的主要文档，也是工作簿中的重要组成部分，它又称为电子表格。工作表是 Excel 的工作平台，若干个工作表构成一个工作簿。用户可以单击工作表标签右侧的【新工作表】按钮，添加新的工作表。不同的工作表可以在工作表标签中通过单击进行切换，但在使用工作表时，只能有一个工作表处于当前活动状态。

▽ 单元格：单元格是工作表中的小方格，它是工作表的基本元素，也是 Excel 独立操作的最小单位。单元格的定位是通过它所在的行号和列标来确定的，每一列的列标由 A、B、C等字母表示；每一行的行号由 1、2、3 等数字表示。行与列的交叉形成一个单元格。

6.2 制作员工通讯录

本节将通过制作"员工通讯录"工作簿，帮助用户通过实例快速掌握 Excel 2016 的基本操作。

6.2.1 创建工作簿

用户可以通过以下两种方法创建新的工作簿。

▽ 方法一：在 Excel 工作窗口中创建工作簿。在功能区上方选择【文件】选项卡，然后选择【新建】选项，在显示的界面中单击【空白工作簿】选项(快捷键：Ctrl+N)，如图 6-3所示。

▽ 方法二：在操作系统中创建工作簿文件。在 Windows 操作系统中安装了 Excel 2016 后，右击系统桌面，在弹出的快捷菜单中选择【新建】|【Microsoft Excel 工作表】命令。

6.2.2 保存工作簿

当用户需要将工作簿保存在电脑硬盘中时，可以参考以下两种方法。

▽ 在功能区中选择【文件】选项卡，在显示的界面中选择【另存为】|【浏览】选项(快捷键：F12)，打开【另存为】对话框保存工作簿，如图 6-4 所示。

▽ 单击快速访问工具栏中的【保存】按钮🖫(快捷键：Ctrl+S 或 Shift+F12)。

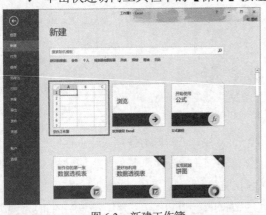

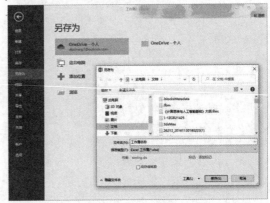

图 6-3 新建工作簿

图 6-4 保存工作簿

6.2.3 操作工作表

Excel 工作表是工作簿的必要组成部分，工作簿总是包含一个或者多个工作表，工作簿与工作表之间的关系就好比是书本与图书中书页的关系。

1. 插入工作表

创建工作簿后，Excel 自动创建一个名为 Sheet1 的默认工作表，若用户需要为工作簿添加更多的工作表，可以在工作簿中插入工作表，具体方法如下。

▽ 在工作表标签栏中单击【新工作表】按钮⊕。

▽ 右击工作表标签，在弹出的快捷菜单中选择【插入】命令，然后在打开的【插入】对话框中选择【工作表】选项，并单击【确定】按钮即可，如图 6-5 左图所示。此外，在【插入】对话框的【电子表格方案】选项卡中，还可以设置要插入工作表的样式。

▽ 按 Shift+F11 键，则会在当前工作表前插入一个新工作表。

▽ 在【开始】选项卡的【单元格】组中单击【插入】下拉按钮，在弹出的下拉列表中选择【插入工作表】命令，如图 6-5 右图所示。

图 6-5　在工作簿中插入工作表

【例 6-1】创建"员工通讯录"工作簿，并在其中插入两个工作表。 📹视频

(1) 启动 Excel 2016 后，按 Ctrl+N 快捷键创建一个空白工作簿。

(2) 按 F12 键，打开【另存为】对话框，在【文件名】文本框中输入"员工通讯录"，单击【确定】按钮，如图 6-6 所示。

(3) 在 Excel 工作界面左下角的工作表标签栏中单击两次【新工作表】按钮⊕，在工作簿中插入 Sheet2 和 Sheet3 两个工作表。

2. 重命名工作表

在 Excel 中，工作表的默认名称为 Sheet1、Sheet2……为了便于记忆与使用工作表，可以重命名工作表。在 Excel 2016 中右击要重命名的工作表的标签，在弹出的快捷菜单中选择【重命名】命令，即可为该工作表自定义名称。

【例 6-2】重命名"员工通讯录"工作簿中的所有工作表。 📹视频

(1) 继续例 6-1 的操作，选中并右击 Sheet1 工作表标签，在弹出的快捷菜单中选择【重命名】命令，然后输入"行政部"，如图 6-7 所示，并按 Enter 键确认。

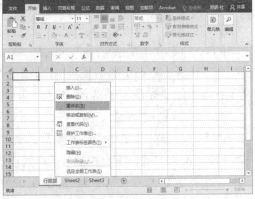

图 6-6　新建并保存工作簿　　　　　　　　图 6-7　重命名工作表

(2) 使用同样的方法，将 Sheet2 重命名为"财务部"，将 Sheet3 重命名为"市场部"。

3. 移动与复制工作表

通过复制操作，可以在同一个工作簿或者不同的工作簿间创建工作表副本，通过移动操作，可以在同一个工作簿中改变工作表的排列顺序，也可以在不同的工作簿之间转移工作表。

在 Excel 中有以下两种方法可以移动或复制工作簿中的工作表。

▽ 方法一：打开【移动或复制工作表】对话框，对工作表执行移动与复制操作。

在 Excel 工作界面左下角右击工作表标签，在弹出的快捷菜单中选择【移动或复制】命令(如图 6-8 左图所示)。或者在 Excel 功能区选择【开始】选项卡，在【单元格】组中单击【格式】下拉按钮，在弹出的下拉列表中选择【移动或复制工作表】选项，打开【移动或复制工作表】对话框，如图 6-8 右图所示。

图 6-8　打开【移动或复制工作表】对话框的两种方法

在【移动或复制工作表】对话框的【工作簿】下拉列表中，用户可以选择【复制】或【移动】到的目标工作簿。用户可以选择当前 Excel 软件中所有打开的工作簿或新建工作簿，默认为当前工作簿。【下列选定工作表之前】下面的列表框中显示了指定工作簿中所包含的全部工作表，可以选择【复制】或【移动】工作表的目标排列位置。

在【移动或复制工作表】对话框中，选中【建立副本】复选框，为【复制】方式，取消该复选框的选中状态，则为【移动】方式。

▽ 方法二：通过拖动工作表标签实现工作表的复制与移动。

(1) 将鼠标光标移至需要移动的工作表标签上，单击鼠标，鼠标指针下显示文档的图标，此时可以拖动鼠标将当前工作表移至其他位置。

(2) 拖动一个工作表标签至另一个工作表标签的上方时，被拖动的工作表标签前将出现黑色三角箭头图标，以此标识了工作表的移动插入位置，此时如果释放鼠标即可移动工作表，如图 6-9 所示。

(3) 如果按住鼠标左键的同时，按住 Ctrl 键，则执行复制操作，此时鼠标指针下显示的文档图标上会出现一个+号，以此来表示当前操作方式为复制，如图 6-10 所示。

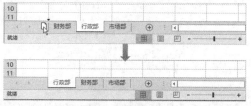

图 6-9　移动工作表

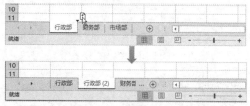

图 6-10　复制工作表

🐭 **提示**

若当前 Excel 工作窗口中显示了多个工作簿，拖动工作表标签的操作也可以在不同工作簿中进行。

4. 标识工作表标签颜色

为了方便用户对工作表进行辨识，将工作表标签设置不同的颜色是一种便捷的方法，具体操作方法如下。

(1) 右击工作表标签，在弹出的快捷菜单中选择【工作表标签颜色】命令。

(2) 在弹出的子菜单中选择一种颜色，即可为工作表标签设置该颜色。

5. 隐藏工作表

在工作中，用户可以使用工作表隐藏功能，将一些工作表隐藏，具体方法如下。

▽ 方法一：选择【开始】选项卡，在【单元格】组中单击【格式】按钮，在弹出的菜单中选择【隐藏和取消隐藏】|【隐藏工作表】命令，如图 6-11 所示。

▽ 方法二：右击工作表标签，在弹出的快捷菜单中选择【隐藏】命令。

工作表被隐藏后，若用户需要取消工作表的隐藏状态，可以使用以下方法。

▽ 方法一：选择【开始】选项卡，在【单元格】组中单击【格式】按钮，在弹出的菜单中选择【隐藏和取消隐藏】|【取消隐藏工作表】命令，在打开的【取消隐藏】对话框中选择需要取消隐藏的工作表后，单击【确定】按钮，如图 6-12 所示。

▽ 方法二：在工作表标签上右击鼠标，在弹出的快捷菜单中选择【取消隐藏】命令，然后在打开的【取消隐藏】对话框中选择需要取消隐藏的工作表，并单击【确定】按钮。

在取消隐藏工作表时应注意如下几点。

▽ Excel 无法一次性对多张工作表取消隐藏。

▽ 如果没有隐藏的工作表，则右击工作表标签后，【取消隐藏】命令显示为灰色不可用状态。

▽ 工作表的隐藏操作不会改变工作表的排列顺序。

图 6-11　隐藏工作表　　　　　　　　图 6-12　取消隐藏工作表

6. 删除工作表

对工作表进行编辑操作时，可以删除一些多余的工作表。这样不仅可以方便用户对工作表进行管理，也可以节省系统资源。在 Excel 2016 中删除工作表的常用方法如下。

▽ 在工作簿中选定要删除的工作表，在【开始】选项卡的【单元格】组中单击【删除】下拉按钮，在弹出的下拉列表中选择【删除工作表】命令。

▽ 右击要删除的工作表的标签，在弹出的快捷菜单中选择【删除】命令，即可删除该工作表。

> **提示**
>
> 若删除的工作表不是空工作表，则在删除时 Excel 会弹出对话框，提示用户是否确认删除操作。

6.2.4　输入与编辑数据

在工作表中输入和编辑数据是用户使用 Excel 时最基础的操作之一。

1. 数据类型的简单认识

Excel 工作表中的数据都保存在单元格内，单元格内可以输入和保存的数据包括数值、日期、文本和公式 4 种基本类型。此外，还有逻辑型、错误值等一些特殊的数值类型。

▽ 数值

数值指的是所代表数量的数字形式，如企业的销售额、利润等。数值可以是正数，也可以是负数，但是都可以用于进行数值计算，如加、减、求和、求平均值等。除了普通的数字以外，还有一些使用特殊符号的数字也被 Excel 理解为数值，如百分号"%"、货币符号"￥"、千分间隔符 ","，以及科学计数符号"E"等。

Excel 可以表示和存储的数字最大精确到 15 位有效数字。对于超过 15 位的整数数字，例如342 312 345 657 843 742(18 位)，Excel 将会自动将 15 位以后的数字变为零，如 342 312 345 657 843 000。对于大于 15 位有效数字的小数，则会将超出的部分截去。

因此，对于超出 15 位有效数字的数值，Excel 无法进行精确的运算或处理，例如无法比较两个相差无几的 20 位数字的大小，无法用数值的形式存储身份证号码等。用户可以通过使用文本形式来保存位数过多的数字，来处理和避免上面的这些情况，例如，在单元格中输入身份证号码的首位之前加上单引号"'"，或者先将单元格格式设置为文本后，再输入身份证号码。

对于一些很大或者很小的数值，Excel 会自动以科学记数法来表示，例如 342 312 345 657 843 会以科学记数法表示为 3.42312E+14，即为 3.42312×10^{14} 的意思。

▽　日期和时间

在 Excel 中，日期和时间是以一种特殊的数值形式存储的，这种数值形式被称为"序列值"，在早期的版本中也被称为"系列值"。序列值是介于一个大于或等于 0，小于 2 958 466 的数值区间的数值，因此，日期型数据实际上是一个包括在数值数据范畴中的数值区间。

在 Windows 系统中所使用的 Excel 版本中，日期系统默认为"1900 年日期系统"，即以 1900 年 1 月 1 日作为序列值的基准日，当日的序列值计为 1，这之后的日期均以距基准日期的天数作为其序列值，例如 1900 年 2 月 1 日的序列值为 32，2027 年 10 月 2 日的序列值为 46 662。在 Excel 中可以表示的最后一个日期是 9999 年 12 月 31 日，当日的序列值为 2 958 465。

由于日期存储为数值的形式，因此它继承数值的所有运算功能，例如，日期数据可以参与加、减等数值运算。日期运算的实质就是序列值的数值运算。例如，要计算两个日期之间相距的天数，可以直接在单元格中输入两个日期，再用减法运算的公式来求得结果。

日期系统的序列值是一个整数数值，一天的数值单位就是 1，那么 1 小时就可以表示为 1/24 天，1 分钟就可以表示为 1/(24×60)天等，一天中的每一个时刻都可以由小数形式的序列值来表示。例如中午 12:00:00 的序列值为 0.5(一天的一半)，12:05:00 的序列值近似为 0.503 472。

如果输入的时间值超过 24 小时，Excel 会自动以天为单位进行整数进位处理。例如 25:01:00，转换为序列值 1.04 236，即为 1+0.4236(1 天+1 小时 1 分钟)。Excel 中允许输入的最大时间为 9999:59:59:9999。

将小数部分表示的时间和整数部分表示的日期结合起来，就可用序列值表示一个完整的日期时间点。例如，2027 年 10 月 2 日 12:00:00 的序列值为 46 662.5。

▽　文本

文本通常指的是一些非数值型文字、符号等，如企业的部门名称、员工的考核科目、产品的名称等。除此之外，许多不代表数量的、不需要进行数值计算的数字也可以保存为文本形式，如电话号码、身份证号码、股票代码等。所以，文本并没有严格意义上的概念。事实上，Excel 将许多不能理解为数值和公式的数据都视为文本。文本不能用于数值计算，但可以比较大小。

▽　逻辑值

逻辑值是一种特殊的参数，它只有 TRUE(真)和 FALSE(假)两种类型。

例如，公式

```
=IF(A3=0,"0",A2/A3)
```

中的"A3=0"就是一个可以返回 TRUE(真)或 FLASE(假)两种结果的参数。当"A3=0"为 TRUE 时，则公式返回结果为"0"，否则返回"A2/A3"的计算结果。

逻辑值之间进行四则运算时，可以认为 TRUE=1，FLASE=0，例如：

```
TRUE+TRUE=2
FALSE*TRUE=0
```

计算机基础与实训教材系列

逻辑值与数值之间的运算，可以认为 TRUE=1，FLASE=0，例如：

TRUE-1=0

FALSE*5=0

在逻辑判断中，非 0 的不一定都是 TRUE，例如公式：

=TRUE<5

如果把 TRUE 理解为 1，公式的结果应该是 TRUE。但实际上结果是 FALSE，原因是逻辑值就是逻辑值，不是 1，也不是数值，在 Excel 中规定，数字<字母<逻辑值，因此应该是 TRUE>5。

总之，TRUE 不是 1，FALSE 也不是 0，它们不是数值，它们就是逻辑值。只不过有些时候可以把它"当成"1 和 0 来使用。但是逻辑值和数值有着本质的区别。

▽ 错误值

经常使用 Excel 的用户可能都会遇到一些错误信息，如"#N/A!""#VALUE!"等，出现这些错误的原因有多种，如果公式不能计算出正确结果，Excel 将显示一个错误值。例如，在需要数字的公式中使用文本、删除了被公式引用的单元格等。

▽ 公式

公式是 Excel 中一种非常重要的数据，Excel 作为一款电子数据表格软件，其许多强大的计算功能都是通过公式来实现的。

公式通常都是以"="号开头，它的内容可以是简单的数学公式，例如：

=16*62*2600/60-12

也可以包括 Excel 的内嵌函数，甚至是用户自定义的函数，例如：

=IF(F3<H3,"",IF(MINUTE(F3-H3)>30,"50 元","20 元"))

若用户要在单元格中输入公式，可以在开始输入时以一个等号"="开头，表示当前输入的是公式。除了等号外，使用"+"号或者"-"号开头也可以使 Excel 识别其内容为公式，但是在按 Enter 键确认后，Excel 还是会在公式的开头自动加上"="号。

当用户在单元格内输入公式并确认后，默认情况下会在单元格内显示公式的运算结果。从数据类型上来说，公式的运算结果也大致可区分为数值型数据和文本型数据两大类。选中公式所在的单元格后，在编辑栏中会显示公式的内容。

2. 在单元格中输入数据

要在单元格内输入数值和文本类型的数据，用户可以在选中工作表中的单元格后，直接向单元格内输入数据。数据输入结束后按 Enter 键或者方向键都可以确认完成输入。要在输入过程中取消本次输入的内容，则可以按 Esc 键退出输入状态。

【例 6-3】 在"员工通讯录"工作簿的"行政部"工作表中输入数据。 🎬 视频

(1) 继续例 6-2 的操作，将鼠标指针置于 A1 单元格中输入"姓名"，如图 6-13 所示，然后按→键切换至 B1 单元格，如图 6-14 所示。

(2) 继续输入数据(使用方向键↓和←切换单元格)，完成后的"行政部"工作表如图 6-15 所示。

图 6-13　输入数据　　　　　图 6-14　切换单元格　　　　图 6-15　"行政部"工作表

提示

当用户输入数据时(Excel 工作窗口底部状态栏的左侧显示"输入"字样)，原有编辑栏的左边出现两个新的按钮，分别是 × 和 ✓，如图 6-13 所示。如果用户单击 ✓ 按钮，可以对当前输入的内容进行确认，如果单击 × 按钮，则表示取消输入。

3. 修改单元格内容

对于已经存放数据的单元格，用户可以在激活目标单元格后，重新输入新的内容来替换原有数据。但是，如果用户只想对其中的部分内容进行编辑修改，则可以激活单元格进入编辑模式。有以下几种方法可以进入单元格编辑模式。

▽ 双击单元格，在单元格中的原有内容后会出现竖线光标，提示当前进入编辑模式，光标所在的位置为数据插入位置。在内容中不同位置单击鼠标或者右击鼠标，可以移动鼠标光标插入点的位置。用户可以在单元格中直接对其内容进行编辑。

▽ 激活目标单元格后按 F2 快捷键，进入单元格编辑模式。

▽ 激活目标单元格，单击 Excel 编辑栏内部。这样可以将竖线光标定位在编辑栏中，激活编辑栏的编辑模式。用户可以在编辑栏中对单元格原有的内容进行编辑。对于数据内容较多的编辑，特别是对公式的修改，建议用户使用编辑栏的编辑模式。

进入单元格的编辑模式后，工作表窗口底部状态栏的左侧会出现"编辑"字样，用户可以在键盘上按 Insert 键切换"插入"或者"改写"模式。用户也可以使用鼠标或者键盘选取单元格中的部分内容进行复制和粘贴操作。

另外，按 Home 键可以将鼠标光标定位到单元格内容的开头，按 End 键则可以将光标插入点定位到单元格内容的末尾。在修改完成后，按 Enter 键或者单击编辑框左侧的 ✓ 按钮确认输入。

提示

如果在单元格中输入的是一个错误的数据，用户可以输入正确的数据覆盖它，也可以单击【撤销】按钮 ↶(快捷键：Ctrl+Z)撤销本次输入。

4. 自动填充与序列

除了通常的数据输入方式外，如果数据本身包含某些顺序上的关联性，用户可以使用 Excel 所提供的填充功能快速地批量录入数据。

▽ 自动填充

当用户需要在工作表中连续输入某些"顺序"数据时，例如数字 1、2、3、......，星期一、星期二、......，甲、乙、丙、......等，可以利用 Excel 的自动填充功能实现快速输入。

【例6-4】 在"员工通讯录"中自动填充连续的员工"编号"和相同的"邮政编码"。 视频

(1) 继续例6-3的操作，在G1和H1单元格中分别输入"编号"和"邮政编码"，在G2单元格中输入编号XS001，然后将鼠标移至G2单元格中的黑色边框右下角，当鼠标指针显示为黑色十字形状时，按住左键向下拖动至G8单元格，在G列自动填充员工编号XS001~XS007，如图6-16所示。

(2) 在H2单元格中输入210014，将鼠标移至H2单元格中的黑色边框右下角，当鼠标指针显示为黑色十字形状时，按住左键向下拖动至H8单元格，在H列自动填充相同的邮政编码，如图6-17所示。

图6-16 填充连续编号　　　　　　图6-17 填充相同的数据

▽ 序列

在Excel中可以实现自动填充的"顺序"数据被称为序列。在前几个单元格内输入序列中的元素，就可以为Excel提供识别序列的内容及顺序信息，以后Excel在使用自动填充功能时，自动按照序列中的元素、间隔顺序来依次填充。

用户可以在【Excel选项】对话框中查看自动填充的序列，具体操作如下。

(1) 选择【文件】选项卡，在显示的界面中选择【选项】选项，打开【Excel选项】对话框。

(2) 在【Excel选项】对话框中选择【高级】选项卡，然后单击【编辑自定义列表】按钮，如图6-18左图所示。

(3) 打开【自定义序列】对话框，在【自定义序列】列表框中用户可以查看Excel中自动填充的序列，如图6-18右图所示。

图6-18 查看Excel内置序列及自定义序列

5. 删除单元格内容

对于表格中不再需要的单元格内容，如果用户需要将其删除，可以先选中目标单元格(或单元格区域)，然后按Delete键，将单元格中包含的数据删除。但是这样的操作并不会影响单元格中的格式、批注等内容。要彻底地删除单元格中的内容，可以在选中目标单元格(或单元格区域)

后，在【开始】选项卡的【编辑】组中单击【清除】下拉
按钮，在弹出的下拉列表中选择相应的命令，如图 6-19
所示。

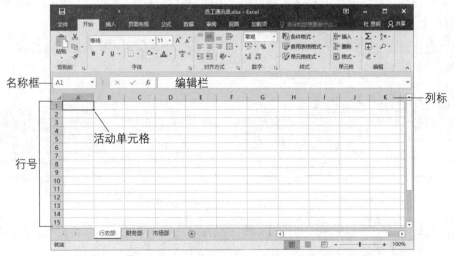

　▽　全部清除：清除单元格中的所有内容，包括数据、
格式、批注等。

　▽　清除格式：只清除单元格中的格式，保留其他内容。

　▽　清除内容：只清除单元格中的数据，包括文本、数
值、公式等，保留其他。

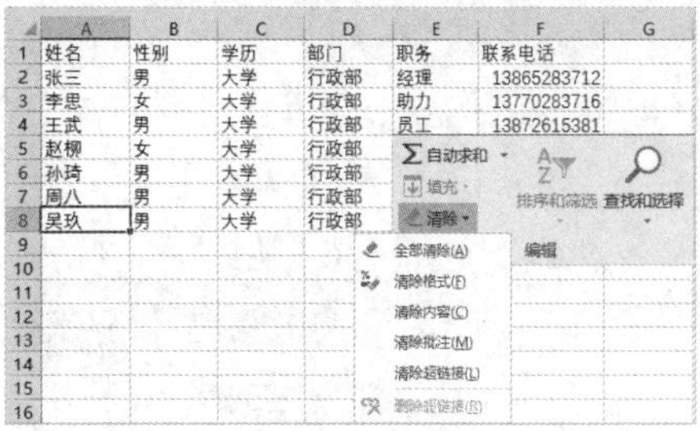

图 6-19　清除单元格中的内容

　▽　清除批注：只清除单元格中附加的批注。

　▽　清除超链接：在单元格中弹出提示按钮，单击该按钮，在弹出的下拉列表中可以选择【仅
清除超链接】或者【清除超链接和格式】选项。

　▽　删除超链接：清除单元格中的超链接和格式。

6.2.5　操作行与列

Excel 工作表由许多横线和竖线交叉而成的一排排格子组成，在由线条组成的格子中，录
入各种数据后就构成了办公中所使用的表。以"员工通讯录"工作簿中的"行政部"工作表为
例，其最基本的结构由横线间隔而出的"行"与由竖线分隔出的"列"组成。行、列相互交叉
所形成的格子称为"单元格"，如图 6-20 所示。

图 6-20　Excel 工作表中的行、列和单元格

在图 6-20 所示的 Excel 工作表中，一组垂直的灰色标签中的阿拉伯数字标识了电子表格的
"行号"；而一组水平的灰色标签中的英文字母则标识了表格的"列标"。在工作表中用于划
分不同行、列的横线和竖线被称为"网格线"。通过行号、列标与网格线，用户可以方便地操
作行、列及单元格(在 Excel 默认设置下，网格线不会随着工作表内容打印)。

计算机基础与实训教材系列

1. 选取行与列

在工作表中选取行与列的方法有以下几种。

▽ 选取单行/单列：在工作表中单击具体的行号和列标标签即可选中相应的整行或整列。当选中某行(或某列)后，此行(或列)的行号标签将会改变颜色，所有的标签将加亮显示，相应行、列的所有单元格也会加亮显示，以标识出其当前处于被选中状态，如图 6-21 所示。

▽ 选取相邻连续的多行/多列：在工作表中单击具体的行号后，按住鼠标左键不放，向上、向下拖动，即可选中与选定行相邻的连续多行，如图 6-22 左图所示。如果单击选中工作表中的列标，然后按住鼠标左键不放，向左、向右拖动，则可以选中相邻的连续多列，如图 6-22 右图所示。

图 6-21　选取单列和单行

图 6-22　选取相邻的多行和多列

▽ 选取不相邻的多行/多列：要选取工作表中不相邻的多行，用户可以在选中某行后，按住 Ctrl 键不放，继续使用鼠标单击其他行号，完成选择后松开 Ctrl 键即可。选择不相邻多列的方法与此类似。

此外，选中工作表中的某行后，按 Ctrl+Shift+方向键↓，若选中行中活动单元格以下的行都不存在非空单元格，则将同时选取该行到工作表中的最后可见行(如图 6-23 所示)；选中工作表中的某列后，按 Ctrl+Shift+方向键→，如果选中列中活动单元格右侧的列中不存在非空单元格，则将同时选中该列到工作表中的最后可见列(如图 6-24 所示)。使用相反的方向键可以选中相反方向的所有行或列。

选中行　　　　按 Ctrl+Shift+↓ 键后的结果

图 6-23　快速选取数据行

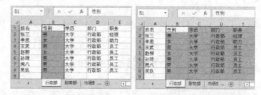

选中列　　　　按 Ctrl+Shift+→键后的结果

图 6-24　快速选取数据列

> **提示**
> 　单击行列标签交叉处的【全选】按钮，或按 Ctrl+A 快捷键可以同时选中工作表中的所有行和所有列，即选中整个工作表中的所有单元格。

2. 调整行高与列宽

在工作表中，用户可以根据表格的制作要求，调整表格中的行高和列宽。

▽ 精确设置行高和列宽

选取列后，在【开始】选项卡的【单元格】组中单击【格式】下拉按钮，在弹出的下拉列表中选择【列宽】命令，打开【列宽】对话框，在【列宽】文本框中输入所需设置的列宽的具

计算机基础与实训教材系列

体数值，然后单击【确定】按钮即可，如图 6-25 左图所示。设置行高的方法与设置列宽的方法类似，如图 6-25 右图所示。

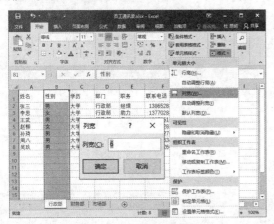 

设置列宽参数值　　　　　　　　　设置行高参数值

图 6-25　设置表格的列宽与行高

此外，选中并右击行或列后，在弹出的快捷菜单中选择【行高】或【列宽】命令，然后在打开的【行高】或【列宽】对话框中设置行高和列宽参数，也可以设置行高和列宽。

▽ 拖动鼠标调整行高和列宽

除了上面介绍的方法外，用户还可以通过在工作表行、列标签上拖动鼠标来改变行高和列宽。以调整行高为例，其具体操作方法是：在工作表中选中行后，当鼠标指针放置在选中的行与相邻的行之间时，将显示如图 6-26 左图所示的黑色双向箭头。此时，按住鼠标左键不放，向上方或下方拖动鼠标即可调整行高。同时，Excel 将显示提示框，提示当前的行高。

提示

拖动鼠标调整列宽的方法与调整行高的方法类似。

▽ 自动调整行高和列宽

当用户在工作表中设置了多种行高和列宽，或表格内容长短、高低参差不齐时，用户可以参考下面介绍的方法，使用【自动调整行高】和【自动调整列宽】命令，快速设置表格的行高和列宽。

【例 6-5】 在工作表中调整表格的行高和列宽。 视频

(1) 继续例 6-4 的操作，选中工作表的第 1 行，将鼠标指针放置在第 1 行和第 2 行标签之间，显示如图 6-26 左图所示的黑色双向箭头后，按住鼠标左键不放向下拖动鼠标，当提示框显示"高度:25.50(34 像素)"时释放鼠标，调整工作表第 1 行的高度，结果如图 6-26 右图所示。

(2) 选中 A1 单元格，先按 Ctrl+Shift+↓ 键，再按 Ctrl+Shift+→ 键选中工作表中所有包含数据的单元格，单击【开始】选项卡【单元格】组中的【格式】下拉按钮，在弹出的下拉列表中选择【自动调整列宽】选项，自动调整选中单元格的列宽，如图 6-27 所示。

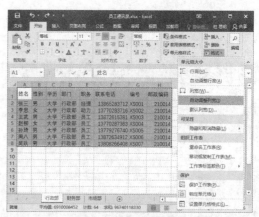

图 6-26　拖动鼠标调整行高　　　　　　　　　图 6-27　自动调整列宽

> **提示**
>
> 　　除了可以使用上面介绍的方法为表格自动设置合适的行高和列宽外,用户还可以通过鼠标操作快速实现对表格中行与列的快速自动设置,具体方法是:同时选中需要调整列宽的多列,将鼠标指针放置在列标签之间的中间线上,当鼠标指针显示为黑色双向箭头图形时,双击鼠标即可完成"自动调整列宽"操作。将鼠标指针放置在选中的多行标签之间的中间线上,当鼠标指针显示为黑色双向箭头图形时,双击鼠标即可完成"自动调整行高"操作。

3. 插入行与列

　　当用户需要在表格中新增一些条目和内容时,需要在工作表中插入行或列。在 Excel 中,在选定行之前(上方)插入新行的方法有以下两种。

　　▽ 选择【开始】选项卡,在【单元格】组中单击【插入】按钮,在弹出的列表中选择【插入工作表行】命令(快捷键:Ctrl+Shift+=)。

　　▽ 右击选中的行,在弹出的快捷菜单中选择【插入】命令(若当前选中的不是整行而是单元格,将打开【插入】对话框,在该对话框中选中【整行】单选按钮,然后单击【确定】按钮即可)。

　　插入列的方法与插入行的方法类似,此处不再赘述。

4. 移动行与列

　　在工作表中选取要移动的行或列后,要执行移动操作,应先对选中的行或列执行剪切操作,方法如下。

　　▽ 在【开始】选项卡的【剪贴板】组中单击【剪切】按钮✂(快捷键:Ctrl+X)。

　　▽ 右击选中的行或列,在弹出的快捷菜单中选择【剪切】命令。

　　行或列被剪切后,将在其四周显示如图 6-28 左图所示的虚线边框。此时,选取移动行的目标位置行的下一行(或该行的第 1 个单元格),然后参考以下几种方法之一执行【插入剪切的单元格】命令即可移动行或列。

　　▽ 在【开始】选项卡的【单元格】组中单击【插入】下拉按钮,在弹出的列表中选择【插入剪切的单元格】命令(快捷键:Ctrl+V)。

▽ 右击鼠标，在弹出的快捷菜单中选择【插入剪切的单元格】命令，如图 6-28 中图所示。
之后，剪切的行将被移至目标位置，如图 6-28 右图所示。

图 6-28　通过右键菜单移动行

【例 6-6】　在"行政部"工作表中调整各列在表格中的位置。　视频

(1) 继续例 6-5 的操作，选中"编号"列，将鼠标指针放置在选中列的边框上，当指针变为黑色十字箭头图标时，按住鼠标左键+Shift 键，如图 6-29 左图所示。

(2) 拖动鼠标，此时将显示一条工字形的虚线，它显示了移动列的目标插入位置，拖动鼠标直至工字形虚线位于移动列的目标位置，如图 6-29 中图所示。

(3) 松开鼠标左键，即可将选中的列移至目标位置，如图 6-29 右图所示。

图 6-29　通过拖动鼠标移动列

提示

移动行和移动列的方法类似。若用户选中连续多行或多列，同样可以通过拖动鼠标对多行或多列同时执行移动操作。但是要注意：无法对选中的非连续多行或多列同时执行移动操作。

5. 复制行与列

要复制工作表中的行或列，需要在选中行或列后参考以下方法先执行【复制】命令。

▽ 选择【开始】选项卡，在【剪贴板】组中单击【复制】按钮(快捷键：Ctrl+C)。

▽ 右击选中的行或列，在弹出的快捷菜单中选择【复制】命令。

行或列被复制后，选中需要复制的目标位置的下一行(选取整行或该行的第 1 个单元格)，选择以下方法之一，执行【插入复制的单元格】命令即可完成复制行或列的操作。

▽ 在【开始】选项卡的【单元格】组中单击【插入】按钮，在弹出的列表中选择【插入复制的单元格】命令(快捷键：Ctrl+V)。

▽ 右击鼠标，在弹出的快捷菜单中选择【插入复制的单元格】命令。

使用鼠标拖动操作复制行或列的方法，与移动行或列的方法类似。

(1) 选中工作表中的某行后，按住 Ctrl 键不放，同时移动鼠标指针至选中行的底部，鼠标指针旁将显示"+"符号图标，如图 6-30 左图所示。

计算机基础与实训教材系列

(2) 拖动鼠标至目标位置，将显示如图 6-30 中图所示的实线框，表示复制的数据将覆盖目标区域中的原有数据。

(3) 释放鼠标即可将选择的行复制到目标行并覆盖目标行中的数据，如图 6-30 右图所示。

图 6-30　通过拖动鼠标复制行

6. 隐藏行与列

在制作需要他人浏览的表格时，若用户不想让别人看到表格中的部分内容，可以通过使用"隐藏"行或列的操作来达到目的。

【例 6-7】　在"员工通讯录"工作簿中隐藏"邮政编码"和"部门"列。 🔘视频

(1) 继续例 6-3 的操作，按住 Ctrl 键选择"部门"和"邮政编码"列，在【开始】选项卡的【单元格】组中单击【格式】下拉按钮，在弹出的下拉列表中选择【隐藏和取消隐藏】|【隐藏列】选项，如图 6-31 左图所示。

(2) 此时工作表中选中的行将被隐藏，如图 6-31 右图所示。

 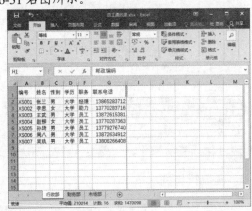

图 6-31　隐藏选中的列

隐藏列的操作与隐藏行的方法类似，选中需要隐藏的列后，单击【单元格】组中的【格式】下拉按钮，在弹出的下拉列表中选择【隐藏和取消隐藏】|【隐藏列】命令即可。隐藏行的实质是将选中行的行高设置为 0；同样，隐藏列实际上就是将选中列的列宽设置为 0。因此，通过菜单命令或拖动鼠标改变行高或列宽的操作，也可以实现行、列的隐藏。

在工作表中隐藏行、列后，包含隐藏行、列处的行号和列标将不再显示连续的标签序号，隐藏行、列处的标签分隔线也会显得比其他的分隔线更粗，如图 6-31 右图所示。

要将隐藏的行、列恢复显示，用户可以使用以下几种方法。

▽ 选中包含隐藏的行、列的整行或整列，右击鼠标，在弹出的快捷菜单中选择【取消隐藏】命令。

▽ 选中工作表中包含隐藏行的区域，在功能区【开始】选项卡的【单元格】组中单击【格式】下拉按钮，在弹出的下拉列表中选择【隐藏和取消隐藏】|【取消隐藏行】命令(快捷键：Ctrl+Shift+9)。显示隐藏列的方法与显示隐藏行的方法类似，选中包含隐藏列的区域，单击【格式】下拉按钮，在弹出的下拉列表中选择【隐藏和取消隐藏】|【取消隐藏列】命令。

▽ 通过设置行高、列宽的方法也可以取消行、列的隐藏状态。将工作表中的行高、列宽设置为 0，可以将选取的行、列隐藏，反之，通过将行高和列宽值设置为大于 0 的值，则可以将隐藏的行、列重新显示。

▽ 选取包含隐藏行、列的区域，在【开始】选项卡的【单元格】组中单击【自动调整行高】命令或【自动调整列宽】命令，即可将其中隐藏的行、列恢复显示。

7. 删除行与列

要删除表格中的行与列，用户可以使用以下方法。

▽ 选中需要删除的整行或整列，在功能区【开始】选项卡的【单元格】组中单击【删除】下拉按钮，在弹出的下拉列表中选择【删除工作表行】或【删除工作表列】选项。

▽ 选中要删除的行、列中的单元格或区域，右击鼠标，在弹出的快捷菜单中选择【删除】命令，打开【删除】对话框，选择【整行】或【整列】单选按钮，然后单击【确定】按钮。

6.2.6　操作单元格

在了解行列的概念和基本操作之后，用户可以进一步学习 Excel 表格中单元格和单元格区域的操作，这是工作表中最基础的构成元素。

1. 选取和定位单元格

在当前的工作表中，无论用户是否曾经用鼠标单击过工作表区域，都存在一个被激活的活动单元格，例如图 6-20 中的 A1 单元格，该单元格即为当前被激活(被选定)的活动单元格。活动单元格的边框显示为黑色矩形边框，在 Excel 工作窗口的名称框中将显示当前活动单元格的地址，在编辑栏中则会显示活动单元格中的内容。

要选取某个单元格为活动单元格，用户只需要使用鼠标或者键盘按键等方式激活目标单元格即可。使用鼠标直接单击目标单元格，可以将目标单元格切换为当前活动单元格，使用键盘方向键及 Page UP、Page Down 等按键，也可以在工作表中选取活动单元格。

除了以上方法以外，在工作窗口中的名称框中直接输入目标单元格的地址也可以快速定位到目标单元格所在的位置，同时激活目标单元格为当前活动单元格。与该操作效果相似的是使用【定位】的方法在表格中选中具体的单元格。

【例 6-8】　在工作表中选取被隐藏的 E6 单元格，并取消其所在列的隐藏状态。

(1) 继续例 6-7 的操作，在【开始】选项卡的【编辑】组中单击【查找和选择】下拉按钮，在弹出的下拉列表中选择【转到】命令(快捷键：F5)。

(2) 打开【定位】对话框，在【引用位置】文本框中输入目标单元格的地址 E6，单击【确定】按钮，如图 6-32 左图所示。

(3) 此时，将选中被隐藏的 E6 单元格，单击【开始】选项卡【格式】组中的【格式】下拉按钮，从弹出的下拉列表中选择【隐藏和取消隐藏】|【取消隐藏列】命令，将取消 E6 单元格所在列的隐藏状态，如图 6-32 右图所示。

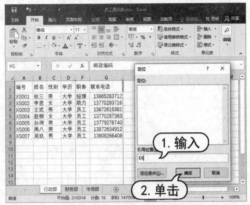
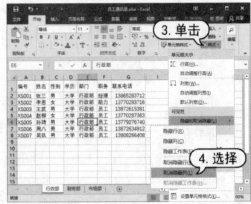

图 6-32　通过定位选中隐藏的 E6 单元格并取消列的隐藏状态

2. 选取单元格区域

单元格"区域"的概念是单元格概念的延伸，多个单元格所构成的单元格群组被称为"区域"。构成区域的多个单元格之间可以是相互连续的，它们所构成的区域就是连续区域，连续区域的形状一般为矩形；多个单元格之间可以是相互独立不连续的，它们所构成的区域就称为不连续区域。对于连续区域，可以使用矩形区域左上角和右下角的单元格地址进行标识，形式为"左上角单元格地址：右下角单元格地址"，例如图 6-33 所示为选中 B2:E8 单元格区域。

Excel 工作表中的单元格区域分为连续区域和不连续区域，要选取连续的单元格区域(例如图 6-33 所示的 B2:E8 区域)，可以使用以下几种方法。

▽ 方法一：选定一个单元格(如 B2 单元格)，按住鼠标左键直接在工作表中拖动来选取相邻的连续区域(至 E8 单元格为止)。

▽ 方法二：选定一个单元格(如 B2 单元格)，按 Shift 键，然后使用方向键在工作表中选择相邻的连续区域。

▽ 方法三：在工作窗口的名称框中直接输入区域地址，例如 B2:E8，按 Enter 键确认后，即可选取并定位到目标区域。此方法可适用于选取隐藏行列中所包含的区域。

▽ 方法四：选定一个单元格(如 B2 单元格)，按 F8 键，进入"扩展"模式，此时再用鼠标单击一个单元格时(如 E8 单元格)，则会选中该单元格与前面选中单元格之间所构成的连续区域。完成后再次按 F8 键，则可以取消"扩展"模式。

如果用户需要在表格中选择不连续单元格区域，可以使用以下几种方法。

▽ 方法一：选定一个单元格，使用鼠标左键拖动选择多个单元格或者连续区域，按住 Ctrl 键然后使用鼠标左键继续拖动在其他位置选择单元格区域，如图 6-34 所示。

图 6-33　选取连续单元格区域

图 6-34　选取不连续单元格区域

▽ 方法二：按 Shift+F8 组合键，可以进入"添加"模式，与上面按 Ctrl 键作用相同。进入添加模式后，再用鼠标选取的单元格或者单元格区域会添加到之前的选取区域当中。

▽ 方法三：在工作表窗口的名称框中输入多个单元格或者区域地址，地址之间用半角状态下的逗号隔开，例如"A1,B4,F7,H3"，按回车键确认后即可选取并定位到目标区域。在这种状态下，最后输入的一个连续区域的左上角或者最后输入的单元格为区域中的活动单元格(该方法适用于选取隐藏行列中所包含的区域)。

▽ 方法四：按 F5 键打开【定位】对话框，在【引用位置】文本框中输入多个地址，也可以选取不连续的单元格区域。

6.2.7　格式化表格

Excel 中表格的整体外观由各个单元格的样式构成，单元格的样式外观在 Excel 的可选设置中主要包括数据显示格式、字体样式、文本对齐、边框样式等。

1. 数据显示格式

在工作表中选中单元格或区域后，用户可以在【开始】选项卡中单击【字体】【对齐方式】【数字】等组右下角的对话框启动器按钮 (快捷键：Ctrl+1)，或者右击单元格，从弹出的快捷菜单中选择【设置单元格格式】命令，打开如图 6-35 所示的【设置单元格格式】对话框，选择【数字】选项卡，设置单元格中数据的显示格式。

2. 字体样式

单元格字体格式包括字体、字号、颜色等。Excel 的默认设置如下：字体为【宋体】、字号为 11 号。选中单元格或区域后，用户可以通过【开始】选项卡中的【字体】组设置单元格中的字体样式，也可以按 Ctrl+1 快捷键，打开【设置单元格格式】对话框，通过选择【字体】选项卡来设置单元格中数据的字体样式，如图 6-36 所示。

3. 文本对齐

选中单元格或区域后，用户可以通过【开始】选项卡的【对齐方式】组设置单元格中文本的对齐方式，也可以在【设置单元格格式】对话框中选择【对齐】选项卡，通过设置【水平对齐】和【垂直对齐】来设置单元格中文本的对齐方式，如图 6-37 所示。

计算机基础与实训教材系列

图 6-35　设置数据格式

图 6-36　设置字体样式

图 6-37　设置文本对齐方式

【例 6-9】 设置"员工通讯录"工作簿中的文本居中对齐，标题字体为"黑体"，加粗显示。 视频

(1) 继续例 6-8 的操作，选中表格第 1 行，按 Ctrl+1 快捷键打开【设置单元格格式】对话框，选择【对齐】选项卡。

(2) 在【对齐】选项卡中，将【水平对齐】和【垂直对齐】设置为【居中】，如图 6-37 所示。

(3) 在【设置单元格格式】对话框中选择【字体】选项卡，在【字体】列表框中选择【黑体】选项，在【字形】列表框中选择【加粗】选项，然后单击【确定】按钮，如图 6-36 所示。

(4) 选中 B2 单元格后，按住 Shift 键单击 G8 单元格，选中 B2:G8 单元格区域，在【开始】选项卡的【对齐方式】组中单击【居中】按钮，设置 B2:G8 单元格区域中的数据居中对齐。

4. 边框样式

在【开始】选项卡的【字体】组中，单击设置边框 下拉按钮，在弹出的下拉列表中用户可以为选中的单元格或区域设置边框(默认边框和绘制边框)。在【设置单元格格式】对话框中选择【边框】选项卡，用户可以为单元格或单元格区域设置边框和边框样式。

【例 6-10】 为"员工通讯录"文档设置边框和边框样式。 视频

(1) 继续例 6-9 的操作，选中 A1 单元格，先按 Ctrl+Shift+→键，再按 Ctrl+Shift+↓键，选中工作表中所有包含数据的单元格。

(2) 单击【开始】选项卡【字体】组中的边框下拉按钮 ，从弹出的下拉列表中选择【所有框线】选项，为选中的单元格区域设置 Excel 默认的黑色边框，如图 6-38 左图所示。

(3) 按 Ctrl+Shift+↑键选中 A1:G1 单元格区域，按 Ctrl+1 快捷键打开【设置单元格格式】对话框，选择【边框】选项卡。

(4) 在【边框】选项卡中将【颜色】设置为红色，在【样式】列表框中选中【粗实线】样式 ，单击【下边框】按钮，如图 6-38 右图所示。

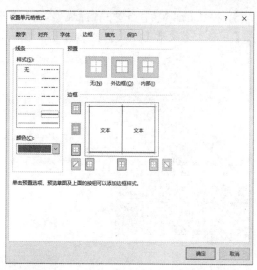

图 6-38 设置表格边框样式

(5) 最后，在【设置单元格格式】对话框中单击【确定】按钮即可。

5. 单元格样式

单元格样式是指一组特定单元格格式的组合。Excel 内置了一些典型的样式，用户可以直接套用这些样式来快速设置单元格格式。

【例 6-11】 为"员工通讯录"应用 Excel 内置的单元格样式。 📹视频

(1) 打开"员工通讯录"工作簿后，在"行政部"工作表中选中 A1:G8 区域，按 Ctrl+C 快捷键执行"复制"命令复制表格，如图 6-39 所示。

(2) 按住 Ctrl 键选中"财务部"和"市场部"工作表标签，然后按 Ctrl+V 快捷键，将复制的表格粘贴至"财务部"和"市场部"工作表的 A1:G8 区域，如图 6-40 所示。

图 6-39 复制表格

图 6-40 将表格粘贴至两个工作表

(3) 单击【开始】选项卡【单元格】组中的【格式】下拉按钮，从弹出的下拉列表中选择【自动调整列宽】选项。

(4) 将鼠标指针放置在表格第 1 行和第 2 行之间，按住鼠标左键向下拖动，调整表格第 1 行的高度(34 像素)，然后选中 A2:G8 区域后右击鼠标，从弹出的快捷菜单中选择【清除内容】命令，如图 6-41 所示，清除"财务部"和"市场部"工作表 A2:G8 区域中的内容。

计算机基础与实训教材系列

(5) 按住 Ctrl 键同时选中"行政部""财务部"和"市场部"工作表标签，选中 A1:G8 区域，单击【开始】选项卡【样式】组中的【单元格样式】下拉按钮，从弹出的下拉列表中选择一种样式将其应用于表格，如图 6-42 所示。

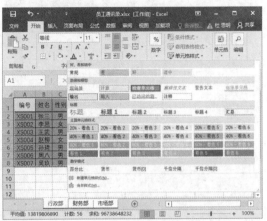

图 6-41　清除表格内容　　　　　　　　　　　图 6-42　应用单元格样式

(6) 最后，分别在"财务部"和"市场部"工作表中输入数据，完成"员工通讯录"的制作，如图 6-43 所示。

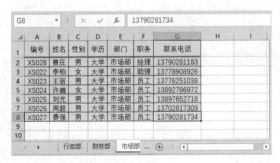

图 6-43　在"财务部"和"市场部"工作表中输入数据

6.2.8　使用【记录单】添加数据

当需要为数据表添加数据时，用户可以直接在表格的下方输入，也可以使用 Excel 的"记录单"功能输入。

【例 6-12】　使用 Excel 的【记录单】功能添加数据。🎬 视频

(1) 打开"员工通讯录"工作簿后选择"市场部"工作表，选中数据表中的任意单元格。

(2) 依次按 Alt、D、O 键，打开记录单对话框。单击【新建】按钮，打开数据列表对话框，在该对话框中根据表格中的数据标题输入相关的数据(可按 Tab 键在对话框中的各个字段之间快速切换)，如图 6-44 左图所示。

(3) 最后，单击【关闭】按钮后即可在数据表中添加新的数据，效果如图 6-44 右图所示。

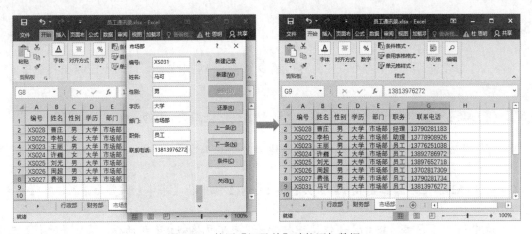

图 6-44 使用【记录单】功能添加数据

执行"记录单"命令后打开的对话框名称与当前的工作表名称一致，该对话框中主要按钮的功能说明如下。

- ▽ 新建：单击【新建】按钮可以在数据表中添加一组新的数据。
- ▽ 删除：删除对话框中当前显示的一组数据。
- ▽ 还原：在没有单击【新建】按钮之前，恢复所编辑的数据。
- ▽ 上一条：显示数据表中的前一组记录。
- ▽ 下一条：显示数据表中的下一组记录。
- ▽ 条件：设置搜索记录的条件后，单击【上一条】和【下一条】按钮可显示符合条件的记录，如图 6-45 所示。

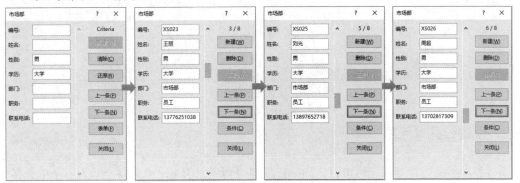

图 6-45 使用记录单搜索记录

6.3 制作销售情况汇总表

销售情况汇总表可以帮助企业管理层更准确地了解企业销售的各方面状况，是日常办公中常用的表格之一。下面将通过制作销售情况汇总表，帮助用户进一步掌握 Excel 的基本操作，包括设置单元格内容跨列居中、合并单元格、查找和替换数据、输入日期和时间、锁定表格标题栏等。

计算机基础与实训教材系列

6.3.1 设置标题跨列居中

在 Excel 中设置跨列居中，可以使内容跨越多个单元格居中显示，同时不影响在其他单元格中输入数据。

【例 6-13】 创建"销售情况汇总表"并设置该表格标题内容跨列居中。 视频

(1) 启动 Excel 2016 后按 Ctrl+N 快捷键创建一个新的工作簿，将默认工作表的名称重命名为"1 月"，然后在工作表中输入标题文本。

(2) 选中 A1 单元格，在【开始】选项卡的【字体】组中将【字体】设置为【黑体】，【字号】设置为 18。

(3) 选中 A1:G1 区域，按 Ctrl+1 快捷键打开【设置单元格格式】对话框，选择【对齐】选项卡，将【水平对齐】设置为【跨列居中】，如图 6-46 左图所示。单击【确定】按钮后，A1 文本框中的标题文本将在 A1:G1 区域中跨列居中，如图 6-46 右图所示。

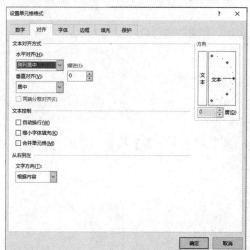 

图 6-46 设置文本跨列居中

6.3.2 设置合并单元格

在 Excel 中通过合并单元格可以将同一行或同一列相邻的多个单元格合并为一个单元格。

【例 6-14】 在"销售情况汇总表"中输入数据，并通过合并单元格处理表格。 视频

(1) 继续例 6-13 的操作，在"1 月"工作表中输入数据，然后选中 B3:B4 区域，在【开始】选项卡的【对齐方式】组中单击【合并后居中】下拉按钮，从弹出的下拉列表中选择【合并单元格】选项，如图 6-47 左图所示。

(2) 在弹出的提示对话框中单击【确定】按钮，将选中的区域合并为 1 个单元格。同时只保留 B3 单元格中的文本。

(3) 选中工作表中的其他区域，按 F4 键重复执行合并单元格操作，完成后的工作表效果如图 6-47 右图所示。

计算机基础与实训教材系列

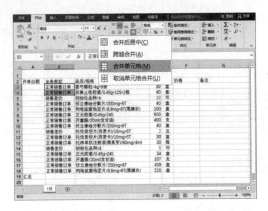

图 6-47　合并单元格

6.3.3　输入日期与时间

在 Excel 中，日期和时间属于一类特殊的数值类型，其特殊的属性使此类数据的输入以及 Excel 对输入内容的识别，都有一些特别之处。

1. 日期的输入和识别

在 Windows 系统的默认日期设置下，可以被 Excel 自动识别为日期数据的输入形式如下。

▽ 使用短横线分隔符 "-" 的输入，如表 6-1 所示。

表 6-1　使用横线分隔符

单元格输入	Excel 识别	单元格输入	Excel 识别
2027-1-2	2027 年 1 月 2 日	27-1-2	2027 年 1 月 2 日
90-1-2	1990 年 1 月 2 日	2027-1	2027 年 1 月 1 日
1-2	当前年份的 1 月 2 日		

▽ 使用包括英文月份的输入，如表 6-2 所示。

表 6-2　使用英文月份

单元格输入	Excel 识别
March 2	
Mar 2	
2 Mar	
Mar-2	当前年份的 3 月 2 日
2-Mar	
Mar/2	
2/Mar	

▽ 使用斜线分隔符 "/" 的输入，如表 6-3 所示。

表 6-3　使用斜线分隔符

单元格输入	Excel 识别	单元格输入	Excel 识别
2027/1/2	2027 年 1 月 2 日	90/1/2	1990 年 1 月 2 日
27/1/2	2027 年 1 月 2 日	2027/1	2027 年 1 月 1 日
1/2	当前年份的 1 月 2 日		

▽ 使用中文"年月日"的输入，如表 6-4 所示。

表 6-4　使用中文

单元格输入	Excel 识别	单元格输入	Excel 识别
2027 年 1 月 2 日	2027 年 1 月 2 日	90 年 1 月 2 日	1990 年 1 月 2 日
27 年 1 月 2 日	2027 年 1 月 2 日	2027 年 1 月	2027 年 1 月 1 日
1 月 2 日	当前年份的 1 月 2 日		

对于以上 4 类可以被 Excel 识别的日期输入，有以下几点补充说明。

▽ 年份的输入方式包括短日期(如 90 年)和长日期(如 1990 年)两种。当用户以两位数字的短日期方式来输入年份时，软件默认将 0~29 的数字识别为 2000 年~2029 年，而将 30~99 的数字识别为 1930 年~1999 年。为了避免系统自动识别造成的错误理解，建议在输入年份时，使用 4 位完整数字的长日期方式，以确保数据的准确性。

▽ 短横线分隔符"-"与斜线分隔符"/"可以结合使用。例如，输入 2027-1/2 与 2027/1/2 都可以表示"2027 年 1 月 2 日"。

▽ 当用户输入的数据只包含年份和月份时，Excel 会自动以这个月的 1 号作为它的完整日期值。例如，输入 2027-1 时，会被系统自动识别为 2027 年 1 月 1 日。

▽ 当用户输入的数据只包含月份和日期时，Excel 会自动以系统当年年份作为这个日期的年份值。例如输入 1-2，如果当前系统年份为 2027 年，则会被 Excel 自动识别为 2027 年 1 月 2 日。

▽ 包含英文月份的输入方式可用于只包含月份和日期的数据输入，其中月份的英文单词可以使用完整拼写，也可以使用标准缩写。

提示

除了上面介绍的可以被 Excel 自动识别为日期的输入方式外，其他不被识别的日期输入方式，则会被识别为文本形式的数据。例如，使用"."分隔符来输入日期 2027.1.2，这样输入的数据只会被 Excel 识别为文本格式，而不是日期格式，从而会导致数据无法参与各种运算，给数据的处理和计算造成不必要的麻烦。

【例 6-15】在"销售情况汇总表"中输入"开单日期"数据。　视频

(1) 继续例 6-14 的操作，选中 A3 单元格后输入"2025 年 1 月 17 日"，然后按 Ctrl+Enter 键，Excel 将自动把输入的日期识别为"2025/1/17"，如图 6-48 左图所示。

(2) 继续在 A 列输入"开单日期"数据，完成后的表格效果如图 6-48 右图所示。

计算机基础与实训教材系列

图 6-48 输入日期

(3) 按 F12 键打开【另存为】对话框，将工作簿以文件名 "一季度销售情况汇总" 保存。

2. 时间的输入和识别

时间的输入规则相对日期比较简单，一般可分为 12 小时制和 24 小时制两种。采用 12 小时制时，用户需要在输入时间后加入表示上午或下午的后缀 "AM" 或 "PM"。例如，输入 "10:31:52 AM" 会被 Excel 识别为上午 10 点 31 分 52 秒，而输入 "10:31:52 PM" 则会被 Excel 识别为下午 10 点 31 分 52 秒。如果输入形式中不包含英文后缀，则 Excel 将默认以 24 小时制来识别输入的时间。

用户在输入时间数据时可以省略 "秒" 的部分，但不能省略 "小时" 和 "分钟" 的部分。例如，输入 "10:32" 将会被自动识别为 10 点 32 分 0 秒，要表示 3 点 15 分 18 秒，需要完整输入 "3:15:18"。

6.3.4 设置数据的数字格式

Excel 提供了多种对数据进行格式化的功能，除了对齐、字体、字号、边框等常用的格式化功能外，更重要的是其 "数字格式" 功能，该功能可以根据数据的意义和表达需求来调整显示外观，完成匹配展示的效果。例如，在图 6-49 中，通过对数据进行格式化设置，可以明显地提高数据的可读性。

	A	B	C
1	原始数据	格式化后的显示	格式类型
2	42856	2017年5月1日	日期
3	-1610128	-1,610,128	数值
4	0.531243122	12:44:59 PM	时间
5	0.05421	5.42%	百分比
6	0.8312	5/6	分数
7	7321231.12	¥7,321,231.12	货币
8	876543	捌拾柒万陆仟伍佰肆拾叁	特殊-中文大写数字
9	3.213102124	000° 00' 03.2"	自定义（经纬度）
10	4008207821	400-820-7821	自定义（电话号码）
11	2113032103	TEL:2113032103	自定义（电话号码）
12	188	1米88	自定义（身高）
13	381110	38.1万	自定义（以万为单位）
14	三	第三生产线	自定义（部门）
15	右对齐	右对齐	自定义（靠右对齐）
16			

图 6-49 通过设置数据格式提高数据的可读性

Excel 内置的数字格式大部分适用于数值型数据，但数字格式并非数值数据专用，文本型的数据同样也可以被格式化。用户可以通过创建自定义格式，为文本型数据提供各种格式化的效果。

计算机基础与实训教材系列

用户可以通过【设置单元格格式】对话框的【数字】选项卡或者快捷键来为表格单元格中的数据设置数字格式。

1. 使用快捷键设置数字格式

通过键盘快捷键可以快速地对目标单元格和单元格区域设定数字格式，具体如下。

▽ Ctrl+Shift+~快捷键：设置为常规格式，即不带格式。

▽ Ctrl+Shift+%快捷键：设置为百分数格式，无小数部分。

▽ Ctrl+Shift+^快捷键：设置为科学记数法格式，含两位小数。

▽ Ctrl+Shift+#快捷键：设置为短日期格式。

▽ Ctrl+Shift+@快捷键：设置为时间格式，包含小时和分钟的显示。

▽ Ctrl+Shift+!快捷键：设置为千位分隔符显示格式，不带小数。

2. 通过对话框设置数字格式

若用户希望在更多的内置数字格式中进行选择，可以通过【设置单元格格式】对话框中的【数字】选项卡来进行数字格式设置。

【例6-16】 在"销售情况汇总表"中将数值设置为人民币格式。 📹视频

(1) 继续例6-15的操作，在F列输入数据后，选中F3:F18单元格区域并按Ctrl+1快捷键打开【设置单元格格式】对话框。

(2) 在【设置单元格格式】对话框的【分类】列表框中选择【货币】选项，在对话框右侧的【小数位数】微调框中设置数值为0，在【货币符号(国家/地区)】下拉列表中选择¥，然后单击【确定】按钮，如图6-50左图所示。

(3) 此时，F列中的数据格式将如图6-50右图所示。

图6-50　为数据设置人民币数字格式

6.3.5　在多个单元格中同时输入数据

如果要在多个单元格中同时输入相同的数据，可以同时选中需要输入相同数据的多个单元格，输入数据后按Ctrl+Enter键。

【例 6-17】 在"销售情况汇总表"的"备注"列同时输入相同的数据。 视频

(1) 继续例 6-16 的操作，按住 Ctrl 键选中 G5、G11 和 G14 单元格。

(2) 输入文本"特批"，然后按 Ctrl+Enter 键。

6.3.6　复制单元格格式

用户可以使用 Excel 的【格式刷】工具快速复制单元格格式。

【例 6-18】 在"销售情况汇总表"中设置表格标题栏格式。 视频

(1) 继续例 6-17 的操作，选中 A2 单元格，在【开始】选项卡的【字体】组中将【字体】设置为【黑体】，在【对齐方式】组中选中【垂直居中】按钮和【水平居中】按钮，如图 6-51 左图所示。

(2) 双击【剪贴板】组中的【格式刷】工具，复制 A2 单元格的格式，然后连续单击表格中的其他单元格，将 A2 单元格的格式应用于被单击的单元格，效果如图 6-51 右图所示。

图 6-51　使用【格式刷】工具快速复制单元格格式

6.3.7　设置单元格填充颜色

选中工作表中的单元格或区域后，在【开始】选项卡的【字体】组中单击【填充颜色】下拉按钮，可以为单元格设置填充颜色。

【例 6-19】 在"销售情况汇总表"中为标题栏设置单元格填充色。 视频

(1) 继续例 6-18 的操作，选中 A2:G2 区域，单击【开始】选项卡中的【填充颜色】下拉按钮，从弹出的列表框中选择【灰色】色块，为区域设置灰色填充色。

(2) 按住 Ctrl 键选中 A5:G5、A11:G11 和 A14:G14 区域，单击【填充颜色】下拉按钮，从弹出的列表框中选择【金色】色块，为多个区域设置金色填充色。

6.3.8　查找和替换数据

如果需要在工作表中查找一些特定的字符串，那么查看每个单元格就太麻烦了，特别是在一个较大的工作表或工作簿中进行查找时。Excel 提供的查找和替换功能可以方便地查找和替换需要的内容。

1. 查找数据

在使用电子表格的过程中，常常需要查找某些数据。使用 Excel 的数据查找功能可以快速查找出满足条件的所有单元格，还可以设置查找数据的格式，这进一步提高了编辑和处理数据的效率。

在 Excel 中查找数据时，可以按 Ctrl+F 快捷键，或者选择【开始】选项卡，在【编辑】组中单击【查找和选择】下拉列表按钮 🔍▾，然后在弹出的下拉列表中选择【查找】选项，打开【查找和替换】对话框。在该对话框的【查找内容】文本框中输入要查找的数据，然后单击【查找下一个】按钮，Excel 会自动在工作表中选定相关的单元格，若想查看下一个查找结果，则再次单击【查找下一个】按钮即可。

另外，在 Excel 的查找和替换中使用星号(*)可以查找任意字符串，例如查找"2025/2*"的销售数据可以找到表格中所有包含"2025/2"的数据；使用问号(?)可以查找任意单个字符，例如查找"?78"可以找到"078"和"178"等；如果要查找通配符，可以输入"~*""~?"，其中"~"为波浪号，如果要在表格中查找波浪号(~)，则可以输入两个波浪号"~~"。

【例 6-20】使用通配符在"销售情况汇总表"中查找开单日期为 2025 年 2 月的数据。 🎬 视频

(1) 继续例 6-19 的操作，按 Ctrl+F 快捷键打开【查找和替换】对话框，在【查找内容】文本框中输入"2025/2*"，然后单击【查找下一个】按钮，可在工作表中依次查找包含"2025/2"的数据，如图 6-52 所示。

(2) 单击【查找全部】按钮，可以在工作表中查找包含"2025/2"的单元格，如图 6-53 所示。单击查找结果中的数据可以切换到相应的单元格。

图 6-52　依次查找数据　　　　　　　图 6-53　查找工作表中所有符合条件的数据

2. 替换数据

在 Excel 中，若用户要统一替换一些内容，则可以使用数据替换功能。通过【查找和替换】对话框，不仅可以查找表格中的数据，还可以将查找的数据替换为新的数据，这样可以提高工作效率。

【例 6-21】在"销售情况汇总表"中将 2 月和 3 月开单日期替换为 1 月。 🎬 视频

(1) 按 Ctrl+H 快捷键，打开【查找和替换】对话框，将【查找内容】设置为【2025/2】，将【替换为】设置为【2025/1】。

(2) 单击【全部替换】按钮后，Excel 将提示进行了几处替换，单击【确定】按钮，如图 6-54 所示。

(3) 将【查找内容】修改为【2025/3】，然后单击【查找下一个】按钮，找到工作表中符合要求的数据，如图 6-55 所示，单击【替换】按钮可以将数据修改为【2025/1】。

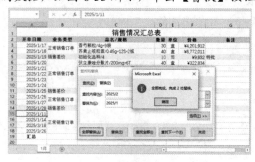

图 6-54　全部替换数据　　　　　　　　　　　　　图 6-55　替换数据

6.3.9　隐藏与锁定单元格

在工作中，用户可能需要将某些单元格或区域隐藏，或者将部分单元格或整个工作表锁定，防止泄露机密或者意外地删除数据。设置 Excel 单元格格式的"保护"属性，再配合"工作表保护"功能，可以帮助用户达到这些目的。

1. 隐藏单元格

要隐藏 Excel 工作表中的单元格(或区域)，用户可以执行以下操作。

(1) 选中需要隐藏内容的单元格或区域后，按 Ctrl+1 快捷键，打开【设置单元格格式】对话框，选择【自定义】选项，将单元格格式设置为";;;"，如图 6-56 左图所示。

(2) 选择【保护】选项卡，选中【隐藏】复选框，单击【确定】按钮，如图 6-56 中图所示。

(3) 选择【审阅】选项卡，在【更改】组中单击【保护工作表】按钮，打开【保护工作表】对话框，单击【确定】按钮即可完成单元格内容的隐藏，如图 6-56 右图所示。

图 6-56　隐藏单元格

2. 锁定单元格

Excel 中的单元格是否可以被编辑，取决于以下两项设置。

▽ 单元格是否被设置为"锁定"状态。

▽ 当前工作表是否执行了【工作表保护】命令。

当用户执行【工作表保护】命令后，所有被设置为"锁定"状态的单元格，将不允许被编辑，而未被执行"锁定"状态的单元格仍然可以被编辑。

要将单元格设置为"锁定"状态，用户可以在【设置单元格格式】对话框中选择【保护】选项卡，然后选中该选项卡中的【锁定】复选框。

6.3.10 打印电子表格

尽管现在都在提倡无纸化办公，但在具体的工作中将电子报表打印成纸质文档还是必不可少的操作。大多数 Office 软件用户都擅长使用 Word 软件打印文档，而对于 Excel 文件的打印，可能并不熟悉。下面将介绍办公中使用 Excel 打印各种表格的一些常用方法。

1. 快速打印表格

如果要快速打印 Excel 表格，最简捷的方法是执行【快速打印】命令。

【例 6-22】 在 Excel 2016 中快速打印"销售情况汇总表"。 😊 视频

(1) 单击 Excel 窗口左上方快速访问工具栏右侧的 下拉按钮，在弹出的下拉列表中选择【快速打印】命令后，会在"快速访问工具栏"中显示【快速打印】按钮，如图 6-57 所示。

(2) 将鼠标悬停在【快速打印】按钮上，可以显示当前的打印机名称(通常是系统默认的打印机)，单击该按钮即可使用当前打印机进行打印。

执行【快速打印】命令时，如果当前工作表没有进行任何有关打印选项的设置，则 Excel 将会自动以默认打印设置打印当前工作表。

2. 打印设置

在【文件】选项卡中选择【打印】选项(快捷键：Ctrl+P)，打开【打印】界面，在该界面中用户可以对表格的打印方式进行更多的设置，如图 6-58 所示。

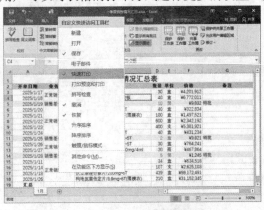
图 6-57　显示【快速打印】按钮

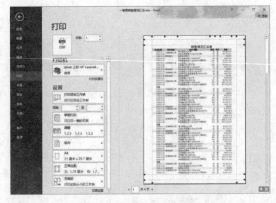
图 6-58　显示打印设置

▽ 打印机：在【打印机】区域的下拉列表框中可以选择当前电脑上所安装的打印机。

▽ 页数：选择打印的页面范围，可以选择全部打印或指定某个页面范围。

▽ 打印活动工作表：可以选择打印的对象。默认为选定工作表，也可以选择整个工作簿或
当前选定区域等。

▽ 份数：可以选择打印文档的份数。

▽ 调整：如果选择打印多份，在【调整】下拉列表中可进一步选择打印多份文档的顺序。
默认为 123 类型逐份打印，即打印完一份完整文档后继续打印下一份副本。如果选择【非
调整】选项，则会以 111 类型按页方式打印，即打印完第一页的多个副本后再打印第二
页的多个副本，以此类推。

▽ 页面设置：单击【页面设置】选项将打开图 6-59 所示的【页面设置】对话框，在该对话
框中用户可以选择【页面】选项卡设置表格的打印方向、缩放比例、纸张大小、打印质
量等；选择【页边距】选项卡可以设置表格的边距和居中方式。

 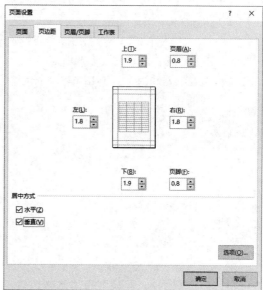

图 6-59　【页面设置】对话框

在【打印】界面中完成打印设置后，单击界面中的【打印】按钮，Excel 将按照设置的打印
方式进行打印。

6.4　实例演练

本章主要介绍 Excel 2016 的基本操作，下面的实例演练将通过视频讲解，指导用户通过上机
实操巩固已掌握的知识。

6.4.1　制作员工信息采集表

员工信息采集表可以帮助企业管理者了解员工的基本情况，比如入职时间、所属部门、基本
工资、学历、专业技术资格等，以便企业加强对员工的管理。

【例 6-23】 使用 Excel 2016 制作“员工信息采集表”工作簿。 视频

(1) 按 Ctrl+N 快捷键创建一个空白工作簿后，将软件默认创建的 Sheet1 工作表改名为“员工信息”，然后在工作表中输入图 6-60 所示的数据。

工号	姓名	性别	籍贯	婚否	身份证号码	入职日期	职务	所属部门	人员性质	基本工资	第一学历(毕业院校)	第二学历(毕业院校)	专业	专业技术资格	备注
1132	王 巍	男	扬州	是			经理	技术部	正式员工	8000	本科(北京大学)	硕士(北京大学)	自动化	工程师	
1131	刘自建	男	南京	否			经理	行政部	正式员工	8000	本科(北京大学)	硕士(北京大学)	计算机	无	
1133	段程鹏	男	苏州	是			经理	行政部	正式员工	8000	本科(南京大学)	硕士(北京大学)	自动化	工程师	
1134	王亚楠	男	北京	是			员工	行政部	正式员工	5000	本科(北京大学)	无	自动化	无	
1124	刘乐乐	女	北京	否			临时	物流部	试用期	5000	本科(三江学院)	无	物流	无	试用期至2025年3月
1128	许朝霞	女	徐州	否			员工	市场部	正式员工	4500	本科(北京大学)	无	自动化	无	
1129	李 娜	女	武汉	否			员工	市场部	正式员工	6000	本科(武汉大学)	无	自动化	无	
1121	李亮辉	男	北京	否			员工	技术部	正式员工	5000	本科(三江学院)	无	自动化	无	
1125	杨晓亮	男	廊坊	否			临时	技术部	试用期	5000	本科(武汉大学)	无	自动化	无	试用期至2025年3月
1122	林雨馨	女	北京	否			员工	市场部	正式员工	4000	本科(武汉大学)	无	自动化	无	
1123	莫静静	女	北京	否			员工	市场部	正式员工	5000	本科(武汉大学)	无	自动化	无	
1126	张珺涵	男	哈尔滨	是			员工	物流部	正式员工	4500	专科(三江大学)	无	物流	无	
1127	姚妍妍	女	哈尔滨	是			经理	市场部	正式员工	7500	本科(武汉大学)	硕士(北京大学)	自动化	工程师	
1123	莫静静	女	北京	是			员工	市场部	正式员工	5000	本科(武汉大学)	无	自动化	无	

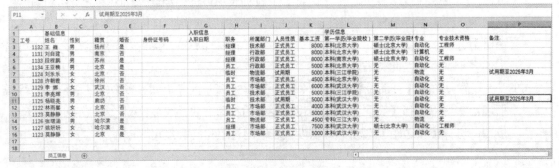

图 6-60 输入表格数据

(2) 设置标题格式，设置【基础信息】【入职信息】【学历信息】跨列居中和单元格背景颜色，设置工作表数据居中对齐，如图 6-61 所示。

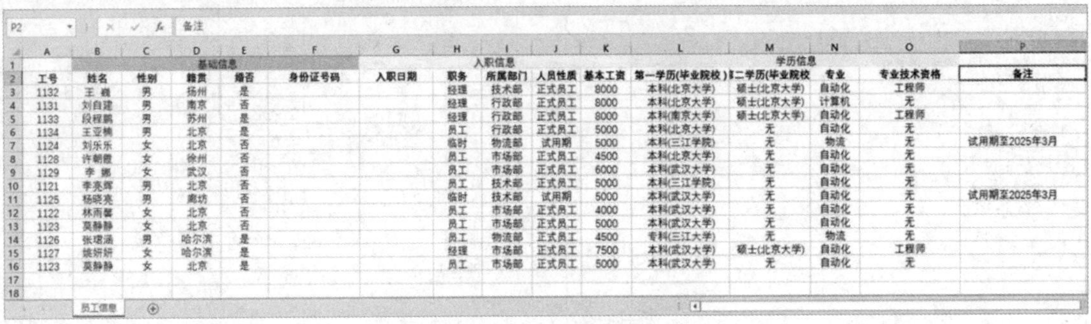

工号	姓名	性别	籍贯	婚否	身份证号码	入职日期	职务	所属部门	人员性质	基本工资	第一学历(毕业院校)	第二学历(毕业院校)	专业	专业技术资格	备注
1132	王 巍	男	扬州	是			经理	技术部	正式员工	8000	本科(北京大学)	硕士(北京大学)	自动化	工程师	
1131	刘自建	男	南京	否			经理	行政部	正式员工	8000	本科(北京大学)	硕士(北京大学)	计算机	无	
1133	段程鹏	男	苏州	是			经理	行政部	正式员工	8000	本科(南京大学)	硕士(北京大学)	自动化	工程师	
1134	王亚楠	男	北京	是			员工	行政部	正式员工	5000	本科(北京大学)	无	自动化	无	
1124	刘乐乐	女	北京	否			临时	物流部	试用期	5000	本科(三江学院)	无	物流	无	试用期至2025年3月
1128	许朝霞	女	徐州	否			员工	市场部	正式员工	4500	本科(北京大学)	无	自动化	无	
1129	李 娜	女	武汉	否			员工	市场部	正式员工	6000	本科(武汉大学)	无	自动化	无	
1121	李亮辉	男	北京	否			员工	技术部	正式员工	5000	本科(三江学院)	无	自动化	无	
1125	杨晓亮	男	廊坊	否			临时	技术部	试用期	5000	本科(武汉大学)	无	自动化	无	试用期至2025年3月
1122	林雨馨	女	北京	否			员工	市场部	正式员工	4000	本科(武汉大学)	无	自动化	无	
1123	莫静静	女	北京	否			员工	市场部	正式员工	5000	本科(武汉大学)	无	自动化	无	
1126	张珺涵	男	哈尔滨	是			员工	物流部	正式员工	4500	专科(三江大学)	无	物流	无	
1127	姚妍妍	女	哈尔滨	是			经理	市场部	正式员工	7500	本科(武汉大学)	硕士(北京大学)	自动化	工程师	
1123	莫静静	女	北京	是			员工	市场部	正式员工	5000	本科(武汉大学)	无	自动化	无	

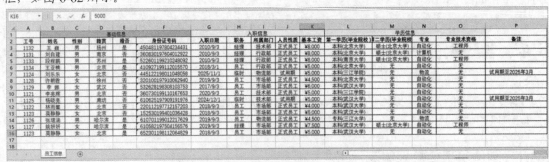

图 6-61 设置标题和数据格式

(3) 设置【身份证号码】列单元格的格式为【文本】；设置【入职日期】列单元格的格式为【日期】；设置【基本工资】列单元格的格式为【货币】，【货币符号】为人民币符号¥。

(4) 在【身份证号码】【入职日期】列输入数据，调整表格的行高和列宽，并为表格添加边框，如图 6-62 所示。

工号	姓名	性别	籍贯	婚否	身份证号码	入职日期	职务	所属部门	人员性质	基本工资	第一学历(毕业院校)	第二学历(毕业院校)	专业	专业技术资格	备注
1132	王 巍	男	扬州	是	450481197804234431	2010/9/3	经理	技术部	正式员工	¥8,000	本科(北京大学)	硕士(北京大学)	自动化	工程师	
1131	刘自建	男	南京	否	360830197604012922	2010/9/3	经理	行政部	正式员工	¥8,000	本科(北京大学)	硕士(北京大学)	计算机	无	
1133	段程鹏	男	苏州	是	522601199210248092	2010/9/3	经理	行政部	正式员工	¥8,000	本科(南京大学)	硕士(北京大学)	自动化	工程师	
1134	王亚楠	男	北京	是	410927199112015570	2018/3/1	员工	行政部	正式员工	¥5,000	本科(北京大学)	无	自动化	无	
1124	刘乐乐	女	北京	否	445122198011048058	2025/11/1	临时	物流部	试用期	¥5,000	本科(三江学院)	无	物流	无	试用期至2025年3月
1128	许朝霞	女	徐州	否	320100197910062940	2019/9/3	员工	市场部	正式员工	¥4,500	本科(北京大学)	无	自动化	无	
1129	李 娜	女	武汉	否	532628198308103753	2017/9/3	员工	市场部	正式员工	¥6,000	本科(武汉大学)	无	自动化	无	
1121	李亮辉	男	北京	否	360730199110167653	2020/9/3	员工	技术部	正式员工	¥5,000	本科(三江学院)	无	自动化	无	
1125	杨晓亮	男	廊坊	否	610625197909191976	2024/12/1	临时	技术部	试用期	¥5,000	本科(武汉大学)	无	自动化	无	试用期至2025年3月
1122	林雨馨	女	北京	否	220112197712157203	2018/9/3	员工	市场部	正式员工	¥4,000	本科(武汉大学)	无	自动化	无	
1123	莫静静	女	北京	否	152530199401036428	2018/9/3	员工	市场部	正式员工	¥5,000	本科(武汉大学)	无	自动化	无	
1126	张珺涵	男	哈尔滨	是	610701199012217629	2019/9/3	员工	物流部	正式员工	¥4,500	专科(三江大学)	无	物流	无	
1127	姚妍妍	女	哈尔滨	是	610582197504156576	2019/9/3	经理	市场部	正式员工	¥7,500	本科(武汉大学)	硕士(北京大学)	自动化	工程师	
1123	莫静静	女	北京	是	652301198112064829	2018/9/3	员工	市场部	正式员工	¥5,000	本科(武汉大学)	无	自动化	无	

图 6-62 输入数据

(5) 选中【基本信息】标题所在的 B1:F1 单元格，按 Alt+Shift+→键，打开【创建组】对话框，选择【列】单选按钮后单击【确定】按钮，在 B1:F1 单元格区域创建组，如图 6-63 所示。

图 6-63　创建组

（6）在图 6-63 中单击创建的组上的⊟按钮，可以将 B 列到 F 列折叠，如图 6-64 所示。在图 6-64 中单击折叠组上的⊞将展开折叠的组。

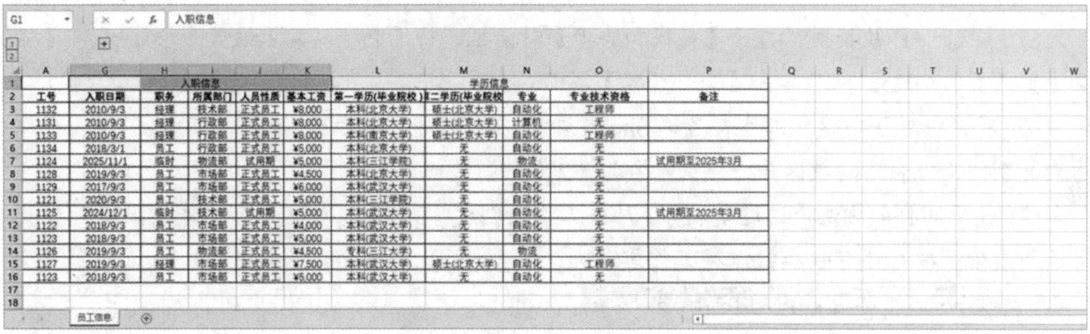

图 6-64　折叠 B 列到 F 列

（7）使用同样的方法为 L 列到 O 列创建组。

（8）最后，按 F12 键打开【另存为】对话框，将工作簿以文件名"员工信息采集表"保存。

6.4.2　制作财务支出统计表

财务支出统计表是企业在一定时期内所发生项目、费用、支出的报表。

【例 6-24】　使用 Excel 2016 制作"本月财务支出统计表"。🎬视频

（1）按 Ctrl+N 快捷键创建一个空白工作簿后，将该工作簿以文件名"本月财务支出统计表"保存。选中 A1:D2 单元格区域，在【开始】选项卡中单击【合并后居中】按钮，合并该单元格区域并在该区域中输入"本月财务支出统计"。

（2）在 A3、B3、C3 和 D3 单元格中分别输入文本【日期】【支出项目】【数量】和【金额】后，选中 A4 单元格。

（3）在 A4:D11 单元格区域中输入数据后，选中 D4:D11 单元格区域，右击鼠标，从弹出的快捷菜单中选择【设置单元格格式】命令，打开【设置单元格格式】对话框，在【分类】列表框中选择【货币】选项，在【小数位数】文本框中输入 0 后，单击【确定】按钮，如图 6-65 所示。

（4）选中 A3:D11 单元格区域，在【开始】选项卡中单击【套用表格格式】下拉按钮，从弹出的下拉列表中选择一种表格样式，在打开的对话框中单击【确定】按钮，如图 6-66 所示。

计算机基础与实训教材系列

图 6-65 设置单元格格式

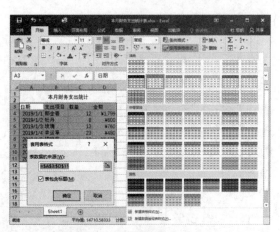

图 6-66 设置表格样式

(5) 按 Ctrl+H 快捷键,打开【查找和替换】对话框,将【查找内容】设置为 2019,将【替换为】设置为 2025,然后单击【全部替换】按钮,如图 6-67 所示。

(6) 将系统默认创建的工作表名称 Sheet1 重命名为 1 月,然后将"1 月"工作表复制一份,清除复制的工作表中的数据并将其重命名为"2 月"。

(7) 使用同样的方法,通过复制"2 月"工作表创建"3 月"~"12 月"工作表,如图 6-68 所示。最后,按 Ctrl+S 快捷键保存工作簿。

图 6-67 替换数据

图 6-68 复制工作表

6.5 习题

1. 简述 Excel 2016 的组成元素。
2. 插入工作表的方法有哪几种?
3. 如何套用内置的单元格样式和表格样式?
4. 如何设置打印工作簿中的所有工作表?
5. 如何设置报表内容居中打印?

第7章

计算与分析表格数据

Excel 不仅有很强的制表功能，还内置了数学、财务、统计、工程等十几类 300 多种函数，并可以利用数据清单和数据透视表管理数据，还有各种数据分析功能，对从事经济管理、工程技术和科研办公的用户都很有帮助。本章将重点介绍 Excel 计算与分析数据的功能，主要包括公式与函数的应用；使用图表将数据可视化；数据的排序、筛选与分类汇总。

➡ 本章重点

- 公式和函数的基础知识
- 数据的分类汇总
- 在 Excel 中创建可视化图表
- 数据排序与筛选
- 使用数据透视表

➡ 二维码教学视频

7.1 使用公式

计算与分析 Excel 工作表中的数据时离不开公式和函数。公式和函数不仅可以帮助用户快速并准确地计算表格中的数据，还可以解决办公中的各种查询与统计问题。

7.1.1 公式的基础知识

公式是 Excel 中由用户自行设计对工作表数据进行计算、查找、匹配、统计和处理的计算式，如=B1+B2+B3、=IF(D3>=60,"达标","不达标")、=SUM(A2:B12)*B2+80 等这种形式的表达式都称为公式。

1. 公式的组成

公式一般以"="开始，其后可以包括运算符、函数、单元格引用和常量。表 7-1 所示为一些常见 Excel 公式的组成。

表 7-1 常见 Excel 公式的组成

公 式	公式的组成
=D1	等号、单元格引用
=D2*5	等号、单元格引用、运算符、常量
=D3+C2	等号、单元格引用、运算符
=(50+40)/2	等号、常量、运算符
=D4&"件"	等号、单元格引用、连接运算符、常量
=SUM(D5:D12)/4	等号、函数、单元格引用、运算符、常量

【例 7-1】 在"销售情况汇总表"的 F19 单元格中计算 F3:F18 区域中数据的汇总。 视频

(1) 打开"销售情况汇总表"，选中 F19 单元格，输入公式"=SUM(F3:F18)"，如图 7-1 左图所示。

(2) 按 Ctrl+Enter 键，即可计算出"价格"列数据的汇总，如图 7-1 右图所示。

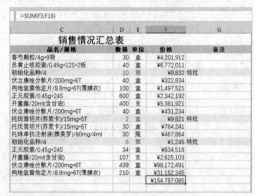

图 7-1 使用公式计算单价汇总

（3）选中 F19 单元格并按 Ctrl+C 快捷键，选取 D19 单元格并按 Ctrl+V 快捷键，可以将公式复制到 D19 单元格，计算"数量"列数据的汇总。

2. 公式中的运算符

运算符用于对公式中的元素进行特定的运算，或者用来连接需要运算的数据对象，并说明进行了哪种公式运算。Excel 中包含算术运算符、比较运算符、文本运算符和引用运算符 4 种类型的运算符，其说明如表 7-2 所示。

表 7-2　公式中的运算符简介

运算符	说　　明	公式举例
:(冒号) (空格), (逗号)	引用运算符	=SUM(C1:C10)
-	负号运算	=(-C2)*D3
%	百分比运算	=C2%
^	乘幂运算	=C2^D3
*(乘) /(除)	乘除运算	=C2*D3
+(加) -(减)	加减运算	=C2+D3+E2
&	连接运算	=C2&C12
=、>、<、>=、<=、<>	比较运算	=IF(C2>=60, "达标","不达标")

【例 7-2】在"销售统计表"中使用公式统计商品 A、商品 B、商品 C 销售量合计值。 📹视频

（1）将鼠标光标定位在 E2 单元格中，输入公式"=B2+C2+D2"，如图 7-2 左图所示。

（2）按 Ctrl+Enter 键即可计算出 1 月份"商品 A""商品 B""商品 C"的销售量。选中 E2 单元格，向下填充公式至 E13 单元格，即可在 E3:E13 单元格分别计算出其他月份的三种商品总销售量，如图 7-2 右图所示。

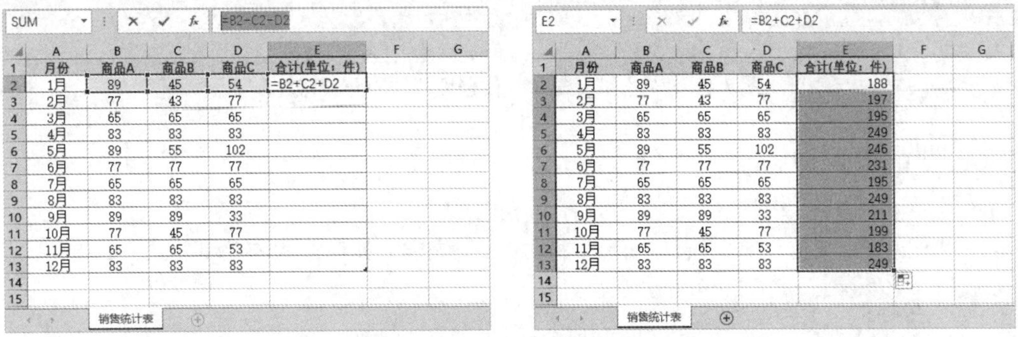

图 7-2　使用公式计算三种商品每个月的总销售量

【例 7-3】在"客户信息"表中使用运算符"&"将省份和地址显示在"完整地址"列。 📹视频

（1）将鼠标光标定位在 C2 单元格，输入公式"=A2&B2"，如图 7-3 左图所示。

计算机基础与实训教材系列

(2) 按 Ctrl+Enter 键可以将 A2、B2 单元格中的文本数据连在一起显示。选中 C2 单元格,向下填充公式,结果如图 7-3 右图所示。

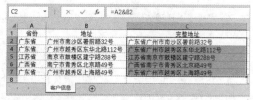

图 7-3　使用公式连接 A 列和 B 列数据

3. 公式中的通配符

在 Excel 中,半角星号 "*" 和半角问号 "?" 都可以作为通配符使用。在公式中使用通配符后,可以实现查找一类数据、对某一类数据进行统计计算等。"*" 和 "?" 的作用如下。

▽ "*" 表示任意多个字符。

▽ "?" 表示任意单个字符。

【例 7-4】 在"销售数据"表中使用公式计算"托伐普坦片"的开单总数。 视频

(1) 将鼠标光标定位在 F2 单元格,输入公式 "=SUMIF(B2:B17,"托伐*",C2:C17) ",如图 7-4 左图所示。

(2) 按 Ctrl+Enter 键,即可在 F2 单元格计算出"托伐普坦片"的开单总数(即所有产品开头名称为"托伐"的都作为计算对象),如图 7-4 右图所示。

图 7-4　使用公式计算"托伐普坦片"的开单总数

7.1.2　公式的输入与修改

要使用公式进行数据计算、统计、查询,用户应首先学会如何输入与编辑公式。

1. 输入公式

在 Excel 中输入公式的基本流程:①单击要输入公式的单元格,然后输入 "=";②输入公式中参与运算的所有内容;③按 Enter 键(或 Ctrl+Enter)即可完成公式的输入并得到结果。

【例 7-5】 在"工资统计"表中输入公式计算"实发工资"。 视频

(1) 将鼠标光标定位在 E2 单元格,输入 "=",如图 7-5 左图所示。

(2) 首先单击 B2 单元格，然后输入加号并单击 C2 单元格，输入减号再单击 D2 单元格，在 B2 单元格生成公式 "=B2+C2−D2"，如图 7-5 中图所示。

(3) 按 Ctrl+Enter 键，即可计算出 "李林" 的 "实发工资"，如图 7-5 右图所示。

图 7-5　使用公式计算 "实发工资"

2. 修改公式

在工作表中输入公式后，双击公式所在的单元格(或者选中单元格后按 F2 键)，公式将重新进入编辑状态。用户可以在公式编辑状态下修改公式。

7.1.3　公式的复制与填充

在 Excel 中进行数据运算的一个优点是公式的可复制性，即在设置一个公式后，当其他位置需要使用相同的公式时，可以通过公式的复制来快速得到批量结果。公式的复制是数据运算中的一项重要内容。

1. 在连续单元格区域中填充公式

选中包含公式的单元格后，单击单元格右下角的填充柄，然后按住鼠标左键拖动即可利用填充柄向连续单元格区域填充公式。

【例 7-6】 在 "工资统计" 表中连续的单元格区域填充公式。 📹视频

(1) 继续例 7-5 的操作，选取 E2 单元格后，将鼠标指针移至该单元格右下角的填充柄上，当指针变为黑色十字形状时(如图 7-6 左图所示)，按住鼠标左键向下拖动至 E8 单元格，如图 7-6 中图所示。

(2) 释放鼠标左键，即可在 E 列得到公司每位员工的实发工资，如图 7-6 右图所示。

图 7-6　填充公式

> **提示**
>
> 选中公式所在的单元格，将鼠标指针移到该单元格的右下角，当鼠标指针变成黑色十字形状时，双击填充柄直接进行填充，则公式所在单元格就会自动向下填充至相邻区域中空行的上一行。这里介绍的公式复制方法适用于数据范围较少的情况，如果数据较多，采用这种方式容易出错。

2. 在大范围区域填充公式

当要输入公式的单元格区域非常大时，采用例 7-6 介绍的方法拖动填充柄的方式填充公式非常耗时，也容易出错。此时，用户可以通过定位单元格区域的方式填充公式。

【例 7-7】 在"工资统计"表中通过准确定位包含公式在内区域的方式填充公式。 📹视频

(1) 继续例 7-5 的操作，选中 E2:E8 区域，

(2) 按 Ctrl+D 快捷键，即可在选中的区域快速填充 E2 单元格中的公式。

3. 将公式复制到其他位置

填充公式时复制公式的过程，除在当前工作表中填充公式以外，用户还可以将公式复制到工作簿的其他工作表中使用。

【例 7-8】 将"市场部"工作表中的公式复制到"行政部"工作表中。 📹视频

(1) 打开"市场部"工作表后，在 E2 单元格中输入公式后按 Ctrl+Enter 键。

(2) 选中 E2 单元格，按 Ctrl+C 快捷键复制公式，如图 7-7 左图所示。

(3) 选择"行政部"工作表，选中 E2:E8 区域，按 Ctrl+V 快捷键粘贴复制的公式，如图 7-7 中图所示。此时，将在 E 列计算出"行政部"员工的"实发工资"，如图 7-7 右图所示。

图 7-7　将公式复制到其他工作表的单元格区域

7.1.4　公式的保护与隐藏

在工作表中使用公式后，为了保护公式不被破坏，可以设置保护或隐藏公式。设置之后，工作表其他数据都可以编辑，但是公式不能被编辑。

1. 保护公式

通过【设置单元格格式】对话框，用户可以设置保护单元格中的公式。

【例 7-9】 在"工资统计"表中设置保护 E2:E8 区域中的公式。 📹视频

(1) 继续例 7-7 的操作，选中所有表格数据区域，按 Ctrl+1 快捷键打开【设置单元格格式】对话框。

(2) 在【设置单元格格式】对话框中选择【保护】选项卡，取消【锁定】复选框的选中状态，单击【确定】按钮，如图 7-8 左图所示。

(3) 按 F5 键打开【定位】对话框，单击【定位条件】按钮，打开【定位条件】对话框，选中【公式】单选按钮后，单击【确定】按钮，如图 7-8 中图所示。选中表格数据区域中所有包含公式的单元格。

(4) 再次按 Ctrl+1 快捷键打开【设置单元格格式】对话框，选中【保护】选项卡中的【锁定】复选框，然后单击【确定】按钮，如图 7-8 右图所示。

图 7-8　设置锁定包含公式的单元格

(5) 在功能区中选择【审阅】选项卡，单击【更改】组中的【保护工作表】按钮，打开【保护工作表】对话框。

(6) 在【保护工作表】对话框的【取消工作表保护时使用的密码】文本框中输入密码后，单击【确定】按钮，如图 7-9 左图所示。

(7) 在【确认密码】对话框中再次输入密码并单击【确定】按钮，如图 7-9 中图所示。

(8) 返回工作表，尝试编辑 E3 单元格中的公式，将会弹出图 7-9 右图所示的提示框。

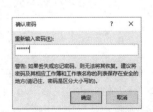

图 7-9　设置保护公式

> 💿 提示
>
> 如果要取消保护工作表中的公式，用户可以单击【审阅】选项卡中的【撤销保护工作表】按钮，然后在打开的对话框中输入工作表保护密码并单击【确定】按钮。

2. 隐藏公式

在 Excel 中，可以将工作表中的公式隐藏起来，防止被其他用户看到，同时也可以随时编辑公式所在的单元格。

【例 7-10】 在"工资统计"表中设置隐藏 E2:E8 区域中的公式。 视频

(1) 打开"工资统计"表后选中所有表格数据区域，按 Ctrl+1 快捷键打开【设置单元格格式】对话框，在【保护】选项卡中取消【锁定】复选框的选中状态，然后单击【确定】按钮。

(2) 按 F5 键打开【定位】对话框，单击【定位条件】按钮，打开【定位条件】对话框，选中【公式】单选按钮后，单击【确定】按钮。选中表格数据区域中所有包含公式的单元格。

(3) 再次按 Ctrl+1 快捷键打开【设置单元格格式】对话框，选择【保护】选项卡，选中【隐藏】复选框后单击【确定】按钮。

(4) 在功能区中选择【审阅】选项卡，单击【更改】组中的【保护工作表】按钮，打开【保护工作表】对话框，在【取消工作表保护时使用的密码】文本框中输入密码后单击【确定】按钮。

(5) 在打开的【确认密码】对话框中再次输入密码后单击【确定】按钮。

(6) 此时，选中含有公式的单元格，编辑栏中将不显示任何内容(公式被隐藏)。

> 提示
> 保护工作表功能仅对保护状态为"锁定"的单元格有效。因 Excel 默认所有单元格的保护状态为"锁定"，为保留对非公式区域的操作权限，在保护工作表之前需要全选工作表区域，设置解除所有单元格的锁定状态。

7.2 使用函数

Excel 中的函数与公式一样，都可以快速计算数据。公式是由用户自行设计的对单元格进行计算和处理的表达式，而函数则是在 Excel 中已经被软件定义好的公式。

7.2.1 函数的基础知识

函数是应用于公式中的一个非常重要的元素，函数可以看作是 Excel 预定义的可以解决某些特定运算的计算式，有了函数的参与，可以解决非常复杂的手工计算，甚至是无法通过手工完成的计算。

1. 函数的概念和特点

Excel 的工作表函数是预先定义并按照特定算法来执行计算的功能模块，函数名称不区分大小写。

函数具有简化公式、提高编辑效率的特点，某些简单的计算可以通过自行设计的公式完成，如需要对 D4:D6 区域求和时，可以使用"=D4+D5+D6"公式完成，但如果要对 D4:D100 区域或

更大范围的区域求和，逐个单元格相加的做法将变得复杂。此时，使用 SUM 函数则可以大大简化这些公式，使之更易于输入和修改，以下公式可以得到 D4:D100 区域中所有数值的和。

=SUM(D4:D100)

其中 SUM 是求和函数，D4:D100 是需要求和的区域，表示对 D4:D100 区域执行求和计算。

使用公式对数据汇总，相当于在数据之间搭建一个关系模型，当数据源中的数据发生变化时，无须对公式再次编辑，即可实时得到最新的计算结果。同时，也可以将已有的公式快速应用到具有相同样式和相同运算规则的新数据源中。

2. 函数的结构

Excel 函数由函数名称、左括号、函数参数和右括号组成。一个公式中可以同时使用多个函数或计算式。

大部分函数有一个或多个参数，如 SUM(D1:D2,D4:D100)就是使用了 D1:D2 和 D4:D100 两个参数。少量函数没有参数，如返回系统日期和时间的 NOW 函数、生成随机数的 RAND 函数，仅由等号、函数名称和一对括号组成。部分函数的参数可以省略，如返回行号的 ROW 函数、返回列标的 COLUMN 函数。

函数的参数可以使用字符、单元格引用或其他函数的结果，当使用一个函数的结果作为另一个函数的参数时，称为函数的嵌套。

3. 可选参数与必需参数

一些函数可以仅使用其部分参数，如 SUM 函数可以支持 255 个参数，其中第 1 个参数为必需参数，不能省略，第 2～255 个参数都可以省略。在函数语法中，可选参数用一对方括号 "[ ]" 包含起来；当函数有多个可选参数时，可从右向左依次省略参数。例如，以下函数中 number1 为必需参数，number2 为可选参数。

SUM(number1,number2, ...)

此外，有些参数可以省略参数值，在前一参数后仅使用一个逗号，用以保留参数的位置，这种方式称为"省略参数的值"或"简写"，常用于代替逻辑值 FALSE、数值 0 或空文本等参数值。

4. 常用函数类型

根据不同的功能，Excel 函数分为文本函数、信息函数、逻辑函数、查找与引用函数、日期与时间函数、统计函数、数学与三角函数、财务函数、工程函数、多维数据集函数、兼容性函数和 Web 函数等多种类型。其中兼容性函数是对早期版本中的函数进行了精确的改进，或是为了更好地反映其用法而更改了函数的名称。

在实际应用中，函数的功能被不断开发挖掘，不同类型的函数能够解决的问题也不仅仅局限于某个类型。函数的灵活性和多变性，也正是学习函数的乐趣所在。Excel 中的内置函数有数百个，但是在日常工作中办公人员并不需要学习所有的函数，掌握使用频率较高的一些函数及这些函数的组合嵌套使用，就可以应对办公中绝大部分的任务需求。

计算机基础与实训教材系列

197

5. 函数的易失性

如果在工作中使用了易失性函数，当在工作表中输入或编辑任意单元格的数据时，都会使这些函数重新计算。

常见的易失性函数主要有以下几种。

▽ 获取随机数的 RAND 和 RANDBETWEEN 函数，每次编辑会自动产生新的随机值。

▽ 获取当前日期、时间的 TODAY、NOW 函数，每次返回当前系统的日期、时间。

▽ 返回单元格引用的 OFFSET、INDIRECT 函数，每次编辑都会重新定位实际的引用区域。

▽ 获取单元格信息的 CELL 函数和 INFO 函数，每次编辑都会刷新相关信息。

此外，SUMF 函数与 INDEX 函数在实际应用中，当公式的引用区域具有不确定性时，每当其他单元格被重新编辑，也会引发工作簿重新计算。

7.2.2 函数的学习方法

在函数的使用过程中，参数的设置是关键。用户可以通过插入函数参数向导学习函数的设置，还可以通过 Excel 内置的帮助功能学习函数的使用方法。

1. 查看新函数的参数

在 Excel 中，用户可以通过插入函数参数向导学习函数的设置。

【例 7-11】 在"销售统计"表中使用 RANK 函数计算商品销量排名。 🎬视频

(1) 打开"销售统计"表后，将鼠标光标定位在 E2 单元格，输入公式"=RANK("，将光标定位在括号内，将显示 RANK 函数的所有参数，如图 7-10 所示。

(2) 如果用户想更清楚地了解函数每个参数如何设置，可以单击编辑栏左侧的【插入函数】按钮 *fx*，打开【插入函数】对话框，选择要了解的函数后，单击【确定】按钮打开图 7-11 所示的【函数参数】对话框。

(3) 将鼠标光标定位在【函数参数】对话框的不同参数编辑框中，对话框中将显示对该参数的解释，从而便于用户正确设置参数。

图 7-10 输入 RANK 函数时显示的提示

图 7-11 查看函数参数

(4) 在【函数参数】对话框中单击【确定】按钮，即可计算 D2 单元格数据在 D2:D16 区域数据中的排名。

(5) 拖动 D2 单元格右下角的填充柄至 D16 单元格，向下填充公式在 D 列计算销售排名。

2. 使用帮助学习函数

用户如果对函数的功能和参数不熟悉，也可以通过 Excel 提供的帮助信息来使用函数。

具体操作方法如下。

(1) 单击编辑栏左侧的【插入函数】按钮 f_x，打开【插入函数】对话框，在【选择函数】列表框中选择要使用的函数，单击【有关该函数的帮助】选项，如图 7-12 所示。

(2) 此时将打开【Excel 帮助】窗口显示选中函数的相关信息和具体操作示例。

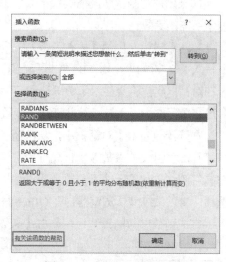

图 7-12　【插入函数】对话框

7.2.3　函数的输入

使用函数参与公式的计算时，需要在公式中输入函数并正确设置函数的参数。

1. 使用【自动求和】按钮插入函数

在 Excel 功能区的【开始】选项卡和【公式】选项卡中单击【自动求和】按钮 Σ(快捷键：Alt+=)，将在工作表中插入用于求和的 SUM 函数，如图 7-13 左图所示。

单击【自动求和】下拉按钮，在弹出的下拉列表中包含求和、平均值、计数、最大值和最小值等选项，如图 7-13 右图所示。

图 7-13　自动求和

当要计算的表格区域处于筛选状态，或是已经转换为"表格"时，单击【自动求和】按钮将应用 SUBTOTAL 函数的相关功能(该函数仅统计可见单元格)。

2. 使用【插入函数】向导搜索函数

如果用户对函数所属的类别不太熟悉,可以使用图 7-12 所示的【插入函数】对话框来选择或搜索所需的函数。

单击编辑栏左侧的【插入函数】按钮 f_x ,打开【插入函数】对话框后,在【搜索函数】文本框输入关键字(如"平均"),单击【转到】按钮,对话框中将显示推荐的函数列表,选择具体函数后在对话框底部将会显示函数语法和简单的功能说明(如图 7-14 左图所示),单击【确定】按钮,即可在单元格中插入该函数并打开【函数参数】对话框(如图 7-14 中图所示)。

在【函数参数】对话框中,从上而下由函数名、参数编辑框、函数简介及参数说明和计算结果等几部分组成。参数编辑框允许用户直接输入参数或单击右侧的折叠按钮 选取单元格区域,在其右侧将实时显示输入参数及计算结果预览。如果单击对话框左下角的【有关该函数的帮助】选项,将以系统默认浏览器打开 Office 帮助页面显示函数的帮助信息。

完成函数参数的设置后,单击【函数参数】对话框中的【确定】按钮,即可在工作表中使用函数计算出相应的结果,如图 7-14 右图所示。

图 7-14　通过 Excel 函数库搜索函数

3. 使用函数库插入已知类别的函数

在功能区选择【公式】选项卡,在【函数库】组中 Excel 按照内置函数分类提供了【财务】【逻辑】【文本】【日期和时间】【查找与引用】【数学和三角函数】【其他函数】等多个下拉按钮。用户可以根据需要单击相应的下拉按钮,在弹出的下拉列表中选择合适的函数将其应用于单元格或区域中。

4. 手动输入函数

用户可以直接在单元格或编辑栏中手动输入函数。

手动输入函数时,Excel 能够根据用户输入公式时的关键字,显示候选的函数和已定义的名称列表。例如,在单元格中输入"=if"或"=IF"后,Excel 将自动显示所有包含"IF"的函数名称候选列表,随着输入字符的变化,候选列表中的内容也会随之更新。

7.2.4　函数的修改与删除

设置函数后,如果发现设置有误可以重设函数的参数并保留暂未设置完成的函数。

1. 重设函数参数

在工作表中双击公式(函数)所在的单元格，进入编辑状态后即可重新修改其参数。

【例 7-12】 在"培训考试成绩表"中修改函数参数，计算"电脑操作"项的平均成绩。 🎬视频

(1) 打开"培训考试成绩表"工作表后，双击公式所在的 F2 单元格，进入编辑状态，选中需要修改的 C2:E2 区域，如图 7-15 左图所示。

(2) 输入新的函数参数 E2:E10，按 Ctrl+Enter 键即可修改公式，在 F2 单元格计算"电脑操作"项所有员工的平均成绩，如图 7-15 右图所示。

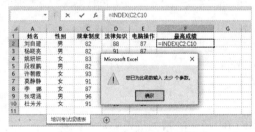 

图 7-15　修改公式中的函数参数

2. 保留暂未设置完成的函数

有时在输入公式时由于没有考虑全面，导致无法一次性完成公式中函数参数的输入。此时，可以将未设置完成的公式保留，等到以后再继续设置。具体方法如下。

(1) 当公式没有输入完成时，无法直接退出，强行退出将弹出图 7-16 所示的错误提示对话框(此时，用户除非删除公式否则无法退出公式输入)。

(2) 用户可以在公式没有完成输入时，在"="前面加一个空格，公式就可以文本形式保留，如图 7-17 所示。

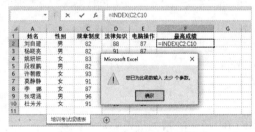

图 7-16　公式未输入完成提示

图 7-17　以文本方式保留公式

(3) 如果用户想要继续编辑公式，只需要将光标定位在单元格中，将公式中"="前的空格删除，然后按 Enter 键即可。

7.2.5　嵌套函数

在使用公式进行运算时，有时为了进行更复杂的条件判断、完成更复杂的计算，还需要嵌套使用函数，用一个函数的返回结果作为前面函数的参数使用。日常工作中使用嵌套函数的场合较多，下面将举例介绍。

【例 7-13】 在"培训考试成绩表"中使用嵌套函数判断员工培训结果是否"合格"。 📹视频

(1) 打开"培训考试成绩表"工作表后将鼠标光标定位在 F2 单元格，输入"=AND("。

(2) 输入 AND 函数的全部参数"=AND(C2>60,D2>60,E2>60)"，如图 7-18 所示。

(3) 在 AND 函数外侧输入嵌套的 IF 函数"=IF(AND (C2>60,D2>60,E2>60)"。注意函数后面要带上左括号"("。

(4) 将"AND(C2>60,D2>60,E2>60)"作为 IF 函数的第一个参数使用，因此在后面输入","，接下来输入 IF 函数的第二个和第三个参数"=IF(AND(C2>60,D2>60,E2>60),"合格","不合格""。

(5) 最后输入右括号")"，完成嵌套函数公式的输入，按 Ctrl+Enter 键，即可在 F2 单元格判断第一位员工的成绩是否合格。

(6) 向下复制公式，判断出其他员工的考试成绩是否达标，如图 7-19 所示。

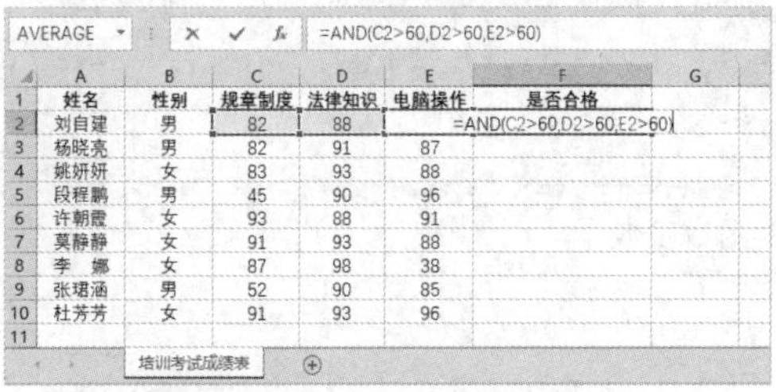

图 7-18　输入 AND 函数全部参数 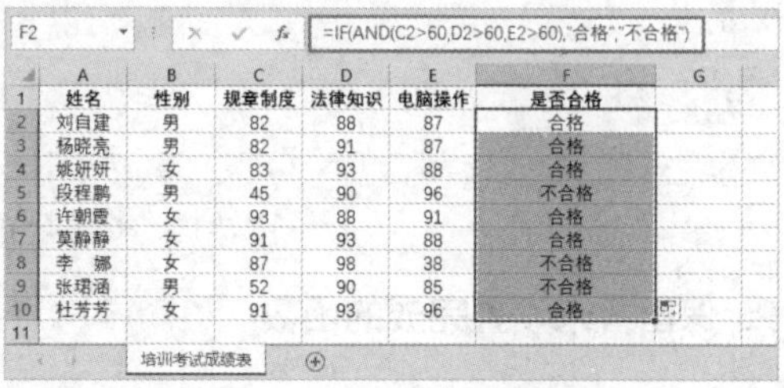　　　　图 7-19　嵌套函数应用结果

IF 函数只能判断一项条件，当条件满足时返回某一个值，不满足时返回另一个值。在本例中要求一次判断三项条件，即表格中【规章制度】【法律知识】【电脑操作】的成绩必须同时满足">60"这个条件，同时满足时返回"合格"；只要有一项不满足，则返回"不合格"。因此，单独使用一个 IF 函数无法实现判断。此时，在 IF 函数中嵌套一个 AND 函数判断两项条件是否都满足，AND 函数用于判断给定的所有条件是否都为"真"(如果都为"真"返回 TRUE，否则返回 FALSE)，然后使用它的返回值作为 IF 函数的第一个参数。

7.3　数据的简单分析

在办公中使用 Excel 做数据分析就是在工作簿中对收集到的数据进行排序、筛选、分类汇总和可视化处理，从而发现数据中的规律和趋势。

7.3.1　数据表的规范化处理

在 Excel 中对数据进行排序、筛选和汇总之前，用户首先需要按照一定的规范将自己的数据整理在工作表内，形成规范的数据表。Excel 数据表通常由多行、多列的数据组成，其结构如图 7-20 所示(第一行为文本字段的标题，并且没有重复的标题；每列的数据类型都相同；工作表中如果有多个数据表，应用空行或空列分隔)。

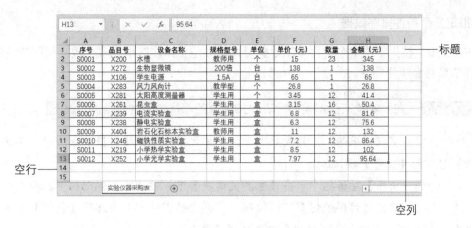

图 7-20　规范的数据表

在制作类似图 7-20 所示的数据表时，用户应注意以下几点。

▽ 在表格的第一行(即"表头")为其对应的一列数据输入描述性文字。

▽ 如果输入的内容过长，可以使用"自动换行"功能避免列宽增加。

▽ 表格的每一列应输入相同类型的数据。

▽ 为数据表的每一列应用相同的单元格格式。

7.3.2　数据排序

数据排序是指按一定规则对数据进行整理、排列，这样可以为数据的进一步处理做好准备。Excel 2016 提供了多种方法对数据清单进行排序，可以按升序、降序的方式，也可以按用户自定义的方式排序。

在图 7-21 左图中，未经排序的【金额】列数据顺序杂乱无章，不利于查找与分析数据。此时，选中【金额】列中的任意单元格(或区域)，在【数据】选项卡的【排序和筛选】组中单击【降序】按钮 ，即可快速以"降序"方式重新对数据表【金额】列中的数据进行排序，结果如图 7-21 右图所示。

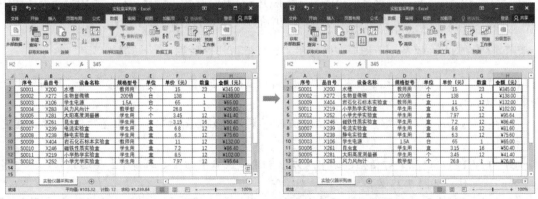

图 7-21　数据排序

同样，单击【排序和筛选】组中的【升序】按钮 ，可以对【奖金】列中的数据以"升序"方式进行排序。

计算机基础与实训教材系列

1. 指定多个条件排序数据

在 Excel 中，按指定的多个条件排序数据可以有效避免排序时出现多个数据相同的情况，从而使排序结果符合工作需要。

【例 7-14】 在"实验室仪器采购"表中按多个条件排序表格数据。 📀视频

(1) 打开"实验室仪器采购"工作表后选中任意单元格，选择【数据】选项卡，单击【排序和筛选】组中的【排序】按钮🔢。

(2) 在打开的【排序】对话框中单击【主要关键字】下拉按钮，在弹出的下拉列表中选择【金额(元)】选项；单击【排序依据】下拉按钮，在弹出的下拉列表中选择【数值】选项；单击【次序】下拉按钮，在弹出的下拉列表中选择【降序】选项。

(3) 在【排序】对话框中单击【添加条件】按钮，添加次要关键字，然后单击【次要关键字】下拉按钮，在弹出的下拉列表中选择【单价(元)】选项；单击【排序依据】下拉按钮，在弹出的下拉列表中选择【数值】选项；单击【次序】下拉按钮，在弹出的下拉列表中选择【降序】选项，如图 7-22 左图所示。

(4) 完成以上设置后，在【排序】对话框中单击【确定】按钮，即可按照"金额(元)"和"单价(元)"数据的"降序"条件对工作表中选定的数据进行排序，如图 7-22 右图所示。

图 7-22　按两个条件降序排序数据

2. 按笔画条件排序数据

在默认设置下，Excel 对汉字的排序方式按照其拼音的"字母"顺序进行。当用户需要按照中文的"笔画"顺序来排列汉字(例如，"姓名"列中的人名)，可以执行以下操作。

【例 7-15】 在"员工考核"表中按员工姓氏笔画排序数据。 📀视频

(1) 打开"员工考核"表后选中任意单元格，在【数据】选项卡的【排序和筛选】组中单击【排序】按钮🔢。

(2) 打开【排序】对话框，设置【主要关键字】为【姓名】，【次序】为【升序】，单击【选项】按钮。

(3) 打开【排序选项】对话框，选中【方法】选项区域中的【笔画排序】单选按钮，然后单击【确定】按钮，如图 7-23 左图所示。

(4) 返回【排序】对话框后单击【确定】按钮。此时，"员工考核"表中的数据将以【姓名】列姓氏笔画顺序进行排序，结果如图 7-23 右图所示。

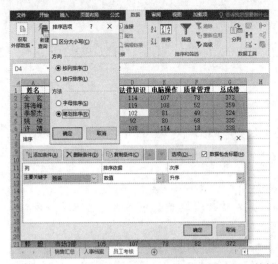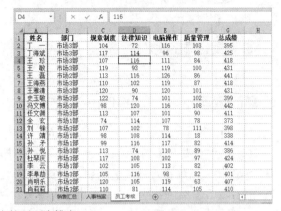

图 7-23　按姓名笔画顺序排序

3. 按自定义条件排序数据

在 Excel 中，用户可以根据需要自行设置排序的条件，按自定义条件排序数据。

【例 7-16】在"楼盘销售信息"表中自定义条件排序"开发公司"列数据。 🎬视频

(1) 打开"楼盘销售信息"表后选中任意单元格，在【数据】选项卡的【排序和筛选】组中单击【排序】按钮。

(2) 打开【排序】对话框，单击【主要关键字】下拉按钮，在弹出的下拉列表中选择【开发公司】选项；单击【次序】下拉按钮，在弹出的下拉列表中选择【自定义序列】选项，如图 7-24 左图所示。

(3) 在打开的【自定义序列】对话框的【输入序列】文本框中输入自定义排序条件"仁恒,绿地,富力"后，单击【添加】按钮，然后单击【确定】按钮。

(4) 返回【排序】对话框后，在该对话框中单击【确定】按钮，即可完成自定义排序操作(表格中"开发公司"列数据将按"仁恒""绿地""富力"的顺序排列)，如图 7-24 右图所示。

计算机基础与实训教材系列

图 7-24　自定义排序

4. 针对区域排序数据

如果用户只需要在数据表中对某一个单元格区域内的数据进行排序，可以在选中该区域后，执行【排序】命令。

5. 针对行排序数据

如果用户需要针对数据表中的行排序数据，可以执行以下操作。

【例 7-17】 在"1-9月销量汇总"表中设置按行排序"销量"数据。 视频

(1) 打开"1-9月销量汇总"表后单击【数据】选项卡中的【排序】按钮。

(2) 打开【排序】对话框，单击【选项】按钮，打开【排序选项】对话框，选中【按行排序】单选按钮，单击【确定】按钮，如图 7-25 左图所示。

(3) 返回【排序】对话框，单击【主要关键字】下拉按钮，在弹出的下拉列表中选择【行1】选项，单击【次序】下拉按钮，在弹出的下拉列表中选择【降序】选项，然后单击【确定】按钮。

(4) 此时，表格中数据的排序效果如图 7-25 右图所示。

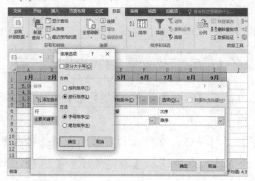
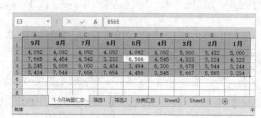

图 7-25　针对第 1 行排序数据

6. 数据排序的注意事项

当对数据表进行排序时，用户应注意含有公式的单元格。如果要对行进行排序，在排序之后的数据表中对同一行的其他单元格的引用可能是正确的，但对不同行的单元格的引用则可能是不正确的。

如果用户对列执行排序操作，在排序之后的数据表中对同一列的其他单元格的引用可能是正确的，但对不同列的单元格的引用则可能是错误的。

为了避免在对含有公式的数据表中排序数据时出现错误，用户应注意以下几点。

▽ 数据表单元格中的公式引用了数据表外的单元格数据时，应使用绝对引用。

▽ 在对行排序时，应避免使用引用其他行单元格的公式。

▽ 在对列排序时，应避免使用引用其他列单元格的公式。

7.3.3　数据筛选

筛选是一种用于查找数据清单中数据的快速方法。经过筛选后的数据清单只显示包含指定条件的数据行，以供用户浏览、分析之用。

Excel 主要提供了以下两种筛选方式。

▽　普通筛选：用于简单的筛选条件。

▽　高级筛选：用于复杂的筛选条件。

1. 普通筛选

在数据表中，用户可以执行以下操作进入筛选状态。

(1) 选中数据表中的任意单元格后，单击【数据】选项卡【排序和筛选】组中的【筛选】按钮。

(2) 此时，【筛选】按钮将呈现为高亮状态，数据列表中所有字段标题单元格中会显示下拉箭头，如图 7-26 左图所示。

数据表进入筛选状态后，单击其每个字段标题单元格右侧的下拉按钮，都将弹出下拉菜单。不同数据类型的字段所能够使用的筛选选项也不同，如图 7-26 右图所示。

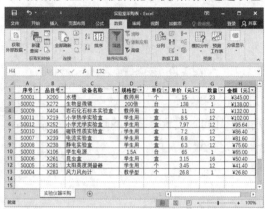

图 7-26　筛选状态下的筛选选项菜单

完成筛选后筛选字段的下拉按钮形状会发生改变，同时数据列表中的行号颜色也会发生改变。

在执行普通筛选时，用户可以根据数据字段的特征设定筛选的条件，如下所示。

▽　按文本特征筛选：在筛选文本型数据字段时，在筛选下拉菜单中选择【文本筛选】命令，在弹出的子菜单中进行相应的选择，如图 7-27 所示。

▽　按数字特征筛选：在筛选数值型数据字段时，筛选下拉菜单中会显示【数字筛选】命令，用户选择该命令后，在显示的子菜单中可以选择具体的筛选条件，如图 7-28 所示。

图 7-27　文本筛选　　　　　　　　　　　　图 7-28　数字筛选

计算机基础与实训教材系列

▽ 按日期特征筛选：在筛选日期型数据时，筛选下拉菜单将显示【日期筛选】命令，选择该命令后，在显示的子菜单中选择具体的筛选逻辑条件，将直接执行相应的筛选操作，如图 7-29 所示。

▽ 按字体或单元格颜色筛选：当数据表中存在使用字体颜色或单元格颜色标识的数据时，用户可以使用 Excel 的筛选功能将这些标识作为条件来筛选数据，如图 7-30 所示。

图 7-29　日期筛选　　　　　　　　　　　　图 7-30　按颜色筛选

2. 高级筛选

Excel 高级筛选功能不但包含了普通筛选的所有功能，还可以设置更复杂的筛选条件，例如：

▽ 设置复杂的筛选条件，将筛选出的结果输出到指定位置。

▽ 指定计算的筛选条件。

▽ 筛选出不重复的数据记录。

高级筛选要求用户在一个工作表区域指定筛选条件，并与数据表分开。

一个高级筛选条件区域至少要包括两行数据，第 1 行是列标题，应和数据表中的标题匹配；第 2 行必须由筛选条件值构成。

【例 7-18】 在"员工信息表"中筛选性别为"女"，基本工资为"5000"的数据。 ▶视频

(1) 打开"员工信息表"工作表后选中数据表中的任意单元格，单击【数据】选项卡【排序和筛选】组中的【高级】按钮，打开【高级筛选】对话框，单击【条件区域】文本框后的 按钮，如图 7-31 左图所示。

(2) 选中 A18:B19 单元格区域后，按 Enter 键返回【高级筛选】对话框，单击【确定】按钮，即可完成筛选操作，结果如图 7-31 右图所示。

图 7-31　筛选出符合条件的数据

> **提示**
>
> 如果用户不希望将筛选结果显示在数据表原来的位置，还可以在【高级筛选】对话框中选中【将筛选结果复制到其他位置】单选按钮，然后单击【复制到】文本框后的 <img> 按钮，指定筛选结果放置的位置后，返回【高级筛选】对话框，单击【确定】按钮。

【例 7-19】 在"销售情况汇总表"中按"品名/规格"列筛选不重复的数据。 📽 视频

(1) 打开"销售情况汇总表"工作表后，单击【数据】选项卡【排序和筛选】组中的【高级】按钮，打开【高级筛选】对话框。

(2) 单击【高级筛选】对话框中【列表区域】文本框后的 <img> 按钮，然后选取 A1:A17 区域，按 Enter 键返回【高级筛选】对话框，选中【选择不重复的记录】复选框，单击【确定】按钮，如图 7-32 左图所示。

(3) 此时，将按"品名/规格"列筛选不重复的数据(只保留第一次出现的数据)，如图 7-32 右图所示。

图 7-32　筛选出不重复的数据

3. 模糊筛选

用于在数据表中筛选的条件，如果不能明确指定某项内容，而是某一类内容(例如"姓名"列中的某一个字)，可以使用 Excel 提供的通配符来进行筛选，即模糊筛选。

模糊筛选中通配符的使用必须借助【自定义自动筛选方式】对话框来实现，并允许使用两种通配符条件，可以使用"？"代表一个(且仅有一个)字符，使用"＊"代表 0 到任意多个连续字符。Excel 中有关通配符的使用说明，如表 7-3 所示。

表 7-3　Excel 通配符使用说明

条　件		符合条件的数据
等于	S*r	Summer，Server
等于	王?燕	王小燕，王大燕
等于	K???1	Kitt1，Kuab1
等于	P*n	Python，Psn
包含	~?	可筛选出含有?的数据
包含	~*	可筛选出含有*的数据

4. 取消筛选

如果用户需要取消对指定列的筛选,可以单击该列标题右侧的下拉按钮,在弹出的筛选菜单中选择【全选】选项,如图 7-33 所示。

若要取消数据表中的所有筛选,可以单击【数据】选项卡【排序和筛选】组中的【清除】按钮。

如果需要关闭"筛选"模式,可以单击【数据】选项卡【排序和筛选】组中的【筛选】按钮,使其不再高亮显示。

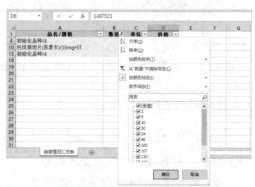

图 7-33　取消指定列的筛选

7.3.4　分类汇总

分类汇总数据,即在按某一条件对数据进行分类的同时,对同一类别中的数据进行统计运算。分类汇总被广泛应用于财务、统计等领域,用户要灵活掌握其使用方法,应掌握创建、隐藏、显示及删除分类汇总的方法。

1. 创建分类汇总

使用 Excel 2016 可以在数据清单中创建分类汇总及自动计算总计值。用户只需指定需要进行分类汇总的数据项、待汇总的数值和用于计算的函数(如求和函数)即可。如果使用自动分类汇总,工作表必须组织成具有列标志的数据清单。在创建分类汇总之前,用户必须先根据需要对分类汇总的数据列进行数据清单排序。

【例 7-20】 在"销售情况汇总表"中按"业务类型"分类,并汇总价格。 📹视频

(1) 打开"销售情况汇总表"工作表后,选中"业务类型"列,单击【数据】选项卡【排序和筛选】组中的【升序】按钮,在打开的对话框中单击【排序】按钮,如图 7-34 所示。

(2) 选择任意数据单元格,单击【数据】选项卡【分级显示】组中的【分类汇总】按钮,打开【分类汇总】对话框,将【分类字段】设置为【业务类型】,【汇总方式】设置为【求和】,在【选定汇总项】列表框中选中【价格】复选框,单击【确定】按钮,如图 7-35 所示。

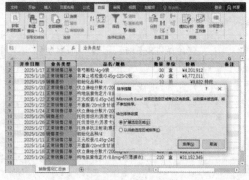

图 7-34　排序数据

图 7-35　分类汇总数据

2. 隐藏分类汇总

为了方便用户查看数据，可将分类汇总后暂时不需要使用的数据隐藏，从而减小界面的占用空间。当需要查看时，再将其显示。

(1) 在例 7-20 创建的分类汇总中选中想要隐藏的单元格(如 C4 单元格)，然后在【数据】选项卡的【分级显示】组中单击【隐藏明细数据】按钮，可以隐藏"销售差价"业务类型的详细记录，如图 7-36 所示。

图 7-36　隐藏分类汇总

(2) 此时，单击【分级显示】组中的【显示明细数据】按钮可以重新显示隐藏的分类汇总数据。

> **提示**
>
> 除了以上介绍的方法外，单击工作表左边列表树中的 ＋ 、 － 符号按钮，同样可以显示与隐藏详细数据。

3. 删除分类汇总

查看完分类汇总后，若用户需要将其删除，恢复原先的工作状态，可以在 Excel 中删除分类汇总，具体方法如下。

(1) 在【数据】选项卡的【分级显示】组中单击【分类汇总】按钮，在打开的【分类汇总】对话框中，单击【全部删除】按钮，即可删除表格中的分类汇总。

(2) 此时，表格内容将恢复到设置分类汇总前的状态。

7.3.5　使用数据透视表

数据透视表是一种从 Excel 数据表、关系数据库文件或 OLAP 多维数据集中的特殊字段中总结信息的分析工具，它能够对大量数据快速汇总并建立交叉列表的交互式动态表格，帮助用户分析和组织数据。例如，计算平均数或标准差、建立关联表、计算百分比、建立新的数据子集等。

用户可以通过单击【插入】选项卡【表格】组中的【数据透视表】按钮来创建数据透视表。

【例 7-21】 在"产品销售统计"表中使用数据透视表汇总数量和销售金额数据。 视频

(1) 打开"产品销售统计"工作表后，选中数据表中的任意单元格，选择【插入】选项卡，单击【表格】组中的【数据透视表】按钮。

(2) 打开【创建数据透视表】对话框，选中【现有工作表】单选按钮，单击【位置】文本框后的 按钮，如图 7-37 左图所示。

(3) 单击 H1 单元格，然后按 Enter 键。

(4) 返回【创建数据透视表】对话框后，在该对话框中单击【确定】按钮。在显示的【数据透视表字段】窗格中，选中需要在数据透视表中显示的字段，如图 7-37 右图所示。

图 7-37　创建数据透视表

(5) 单击工作表中的任意单元格，关闭【数据透视表字段】窗格，完成数据透视表的创建。此时，单击【年份】和【单价】单元格右侧的筛选器按钮，可以在弹出的列表中指定年份和单价来筛选数据透视表中的数据，如图 7-38 所示。

图 7-38　使用筛选项筛选数据

7.3.6　使用可视化图表

为了能更加直观地呈现电子表格中的数据，用户可将数据以图表的形式表示。

在 Excel 中，图表通常有两种存在方式：一种是嵌入式图表；另一种是图表工作表。其中，嵌入式图表就是将图表看作是一个图形对象，并作为工作表的一部分进行保存；图表工作表是工作簿中具有特定工作表名称的独立工作表。在需要独立于工作表数据查看、编辑庞大而复杂的图表或需要节省工作表上的屏幕空间时，就可以使用图表工作表。无论是建立哪一种图表，创建图表的依据都是工作表中的数据。当工作表中的数据发生变化时，图表便会随之更新。

【例 7-22】 在"销售汇总"表中使用图表向导创建图表。 视频

(1) 打开"销售汇总"工作表后，选中 A2:D6 区域，单击【插入】选项卡【图表】组中的【查看所有图表】按钮 。

(2) 打开【插入图表】对话框，选择【所有图表】选项卡，选择【柱形图】|【簇状柱形图】选项，然后单击【确定】按钮，如图 7-39 左图所示。

(3) 此时，将在工作表中插入图 7-39 右图所示的嵌入式图表，单击图表右侧的+按钮，在弹出的列表中可以设置图表中显示的元素，将鼠标光标置于图表标题中可以修改标题。

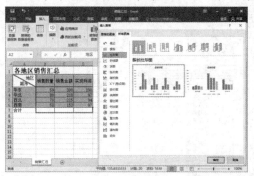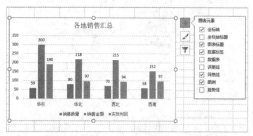

图 7-39　在工作表中插入图表

(4) 选中图表后，选择功能区中的【格式】选项卡，用户可以设置图表中各个元素的形状样式、排列方式和大小。

(5) 选择功能区中的【设计】选项卡，用户可以设置图表的样式、颜色、数据和类型。单击【位置】组中的【移动图表】按钮，在打开的对话框中选择【新工作表】单选按钮，在其后的文本框中输入工作表的名称，并单击【确定】按钮，可以在工作簿中创建一个新的工作表并将图表移至该工作表中，如图 7-40 所示。

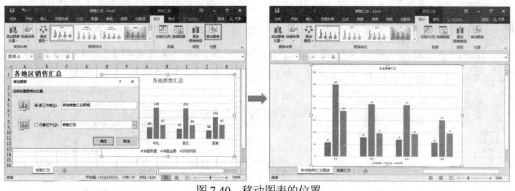

图 7-40　移动图表的位置

7.4　实例演练

本章主要介绍了使用公式与函数并利用排序、筛选、数据汇总、图表、数据透视表简单分析 Excel 表格数据的方法。下面的实例演练将通过具体的操作，帮助用户进一步巩固所学知识。

7.4.1　使用函数汇总指定商品月销量

本例使用 SUMIF 函数在工作表中快速汇总指定商品的月销量。

计算机基础与实训教材系列

【例 7-23】 在"商品销售统计"表中使用函数汇总商品的月销量。 📹 视频

(1) 打开"商品销售统计"工作表后，在 F3 单元格中输入公式(如图 7-41 左图所示):

=SUMIF(B2:B32,$F$2,C2:C32)

(2) 按 Enter 键后，在 F2 单元格中输入想要查询的商品名称，即可在 F3 单元格中得到该商品在 2028 年 1 月的月销量汇总，如图 7-41 右图所示。

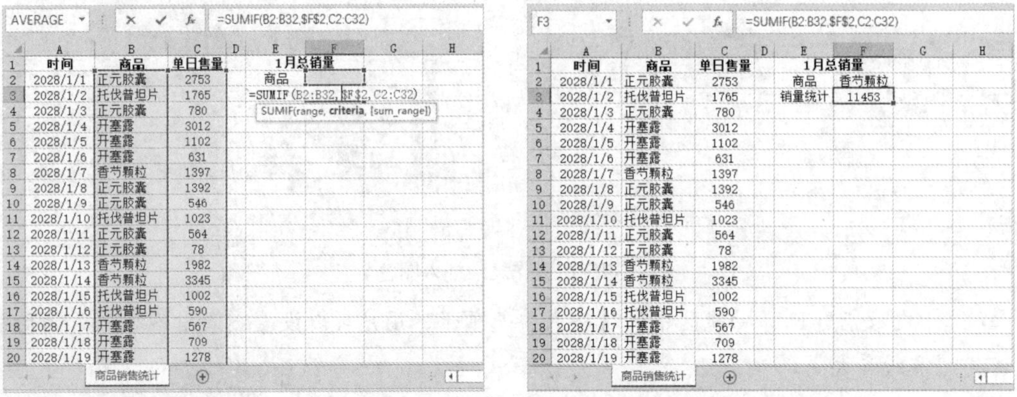

图 7-41 使用 SUMIF 函数汇总商品月销量

7.4.2 使用函数统计多个工作表数据

本例将使用 COUNT、SUM 和 AVERAGE 函数统计工作簿中多个工作表中的数据。

【例 7-24】 在"公司培训成绩"工作簿中统计各部门培训人数、总分和平均分。 📹 视频

(1) 打开"公司培训成绩"工作簿后，在 D 列使用公式统计【行政部】【市场部】【物流部】参与培训考核的"总分"，如图 7-42 所示。

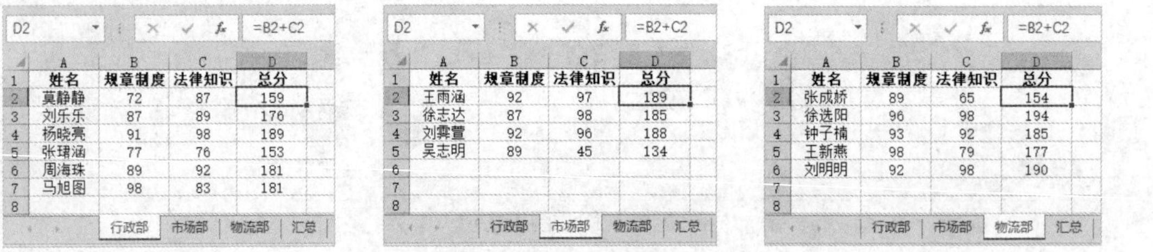

图 7-42 使用公式统计培训考核"总分"

(2) 选择【汇总】工作表，在 B2 单元格中输入公式：=COUNT(行政部:物流部!B:B)；在 C2 单元格中输入公式：=COUNT(行政部:物流部!C:C)。按 Ctrl+Enter 键可以在 B2:C2 区域统计参加各项培训考核的人数，如图 7-43 左图所示。

(3) 在 B3 单元格中输入公式：=SUM(行政部:物流部!B:B)；在 C3 单元格中输入公式：=SUM(行政部:物流部!C:C)。按 Ctrl+Enter 键可以在 B3:C3 区域统计各培训项目的总分，如图 7-43 中图所示。

(4) 在 B4 单元格中输入公式：=AVERAGE(行政部:物流部!B:B)；在 C4 单元格中输入公式：

=AVERAGE(行政部:物流部!C:C)。按 Ctrl+Enter 键可以在 B4:C4 区域统计各培训项目的平均分，如图 7-43 右图所示。

图 7-43　使用函数统计多个工作表中的数据

7.4.3　创建动态可视化数据图表

本例将结合函数与图表，介绍在 Excel 中创建动态数据图表的方法。

【例 7-25】　在"实时销售数据"表中创建可视化动态数据图表。 视频

(1) 打开"实时销售数据"工作表后，选中 A1:B10 区域，在【插入】选项卡的【图表】组中单击【插入柱形图】下拉按钮，在弹出的列表中选择【簇状柱形图】选项，在工作表中插入一个簇状柱形图表。

(2) 选中 A1 单元格后，选择【公式】选项卡，在【定义的名称】组中单击【名称管理器】选项，在打开的【名称管理器】对话框中单击【新建】按钮。

(3) 在打开的【新建名称】对话框中设置【名称】为【城市】，【范围】为【实时销售数据】，在【引用位置】中输入公式"=实时销售数据!$A$2:$A$99"，单击【确定】按钮，如图 7-44 所示。

(4) 返回【名称管理器】对话框后，再次单击【新建】按钮，在打开的【新建名称】对话框中设置【名称】为【数据】，【范围】为【实时销售数据】，在【引用位置】中输入公式"=OFFSET(实时销售数据!$B$1,1,0,COUNT(实时销售数据!$B:$B))"，然后单击【确定】按钮。

(5) 在【名称管理器】对话框中单击【关闭】按钮。选中工作表中插入的图表，选择【设计】选项卡，在【数据】组中单击【选择数据】按钮，打开【选择数据源】对话框，单击【图例项(系列)】选项区域中的【编辑】按钮。

(6) 打开【编辑数据系列】对话框，在【系列值】文本框中输入"=实时销售数据!数据"，然后单击【确定】按钮，如图 7-45 所示。

图 7-44　新建名称

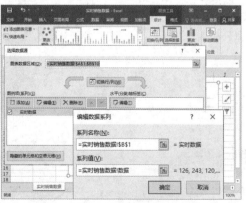

图 7-45　编辑图例项数据

(7) 返回【选择数据源】对话框,在该对话框的【水平(分类)轴标签】列表框中单击【编辑】按钮,在打开的【轴标签】对话框的【轴标签区域】文本框中输入"=实时销售数据!城市",然后单击【确定】按钮,如图 7-46 所示。

(8) 返回【选择数据源】对话框后,在该对话框中单击【确定】按钮。此时,在 A 列和 B 列更新或者增加数据,图表将随之发生变化,如图 7-47 所示。

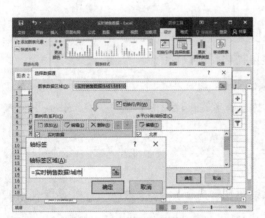

图 7-46 编辑轴标签数据

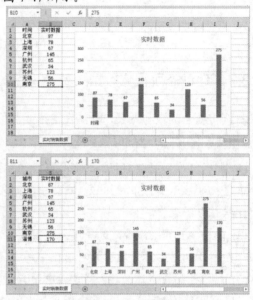

图 7-47 动态更新图表数据

7.5 习题

1. 简述公式和函数的语法。
2. 简述相对引用、绝对引用、混合引用的区别。
3. 简述 Excel 中函数的结构。
4. 创建一个学生成绩表,使用公式计算学生各科平均分。
5. 创建一个员工工资表,使用公式计算所有员工工资的总额。

第8章

制作PowerPoint演示文稿

PowerPoint 2016 是 Office 2016 软件中用于制作演示文稿(PPT)的组件,使用 PowerPoint 2016 可以制作出集文字、图形、图像、声音及视频等多媒体元素于一体的演示文稿。本章将通过实际办公案例,介绍使用 PowerPoint 2016 制作演示文稿的具体操作方法和相关技巧。

◉ 本章重点

- PowerPoint 基本操作
- 设置幻灯片母版
- 在幻灯片中使用声音和视频
- 打包与放映演示文稿
- 在演示文稿中插入图表与表格

- 快速创建演示文稿内容框架
- 在演示文稿中插入各类元素
- 设置演示文稿内容跳转链接
- 使用模板创建演示文稿
- 自定义放映与导出演示文稿

◉ 二维码教学视频

【例 8-1】 创建演示文稿内容框架
【例 8-2】 设置演示文稿统一字体
【例 8-3】 设置演示文稿统一背景
【例 8-4】 为演示文稿统一添加 Logo
【例 8-5】 为演示文稿统一插入图片
【例 8-6】 设置演示文稿母版版式

【例 8-7】 在演示文稿中插入图片
【例 8-8】 删除图片素材背景
【例 8-9】 使用形状衬托文字
【例 8-10】 使用形状裁剪图片
【例 8-11】 使用形状制作蒙版
本章其他视频参见视频二维码列表

8.1 PowerPoint 2016 办公基础

PowerPoint 是制作演示文稿的办公软件。演示文稿(也称为 PPT)是当今商务办公中必不可少的重要工具，其广泛应用于各种会议、教学、产品展示等方面，如图 8-1 所示。能够熟练运用 PowerPoint 制作各种类型的演示文稿是电脑办公的基础操作。

工作汇报　　　　　　　　教师授课　　　　　　　　产品发布

融资路演　　　　　　　　公开竞聘　　　　　　　　演讲

图 8-1　常见的 PPT 应用场景

8.1.1 PowerPoint 2016 主要功能

PowerPoint 2016 是 Microsoft Office 2016 系列软件中的重要组成部分。使用 PowerPoint 2016 用户可以制作出集文字、图形、图像、声音及视频等多媒体元素于一体的演示文稿，并通过添加动画、超链接和动作按钮，让信息以轻松、高效、可视化的方式表达出来。

8.1.2 PowerPoint 2016 工作界面

PowerPoint 2016 的工作界面主要由快速访问工具栏、标题栏、功能区、预览窗格、编辑窗口、备注栏、状态栏、快捷按钮和显示比例滑动条等部分组成，如图 8-2 所示。

PowerPoint 的工作界面和 Word 相似，其中相似的元素在此不再重复介绍了，仅介绍一下 PowerPoint 常用的预览窗格、编辑窗口、备注栏，以及快捷按钮和显示比例滑动条。

▽ 预览窗格：预览窗格中显示了幻灯片的缩略图，单击某个缩略图可在主编辑窗口查看和编辑该幻灯片。

▽ 编辑窗口：它是 PowerPoint 2016 的主要工作区域，用户对文本、图像等多媒体元素进行操作的结果都将显示在该区域。

▽ 备注栏：在该栏中可分别为每张幻灯片添加备注文本。

计算机基础与实训教材系列

▽ 快捷按钮和显示比例滑动条：该区域包括 7 个快捷按钮和 1 个【显示比例滑动条】。其中：4 个视图按钮，可快速切换视图模式；2 个比例按钮，可快速设置幻灯片的显示比例；最右边的 1 个按钮，可使幻灯片以合适比例显示在主编辑窗口；另外，通过拖动【显示比例滑动条】中的滑块，可以直接改变编辑区的大小。

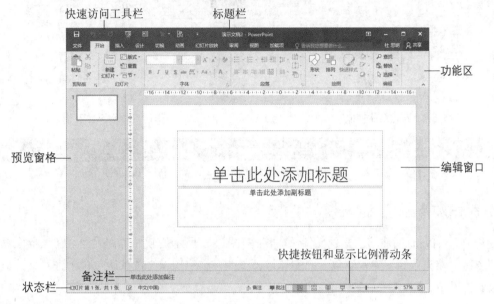

图 8-2　PowerPoint 2016 的工作界面

8.1.3　PowerPoint 2016 基础操作

要使用 PowerPoint 2016 制作演示文稿，首先要掌握该软件的基础操作，包括创建、保存演示文稿，在演示文稿中添加、选取、移动、复制和删除幻灯片。

1. 创建与保存演示文稿

启动 PowerPoint 2016 后，用户可以使用以下方法创建空白演示文稿。

▽ 在图 8-2 所示的 PowerPoint 功能区选择【文件】选择卡，在显示的界面中选择【新建】选项，在打开的【新建】界面中单击【空白演示文稿】选项，如图 8-3 所示。

▽ 按 Ctrl+N 快捷键。

要保存创建的演示文稿，用户可以使用以下方法。

▽ 单击快速访问工具栏上的【保存】按钮圖。

▽ 在功能区选择【文件】选项卡，在显示的界面中选择【保存】选项(快捷键：Ctrl+S)。

▽ 选择【文件】选项卡，在显示的界面中选择【另存为】|【浏览】选项(快捷键：F12)，打开【另存为】对话框，设置文件的保存路径后，单击【保存】按钮，如图 8-4 所示。

计算机基础与实训教材系列

图 8-3　新建演示文稿

图 8-4　保存演示文稿

> **提示**
>
> 当演示文稿被保存在电脑中后,双击演示文稿文件,即可使用 PowerPoint 将其打开。

2. 添加幻灯片

使用 PowerPoint 创建演示文稿文件后,将打开图 8-2 所示的软件工作界面,在该界面左侧的预览窗格中将显示演示文稿中包含的幻灯片预览图。空白演示文稿默认包含 1 张幻灯片,用户可以参考以下方法,为演示文稿添加幻灯片。

- ▶ 通过【幻灯片】组插入幻灯片:选择【开始】选项卡,【幻灯片】组中单击【新建幻灯片】按钮,在弹出的列表中选择一种版式,如图 8-5 左图所示,即可将其作为当前幻灯片插入演示文稿。
- ▶ 通过右键菜单插入幻灯片:在预览窗格中,选择并右击一张幻灯片,从弹出的快捷菜单中选择【新建幻灯片】命令,如图 8-5 右图所示,即可在选择的幻灯片之后添加一张新的幻灯片。
- ▶ 通过键盘操作插入幻灯片:在预览窗格中选择一张幻灯片,然后按 Enter 键(或按 Ctrl+M 快捷键),即可快速添加一张新幻灯片(版式为母版默认版式)。

图 8-5　在演示文稿中插入幻灯片

3. 选取幻灯片

演示文稿通常由多个幻灯片组成。在制作演示文稿的过程中，需要针对其中的每一张幻灯片进行调整与编辑。此时，需要先选取幻灯片才能执行与之相应的操作。在 PowerPoint 中，用户可以采用以下操作选取幻灯片。

- 选择单张幻灯片：在 PowerPoint 工作界面左侧的预览窗格中，单击幻灯片缩略图，即可选中该幻灯片，并在幻灯片编辑窗口中显示其内容。
- 选择编号相连的多张幻灯片：在预览窗口中单击起始编号的幻灯片，然后按住 Shift 键，单击结束编号的幻灯片，此时两张幻灯片之间的多张幻灯片将被同时选中。
- 选择编号不相连的多张幻灯片：在按住 Ctrl 键的同时，在预览窗格中依次单击需要选择的多张幻灯片，即可同时选中被单击过的所有幻灯片(注意：在按住 Ctrl 键的同时再次单击已选中的幻灯片，则会取消选择该幻灯片)。
- 选择全部幻灯片：在预览窗格中选中一张幻灯片后按 Ctrl+A 快捷键，可以选中当前演示文稿中的所有幻灯片。

4. 移动与复制幻灯片

在使用 PowerPoint 制作演示文稿时，为了获得满意的效果，经常需要调整幻灯片的播放顺序和内容。此时，就需要移动与复制幻灯片。

在 PowerPoint 工作界面左侧的预览窗格中选取幻灯片后，按住鼠标左键拖动至合适的位置，然后释放鼠标即可移动幻灯片，如图 8-6 所示。

选中幻灯片　　　　　　　　拖动幻灯片　　　　　　　　释放鼠标

图 8-6　通过拖动幻灯片缩略图移动幻灯片

在预览窗格中选取幻灯片后右击鼠标，在弹出的如图 8-5 右图所示的菜单中选择【复制幻灯片】命令(快捷键：Ctrl+D)即可在选中幻灯片之后复制幻灯片。选取幻灯片后按 Ctrl+C 快捷键可以复制幻灯片，然后在预览窗格中选取另一个幻灯片，按 Ctrl+V 快捷键可以将复制的幻灯片粘贴至该幻灯片之后。此外，按住 Ctrl 键，然后按住鼠标左键拖动选取的幻灯片，在拖动的过程中，出现一条竖线表示选定幻灯片的新位置，此时释放鼠标左键，再松开 Ctrl 键，选择的幻灯片将被复制到目标位置。

5. 删除幻灯片

在 PowerPoint 中删除幻灯片的方法主要有以下两种：

- 在预览窗格中选中并右击要删除的幻灯片，从弹出的快捷菜单中选择【删除幻灯片】命令。
- 在幻灯片预览窗格中选中要删除的幻灯片后，按 Delete 键即可删除。

掌握演示文稿和幻灯片的基础操作后，用户可以进一步编辑与设置幻灯片的内容和效果，制作工作中常用的各类演示文稿。下面将以制作"产品介绍"和"工作汇报"演示文稿为例来具体介绍 PowerPoint 演示文稿制作过程中的常用功能。

8.2　制作产品介绍演示文稿

"产品介绍"演示文稿是企业锁定用户，向客户传递产品信息价值的重要工具，被广泛应用于各种宣传场合，在演讲中作为辅助使用。本节将通过制作一个"产品宣传"演示文稿，进一步介绍 PowerPoint 2016 的使用方法，包括设置幻灯片母版；在幻灯片中插入图片、形状、文本框、SmartArt 图形、声音、视频等对象；为演示文稿设置幻灯片切换动画、对象动画，以及内容跳转链接的方法。

8.2.1　快速创建内容框架

本书第 3 章例 3-12 曾介绍过使用 Word+PowerPoint 快速制作演示文稿的方法。以该实例介绍的方法为基础，在 PowerPoint 中创建一个空白演示文稿后，利用制作好的 Word 大纲文件，用户可以快速制作出复杂结构演示文稿的内容框架。

【例 8-1】 在 PowerPoint 中快速创建"产品介绍"演示文稿的内容框架。 📹视频

(1) 启动 PowerPoint 软件后，按 Ctrl+N 快捷键创建一个空白演示文稿。

(2) 启动 Word 软件，选择【视图】选项卡，单击【视图】组中的【大纲】选项，切换至大纲视图，然后输入"产品介绍"演示文稿的内容结构文本，如图 8-7 左图所示。

(3) 选择【大纲】选项卡，在【大纲工具】组中将文档中需要单独在一个幻灯片页面中显示的标题设置为 1 级大纲级别，将其余内容设置为 2 级和 3 级大纲级别，如图 8-7 右图所示。

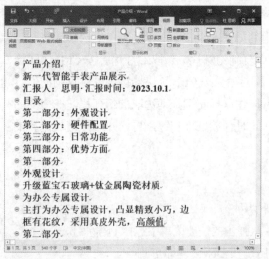
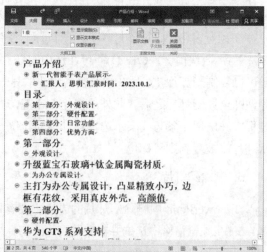

图 8-7　使用 Word 创建演示文稿大纲内容

(4) 按 F12 键打开【另存为】对话框，将制作好的 Word 大纲文件保存。

(5) 按 Ctrl+W 快捷键关闭 Word 文档。

(5) 切换至 PowerPoint 2016，在【开始】选项卡的【幻灯片】组中单击【新建幻灯片】下拉按钮，从弹出的下拉列表中选择【幻灯片(从大纲)】选项，如图 8-8 左图所示。

(6) 打开【插入大纲】对话框，选择步骤(4)保存的 Word 大纲文档，然后单击【插入】按钮，在 PowerPoint 中根据 Word 大纲文档创建包含文本内容结构的演示文稿(该演示文稿第 1 页为空白幻灯片，第 2 页开始为步骤(3)设置的文本内容页)，如图 8-8 右图所示。

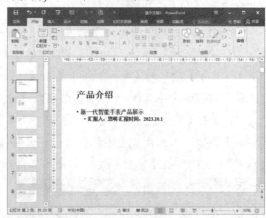

图 8-8　使用 Word 大纲创建演示文稿

(7) 在预览窗口中选中演示文稿的第 1 页，按 Delete 键将其删除。

(8) 按 F12 键，将演示文稿以文件名"产品介绍"保存。

8.2.2　设置幻灯片母版

幻灯片母版是存储有关应用的设计模板信息的幻灯片，包括字形、占位符大小或位置、背景设计和配色方案。通过设置幻灯片母版，用户可对演示文稿中的版式效果进行统一。

要设置幻灯片母版，用户首先要进入幻灯片母版视图。在 PowerPoint 中切换幻灯片母版视图的方法有以下两种：

▽ 选择【视图】选项卡，在【母版视图】组中单击【幻灯片母版】选项。

▽ 按住 Shift 键后，单击 PowerPoint 窗口右下角视图栏中的【普通视图】按钮。

进入幻灯片母版视图后，PowerPoint 将显示【幻灯片母版】选项卡、版式预览窗格和版式编辑窗口。其中，版式预览窗格中包含了演示文稿母版的所有版式，主要由主题页和版式页组成，如图 8-9 所示。

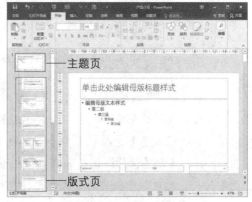

▽ 主题页是幻灯片母版的母版，当用户为主题页设置格式后，该格式将被应用于演示文稿所有的幻灯片中。

图 8-9　主题页和版式页

▽ 版式页又包括标题页和内容页，其中标题页一般用于演示文稿的封面或封底；内容页可根据内容版式自行设置(移动、复制、删除或者自定义)。

通过对主题页和版式页进行设置，既可以统一演示文稿中的字体格式、背景样式、图片大小，又可以制作出各种规范的版式效果，使演示文稿的整体排版看上去整洁、有序。

1. 设置统一字体

【例 8-2】 通过设置主题页为"产品介绍"演示文稿中的所有文字，设置统一字体。 📹视频

(1) 继续例 8-1 的操作，单击【视图】选项卡【母版视图】组中的【幻灯片母版】选项，进入幻灯片母版视图，在版式预览窗格中选中幻灯片主题页，选中主题页中的两个标题占位符后，在【开始】项卡的【字体】组中单击【字体颜色】下拉按钮，从弹出的下拉列表中为演示文稿中所有的文字选择一种颜色(白色)，如图 8-10 所示。

(2) 单击【开始】选项卡【编辑】组中的【替换】下拉按钮，从弹出的下拉列表中选择【替换字体】选项，打开【替换字体】对话框，将【替换】设置为【宋体】，【替换为】设置为【微软雅黑】，然后单击【替换】按钮，如图 8-11 所示。

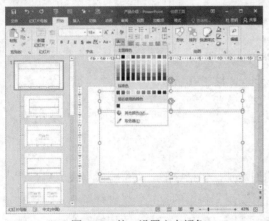

图 8-10　统一设置文本颜色

图 8-11　统一替换字体

(3) 单击视图栏中的【普通视图】按钮，切换回普通视图，演示文稿中所有的文本字体将被设置为"微软雅黑"，字体颜色统一为白色。

2. 设置统一背景

【例 8-3】 通过修改主题页为"产品介绍"演示文稿，统一设置背景。 📹视频

(1) 继续例 8-2 的操作，再次进入幻灯片母版视图。

(2) 在版式预览窗格中选中幻灯片主题页，然后在版式编辑窗口中右击鼠标，从弹出的快捷菜单中选择【设置背景格式】命令，如图 8-12 左图所示。

(3) 打开【设置背景格式】窗格，为主题页设置背景(例如设置图片背景)，然后单击【全部应用】按钮。幻灯片中所有的版式页都将应用相同的背景，如图 8-12 右图所示。

计算机基础与实训教材系列

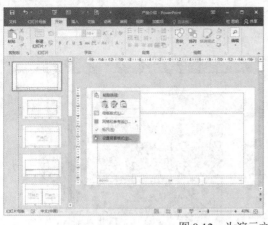
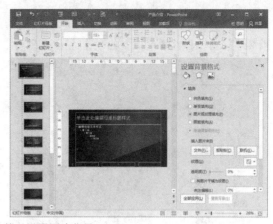

图 8-12 为演示文稿统一设置图片背景

3. 统一添加 Logo

【例 8-4】 在幻灯片母版中为"产品介绍"演示文稿统一添加 Logo 图片。 视频

(1) 继续例 8-3 的操作，在幻灯片母版视图左侧的预览窗格中选中主题页，选择【插入】选项卡，单击【图像】组中的【联机图片】按钮，在打开的对话框中通过"必应"搜索引擎搜索 Logo，在搜索结果中选中一个 Logo 图片后，单击【插入】按钮在主题页中插入该图片，如图 8-13 左图所示。

(2) 调整主题页中插入的 Logo 图片的大小和位置后，退出幻灯片母版视图，演示文稿中所有幻灯片中将添加如图 8-13 右图所示的 Logo 图片。

图 8-13 为演示文稿所有幻灯片统一添加 Logo 图片

4. 插入统一尺寸的图片

【例 8-5】 在"产品介绍"演示文稿中通过设置母版版式，插入统一尺寸的图片。 视频

(1) 继续例 8-3 的操作，进入幻灯片母版视图，在预览窗格中选中"标题幻灯片"版式，调整其中两个标题样式占位符的大小和位置，然后单击【幻灯片母版】选项卡【母版版式】组中的【插入占位符】下拉按钮，从弹出的下拉列表中选择【图片】选项，如图 8-14 左图所示。

计算机基础与实训教材系列

(2) 按住鼠标左键，在"空白"版式中绘制一个如图 8-14 右图所示的图片占位符，并通过【格式】选项卡的【大小】组设置占位符的大小。

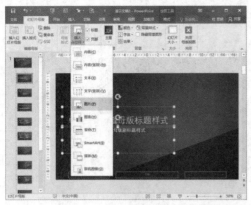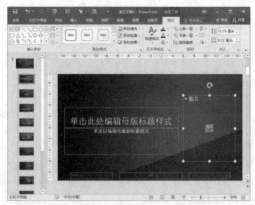

图 8-14　在"标题幻灯片"版式页中插入图片占位符

(3) 单击视图栏中的【普通视图】按钮切换至普通视图，在预览窗格中按住 Ctrl 键选中多张幻灯片，然后右击选中的幻灯片，在弹出的快捷菜单中选择【版式】|【标题幻灯片】选项，如图 8-15 左图所示。

(4) 此时，将在选中的幻灯片中应用"标题幻灯片"版式，该版式右侧包含图片占位符。

(5) 分别单击每个幻灯片内图片占位符中的【图片】按钮，在打开的【插入图片】对话框中选择一个图片文件，然后单击【插入】按钮，即可在不同幻灯片中插入相同大小的图片，如图 8-15 右图所示。

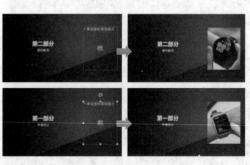

图 8-15　在不同幻灯片中插入相同尺寸的图片

5. 设置母版版式

【例 8-6】　在幻灯片母版中为"产品介绍"演示文稿设置封面页和封底页版式。　视频

(1) 继续例 8-5 的操作，在幻灯片母版视图左侧的预览窗格中选中"标题和版式"版式，按 Ctrl+D 快捷键将其复制一份，然后右击复制的版式，在弹出的快捷菜单中选择【重命名版式】命令，在打开的对话框中输入"封面页和封底页"，单击【重命名】按钮，如图 8-16 所示。

(2) 调整"封面页和封底页"版式中标题和文本占位符的格式，并插入一个红色的形状修饰版式，效果如图 8-17 所示。

图 8-16 复制并重命名版式 　　　　　图 8-17 修饰版式

(3) 单击视图栏中的【普通视图】按钮回切换至普通视图，在预览窗格中按住 Ctrl 键选中
演示文稿的第一页和最后一页幻灯片，然后右击鼠标，在弹出的快捷菜单中选择【版式】|【封
面页和封底页】选项，将设置的版式应用于演示文稿的封面和封底，效果如图 8-18 所示。

图 8-18 应用版式后的演示文稿封面页和封底页

8.2.3 使用图片

图片是演示文稿中不可或缺的重要元素，合理地处理演示文稿中插入的图片不仅能够形象
地向观众传达信息，起到辅助文字说明的作用，同时还能够美化页面效果，从而更好地吸引观
众的注意力。

1. 在幻灯片中插入图片

在 PowerPoint 2016 中选择【插入】选项卡，在【图像】组中单击【图片】按钮，即可在幻
灯片中插入图片(具体操作方法与 Word 相似)。

【例 8-7】 在"产品介绍"演示文稿中插入产品图片。 视频

(1) 继续例 8-6 的操作，在预览窗格中选中一张幻灯片后，单击【插入】选项卡【图像】
组中的【图片】按钮，在打开的【插入图片】对话框中选择一个图片文件后，单击【插入】按
钮，如图 8-19 左图所示。

(2) 此时，被选中的图片将被插入幻灯片中，如图 8-19 右图所示。

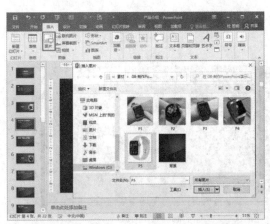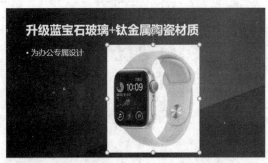

图 8-19　在幻灯片中插入图片

提示

除了上例介绍的方法外，在其他 Office 软件或电脑中按 Ctrl+C 快捷键复制图像，然后将光标置于 PowerPoint 编辑窗口中，按 Ctrl+V 快捷键，也可以将图片插入演示文稿。

2. 删除图片背景

在制作演示文稿的过程中，为了达到预想的页面设计效果，我们经常会对图片进行一些处理。其中，删除图片背景就是处理图片诸多手段中的一种。

☞**【例 8-8】** 在"产品介绍"演示文稿中删除插入图片的白色背景。 📹视频

(1) 继续例 8-7 的操作，选中页面中的图片，单击【格式】选项卡【调整】组中的【删除背景】按钮，进入图片背景编辑模式，如图 8-20 左图所示。

(2) 选择【背景消除】选项卡，单击【标记要保留的区域】按钮，在图片中指定保留区域；单击【标记要删除的区域】按钮，在图片中指定需要删除的区域，如图 8-20 右图所示。

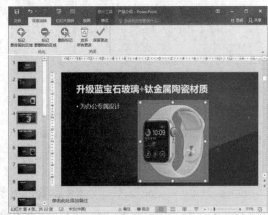

图 8-20　设置删除图片背景

(3) 单击【背景消除】选项卡中的【保留更改】按钮，即可将图片中标记删除的部分删除，将标记保留的部分保留。

8.2.4　使用形状

形状在演示文稿中的运用非常普遍，一般情况下，它本身是不包含任何信息的，常作为辅助元素应用，往往也发挥着巨大的作用。

1. 使用形状衬托文字

一般情况下，观众在观看演示文稿时，总希望一眼就能抓住重点，这也是演示文稿中形状的作用之一，使人们在看到 PPT 的第一眼就能把目光快速聚焦到文字上。

【例 8-9】　在"产品介绍"演示文稿中使用形状衬托文字。 🎬 视频

(1) 继续例 8-8 的操作，在演示文稿中选中图 8-21 左图所示的幻灯片，然后选中幻灯片内文本框中的关键词，按住鼠标左键将其从文本框拖出，并重新设置页面中所有文本的格式，如图 8-21 右图所示。

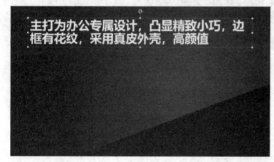

图 8-21　重新整理幻灯片中的文本

(2) 选择【插入】选项卡，单击【插图】组中的【形状】下拉按钮，从弹出的下拉列表中选择【矩形】选项，然后按住鼠标左键在幻灯片中绘制一个矩形形状，如图 8-22 所示。

(3) 选中幻灯片中的矩形形状，选择【格式】选项卡，在【形状样式】组中将【形状填充】设置为【无填充颜色】，将【形状轮廓】的颜色设置为黄色，轮廓粗细设置为 6 磅。调整页面中矩形形状的位置，使其效果如图 8-23 所示。

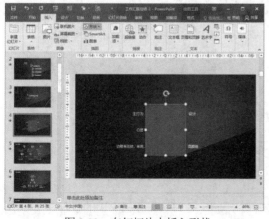

图 8-22　在幻灯片中插入形状　　　　　　　图 8-23　使用形状衬托关键文字

2. 使用形状裁剪图片

在幻灯片中选中一个图片后，在【格式】选项卡的【大小】组中单击【裁剪】下拉按钮，在弹出的下拉列表中选择【裁剪为形状】选项，在弹出的子列表中用户可以选择一种形状用于裁剪图形，如图 8-24 左图所示。

以选择【立方体】形状为例，幻灯片中图形的裁剪效果如图 8-24 右图所示

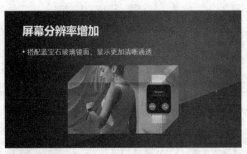

图 8-24 将图片裁剪为形状(立方体)

此外，还可以利用形状与图片的布尔运算将图片裁剪成各类设计感很强的效果。

【例 8-10】 在"产品介绍"演示文稿中利用绘制的形状裁剪图片。 视频

(1) 在幻灯片中插入一张图片后，单击【插入】选项卡【插图】组中的【形状】下拉按钮，在弹出的下拉列表中选择【椭圆】选项，在幻灯片中的图片之上绘制一个如图 8-25 左图所示的椭圆形状。

(2) 按住 Ctrl 键先选中幻灯片中的图片，再选中椭圆形状，然后选择【格式】选项卡，单击【插入形状】组中的【合并形状】下拉按钮，从弹出的下拉列表中选择【相交】选项，如图 8-25 右图所示。此时，图片将被裁剪为图片与椭圆形状相交区域的形状。

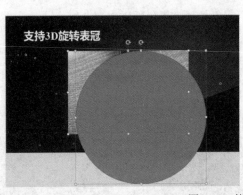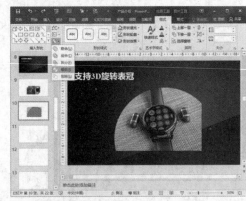

图 8-25 使用形状裁剪图片

3. 使用形状制作蒙版

演示文稿中的蒙版实际上就是遮罩在图片上的一个形状。在许多商务 PPT 的设计中，在图片上使用蒙版，可以瞬间提升页面的视觉效果。

计算机基础与实训教材系列

【例 8-11】　在"产品介绍"演示文稿中使用形状制作蒙版。 视频

(1) 继续例 8-10 的操作，在"产品介绍"演示文稿中插入一张和幻灯片大小相同的图片，然后右击该图片，从弹出的快捷菜单中选择【置于底层】|【置于底层】命令，如图 8-26 所示。

(2) 单击【插入】选项卡【插图】组中的【形状】下拉按钮，在弹出的下拉列表中选择【矩形】选项，在幻灯片左侧绘制一个矩形形状，然后右击形状，从弹出的快捷菜单中选择【设置形状格式】命令，打开【设置形状格式】窗格。

(3) 在【设置形状格式】窗格中展开【填充】选项组，设置【纯色填充】的颜色为黑色，【透明度】为 33%；展开【线条】选项组，选中【无线条】单选按钮，如图 8-27 所示。

图 8-26　将图片置于幻灯片底层

图 8-27　设置图片的填充颜色和透明度

(4) 选择【开始】选项卡，单击【编辑】组中的【选择】下拉按钮，从弹出的下拉列表中选择【选择窗格】选项，打开【选择】窗格，调整幻灯片中各元素的图层顺序，将"形状"调整至"图片"之上，将"标题文本"和"内容文本"调整至"形状"之上，然后调整幻灯片中标题文本框和内容文本框，使其效果如图 8-28 所示。

(5) 在幻灯片中再插入两个产品图片，并调整其位置，制作如图 8-29 所示的蒙版效果。

图 8-28　调整图层顺序

图 8-29　蒙版效果

8.2.5　使用文本框

文本框是一种特殊的形状，也是一种可移动、可调整大小的文字容器。使用文本框可以在幻灯片中放置多个文字块，使文字按照不同的方向排列，也可以突破幻灯片版式的制约，实现在幻灯片中任意位置添加文字信息的目的。

【例 8-12】 在"产品介绍"演示文稿中使用文本框补充幻灯片中的文字内容。 🔘 视频

(1) 打开"产品介绍"演示文稿后,选中例 8-8 编辑过的幻灯片,单击【插入】选项卡【文本】组中的【文本框】下拉按钮,从弹出的下拉列表中选择【横排文本框】选项,然后按住鼠标左键在幻灯片中绘制一个文本框(横排),如图 8-30 所示。

(2) 在文本框中输入文本后,选中文本框,在【开始】选项卡的【字体】组中设置文本框中文本的字体为【微软雅黑】,【字体颜色】为白色,如图 8-31 所示。

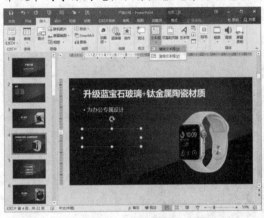

图 8-30　绘制横排文本框

图 8-31　设置文本框内容的格式

(3) 选中文本框中的第 1~3 行文本,单击【开始】选项卡【段落】组中的【段落】按钮，在打开的【段落】对话框中将【行距】设置为【1.5 倍行距】,然后单击【确定】按钮,如图 8-32 左图所示。

(4) 选中文本框中的第 4 行文本,再次打开【段落】对话框,将【段前】设置为【30 磅】,单击【确定】按钮后,幻灯片中文本框的效果如图 8-32 右图所示。

图 8-32　设置文本段落格式

8.2.6　使用 SmartArt 图形

SmartArt 图形是 PowerPoint 内置的一款排版工具,它不仅可以快速生成分段循环结构图、组织架构图,还能一键排版图片。同时,SmartArt 图形还是一个隐藏的形状库,其中包含很多基本形状以外的特殊形状。

【例 8-13】 在"产品介绍"演示文稿中使用 SmartArt 图形排版目录页。 📹 视频

(1) 打开"产品介绍"演示文稿后，选中目录页幻灯片中创建演示文稿时自动生成的文本框，然后单击【开始】选项卡【段落】组中的【转换为 SmartArt 图形】下拉按钮 ，从弹出的下拉列表中选择【其他 SmartArt 图形】选项，如图 8-33 左图所示。

(2) 打开【插入 SmartArt 图形】对话框，选择【列表】|【垂直曲形列表】选项后单击【确定】按钮，如图 8-33 右图所示。

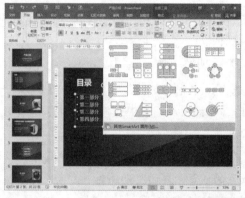
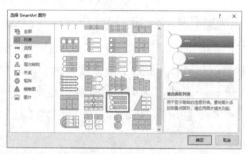

图 8-33　将文本框转换为 SmartArt 图形

(3) 此时，选中的文本框将被转换为 SmartArt 图形，拖动 SmartArt 图形四周的控制柄调整其大小后，按住 Ctrl 键选中其中的矩形形状，如图 8-34 所示。

(4) 在【格式】选项卡中设置【形状填充】为【无填充颜色】，设置【形状轮廓】为【无轮廓】，然后按住 Ctrl 键选中 SmartArt 图形内部的所有圆形形状。

(5) 在【格式】选项卡中设置选中圆形形状的格式，将其【高度】和【宽度】设置为【0.1厘米】，将【形状效果】设置为【发光】，使目录页面的效果如图 8-35 所示。

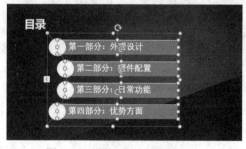

图 8-34　调整 SmartArt 图形　　　　　　图 8-35　设置 SmartArt 形状效果

8.2.7　使用动画

想要让演示文稿在放映时能够"动"起来，就要在演示文稿中使用动画。在 PowerPoint 中，可以为演示文稿设置切换动画和对象动画两种类型的动画。

▽ PPT 切换动画是指一张幻灯片从屏幕上消失的同时，另一张幻灯片显示在屏幕上的方式。PPT 中幻灯片切换方式可以是简单地以一个幻灯片代替另一个幻灯片，也可以是让幻灯片以特殊的效果出现在屏幕上。

▽ 对象动画是指为幻灯片内部某个对象设置的动画效果。对象动画设计在幻灯片中起着至关重要的作用，具体体现在三个方面：一是清晰地表达事物关系，如以滑轮的上下滑动做数据的对比，是由动画的配合体现的；二是更能配合演讲，当幻灯片进行闪烁和变色时，观众的目光就会随演讲内容而移动；三是增强效果表现力，例如设置不断闪动的光影、漫天飞雪、落叶飘零、亮闪闪的效果等。

1. 设置切换动画

在 PowerPoint 中选择【切换】选项卡，在【切换到此幻灯片】组中单击【其他】下拉按钮，在弹出的列表中，用户可以为 PPT 中的幻灯片设置切换动画。

☞ 【例 8-14】 为"产品介绍"演示文稿设置幻灯片切换动画。 🎬 视频

(1) 打开"产品介绍"演示文稿后在预览窗格选中第 1 张幻灯片，选择【切换】选项卡，在【切换到此幻灯片】组中单击【其他】下拉按钮，从弹出的列表中选择一种切换动画(例如"页面卷曲")，即可为幻灯片设置切换动画并立即预览动画效果，如图 8-36 所示。

(2) 单击【切换到此幻灯片】组中的【效果选项】下拉按钮，在弹出的列表中用户可以设置当前幻灯片中切换动画的呈现效果，以步骤(1)设置的"页面卷曲"动画为例，可以为该动画选择【双左】【双右】【单左】【单右】4 种动画效果，如图 8-37 所示。

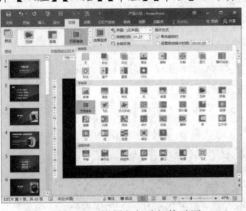

图 8-36 设置幻灯片切换动画　　　　图 8-37 设置动画效果

(3) 在【切换】选项卡的【计时】组中用户可以设置幻灯片切换动画的【持续时间】【自动换片方式】和【声音】。在默认情况下，演示文稿采用单击鼠标方式播放切换动画(即用户每单击一次鼠标，切换一张幻灯片并同时播放该幻灯片设置的切换动画)，用户可以通过选中【设置自动换片时间】复选框，并在该复选框右侧的微调框中输入时间参数，设置演示文稿在放映时间隔一定的时间自动放映幻灯片切换动画。

(4) 单击【计时】组中的【全部应用】按钮，可以将当前幻灯片中设置的切换动画设置应用到演示文稿中的所有幻灯片。

2. 制作对象动画

在 PowerPoint 中选中幻灯片中的一个元素(例如图片、文本框、形状等)，在【动画】选项卡的【动画】组中单击【其他】下拉按钮，从弹出的列表中可以为元素应用一个对象动画效果。

【例 8-15】 在"产品介绍"演示文稿的过渡页设置聚光灯动画。 🎬视频

(1) 打开"产品介绍"演示文稿后，在预览窗格中选择过渡页，然后选中页面中的两个文本框，选择【动画】选项卡，单击【动画】组中的【其他】下拉按钮▽，从弹出的列表中选择【更多进入效果】选项，如图 8-38 左图所示。

(2) 打开【更多进入效果】对话框，选择【切入】选项后单击【确定】按钮，为选中的文本框设置"切入"动画，如图 8-38 右图所示。

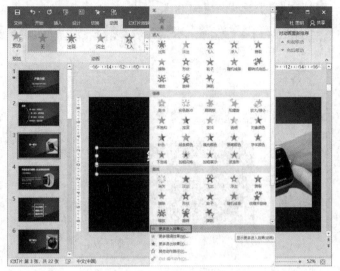

图 8-38　为文本框设置"切入"动画

(3) 单击【动画】选项卡【高级动画】组中的【动画窗格】按钮，在打开的窗格中按住 Ctrl 键选中步骤(2)设置的两个动画，右击鼠标，从弹出的快捷菜单中选择【效果选项】命令，打开【切入】对话框，将【方向】设置为【自左侧】，将【动画文本】设置为【按字/词】，然后单击【确定】按钮，如图 8-39 所示。

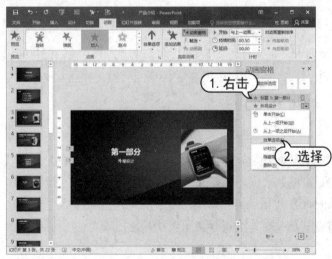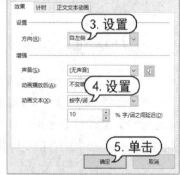

图 8-39　设置动画选项

(4) 选中幻灯片中的图片，在【动画】选项卡的【动画】组中选中【飞入】选项，为图片设置"飞入"动画。

(5) 单击【高级动画】组中的【添加动画】下拉按钮，从弹出的下拉列表中选择【缩放】选项，为选中的图片增加"缩放"动画(此时图片对象上同时具有"飞入"和"缩放"两种动画)，如图 8-40 所示。

(6) 在动画窗格中按 Ctrl+A 快捷键选中所有动画，在【动画】选项卡的【计时】组中将【开始】设置为【与上一动画同时】，将【持续时间】设置为【01.00】，如图 8-41 所示。

图 8-40　添加动画

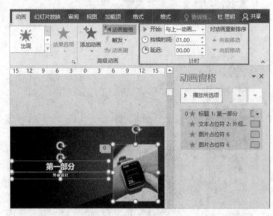

图 8-41　设置动画计时选项

(7) 单击【预览】组中的【预览】按钮，即可预览幻灯片中对象动画的效果。

8.2.8　使用声音

声音是演示文稿中比较常用的媒体形式。在一些特殊环境下，为演示文稿插入声音可以很好地烘托演示氛围。

1. 在演示文稿中插入音频

在 PowerPoint 中选择【插入】选项卡，单击【媒体】组中的【音频】下拉按钮，从弹出的下拉列表中选择【PC 上的音频】选项，可以选择将电脑硬盘中保存的音频文件插入演示文稿，如图 8-42 所示。此时，将在演示文稿中显示音频图标 。

2. 为演示文稿设置背景音乐

选中演示文稿中的音频图标 ，将其拖动至页面显示范围以外作为背景音乐。然后单击【动画】选项卡【高级动画】组中的【动画窗格】选项，在打开的窗格中选中音频对象，在【计时】组中将【开始】设置为【与上一动画同时】，如图 8-43 所示。

此时，演示文稿中的音频文件将在其放映时作为背景音乐自动开始播放。

图 8-42　在演示文稿中插入音频文件

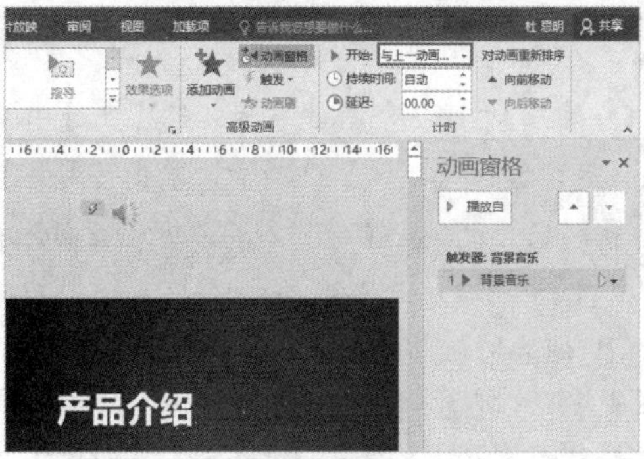

图 8-43　为演示文稿设置背景音乐

3. 设置音乐自动循环播放

如果演示文稿放映的时间较长，而背景音乐一般只有 3~5 分钟，我们就需要通过设置让背景音乐在演示文稿中自动循环播放。具体方法是：选中幻灯片中的背景音乐图标🔊，选择【播放】选项卡，在【音频选项】组中选中【循环播放，直到停止】复选框，然后再将【开始】设置为【自动】，如图 8-44 所示。

图 8-44　设置音频自动循环播放

4. 隐藏幻灯片中的音乐图标

如果要在 PPT 放映时隐藏音乐图标🔊，可以在选中该图标后，选中【播放】选项卡【音频选项】组中的【放映时隐藏】复选框。

5. 为动画效果设置配音

在 PowerPoint 2016 中，用户可以参考以下方法为对象动画和切换动画设置配音。

▽ 为对象动画设置配音。单击【动画】选项卡【高级动画】组中的【动画窗格】按钮打开【动画窗格】窗格，单击动画右侧的倒三角按钮▾，在弹出的下拉列表中选择【效果选项】选项，在打开的对话框中选择【效果】选项卡，单击【声音】下拉按钮，从弹出的下拉列表中选择【其他声音】选项，即可为对象动画设置配音。

▽ 为幻灯片切换动画设置配音。选择【切换】选项卡，单击【计时】组中的【声音】下拉按钮，从弹出的下拉列表中选择【其他声音】选项，可以为幻灯片切换动画设置配音。

8.2.9　使用视频

在演示文稿中使用视频，可以动态地呈现信息。将视频作为背景应用于 PPT，则可以提高 PPT 的品质，让观众耳目一新。

【例 8-16】 在"产品介绍"演示文稿中插入产品广告视频。 📽️视频

(1) 打开"产品介绍"演示文稿后,选中需要插入广告视频的幻灯片,设置其中文本信息的版式后,选择【插入】选项卡,单击【媒体】组中的【视频】下拉按钮,从弹出的下拉列表中选择【PC 上的视频】选项,在打开的【插入视频文件】对话框中选择一个视频文件,然后单击【插入】按钮(如图 8-45 所示),在幻灯片中插入视频。

(2) 调整幻灯片中视频的大小使其占满整个幻灯片,然后右击视频,在弹出的快捷菜单中选择【置于底层】|【置于底层】命令,将视频置于幻灯片最底层,如图 8-46 所示。

图 8-45 插入视频文件

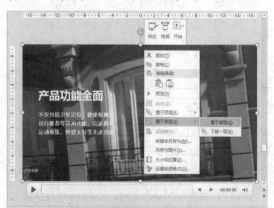

图 8-46 将视频置于底层

(3) 在幻灯片中插入一个矩形形状作为蒙版,设置其使用【纯色填充】,【填充颜色】为黑色,【透明度】为 50%,然后调整图层位置使矩形蒙版位于文本框之下,视频之上,效果如图 8-47 所示。

(4) 选中幻灯片中的视频,选择【播放】选项卡,在【视频选项】组中将【开始】设置为【自动】,选中【循环播放,直到停止】复选框,然后单击【音量】下拉按钮,从弹出的下拉列表中选择【中】选项(如图 8-48 所示),设置视频的播放音量。

图 8-47 设置蒙版

图 8-48 设置视频选项

(5) 单击【编辑】组中的【剪裁视频】按钮，在打开的对话框中调整视频时间轴左侧的开始控制柄(绿色)和右侧的结束控制柄(红色)，编辑视频在幻灯片中的播放范围，如图 8-49 所示。

(6) 单击【预览】组中的【播放】按钮，可以在 PowerPoint 中预览视频的播放效果，如图 8-50 所示。

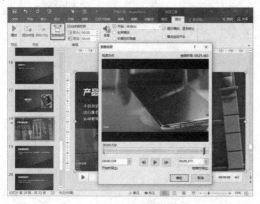 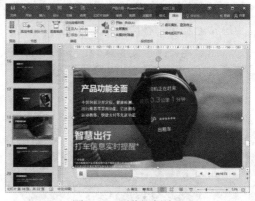

图 8-49　剪裁视频　　　　　　　　图 8-50　预览视频效果

8.2.10　设置内容跳转链接

演示文稿中的链接只有在其放映时才有效。内容跳转链接实际上是演示文稿中元素指向特定位置(幻灯片)或文件的一种链接方式，用户可以利用它通过鼠标单击实现放映内容的快速跳转与切换。

【例 8-17】　为"产品介绍"演示文稿的目录页文本设置内容跳转链接。 📹 视频

(1) 打开"产品介绍"演示文稿后，选中"目录"页幻灯片，然后选中并右击包含文本的形状，在弹出的快捷菜单中选择【超链接】命令，如图 8-51 左图所示。

(2) 打开【插入超链接】对话框，选择【本文档中的位置】选项，在【请选择文档中的位置】列表框中选择超链接的目标幻灯片，然后单击【确定】按钮，如图 8-51 右图所示。

图 8-51　设置跳转到其他幻灯片的链接

(3) 重复以上操作，在目录页面中为其他文本设置链接，使其指向相应的过渡页。

(4) 按 F5 键从头放映演示文稿，单击目录页中的文本"第一部分：外观设计"，放映内容将跳转至相应的幻灯片。

【例8-18】 为"产品介绍"演示文稿的文本设置文件打开链接。 视频

(1) 打开"产品介绍"演示文稿后，在幻灯片中插入一张图片，然后选中该图片，单击【插入】选项卡【链接】组中的【超链接】按钮，如图8-52左图所示。

(2) 打开【插入超链接】对话框，选择【现有文件或网页】选项后，在【查找范围】下拉列表中选择电脑中保存文件的文件夹，在【当前文件夹】列表框中选择一个保存在当前电脑中的文件，然后单击【确定】按钮，如图8-52右图所示。

图8-52 设置打开文件的超链接

(3) 单击PowerPoint状态栏右侧的【幻灯片放映】按钮 放映当前幻灯片，单击设置超链接的图片后将打开步骤(2)选择的文件。

8.2.11 打包演示文稿

在PowerPoint中，可以将演示文稿文件以及其中使用的链接、字体、音频、视频和配置文件等打包到文件夹。

【例8-19】 将制作好的"产品介绍"演示文稿打包到文件夹。 视频

(1) 打开"产品介绍"演示文稿后，选择【文件】选项卡，在打开的界面中选择【导出】选项，在显示的【导出】选项区域中选择【将演示文稿打包成CD】|【打包成CD】选项。

(2) 打开【打包成CD】对话框，在【将CD命名为】文本框中输入"产品介绍"，然后单击【复制到文件夹】按钮(如图8-53所示)，在打开的对话框中单击【浏览】按钮选择打包PPT文件存放的文件夹位置。

图8-53 设置打包演示文稿

(3) 最后，返回【复制到文件夹】对话框，单击【确定】按钮，在打开的提示对话框中单击【是】按钮即可。

8.2.12　放映演示文稿

演示文稿在办公中的主要作用是配合演讲者，提供画面、文字、数据等辅助信息。因此，用户在学会制作演示文稿的同时，还需要掌握放映演示文稿的方法。

在放映演示文稿时使用快捷键，是每个演讲者必须掌握的基本操作。虽然在 PowerPoint 中用户可以通过单击【幻灯片放映】选项卡中的【从头开始】与【从当前幻灯片开始】按钮，或单击软件窗口右下角的【幻灯片放映】图标 和【读取视图】图标 来放映演示文稿，但在正式的演讲场合中难免会手忙脚乱，不如使用快捷键快速且高效。

PowerPoint 中常用的演示文稿放映快捷键如表 8-1 所示。

表 8-1　常用的演示文稿放映快捷键

快捷键	说　明	快捷键	说　明
F5	从头开始播放演示文稿	-	停止放映，并显示幻灯片列表
Ctrl+P	暂停放映并激活激光笔	W	进入白屏状态
E	取消激光笔涂抹的内容	B	进入黑屏状态
Ctrl+H	将鼠标指针显示为圆点	数字键+Enter	指定播放特定(数字)幻灯片
Ctrl+A	恢复鼠标指针正常状态	+	放大当前画面(按 Esc 键取消)
Esc	停止放映演示文稿	Shift+F5	从当前幻灯片开始放映

另外，在放映幻灯片的过程中，同时按住鼠标左键和右键两秒左右，可以返回演示文稿的第 1 张幻灯片。

8.3　制作工作总结演示文稿

工作总结演示文稿是日常工作中最常用的，通常包括工作概述、完成分析、取得成绩和工作规划几个环节。下面将通过制作"工作总结"演示文稿，向用户介绍在 PowerPoint 2016 中套用模板快速生成演示文稿，并为演示文稿设置各种功能(包括动作按钮、邮件链接、数据图表和表格、页眉页脚等)的方法。

8.3.1　套用模板生成文档

所谓模板就是具有优秀版式设计的演示文稿载体，通常由封面页、目录页、内容页和结束页等部分组成，使用者可以方便地对其进行修改，从而生成属于自己的演示文稿。

在 PowerPoint 中，用户可以将自己制作好的演示文稿或通过模板素材网站下载的演示文稿模板文件创建为自定义模板，保存在软件中随时调用。也可以直接下载 PowerPoint 软件提供的模板生成属于自己的演示文稿。

【例 8-20】 使用 PowerPoint 搜索到的"工作总结"模板创建演示文稿。 🎬 视频

(1) 启动 PowerPoint 2016 后，选择【文件】选项卡，在显示的界面中的搜索框中输入"工作总结"后按 Enter 键，如图 8-54 左图所示。

(2) 在搜索结果列表中单击合适的模板后，在打开的对话框中单击【创建】按钮，如图 8-54 右图所示。

图 8-54　使用模板创建演示文稿

(3) 按 F5 键将演示文稿放映一遍，在了解模板的内容结构和效果后，根据"工作总结"的内容要求，重新设计演示文稿中开始页、目录页、过渡页和结尾页中的文本，如图 8-55 所示。

开始页　　　　　　　　　　　　　　　　　　　　　　目录页

过渡页　　　　　　　　　　　　　　　　　　　　　　结尾页

图 8-55　修改模板中的文本

(4) 选择【切换】选项卡，在【切换到此幻灯片】组中选中【无】选项，然后单击【计时】组中的【全部应用】按钮，取消模板中预设的所有幻灯片切换动画。

(5) 选择【动画】选项卡，单击【高级动画】组中的【动画窗格】按钮，在显示的动画窗格中删除模板中每一页幻灯片中设置的对象动画。

(6) 最后，按 F12 键打开【另存为】对话框，将模板以文件名"工作总结"保存。

8.3.2　使用表格

在演示文稿中使用表格，可以比文本更好地承载用于说明内容或观点的数据。

1. 插入内置表格

用户可以使用以下 3 种方法在幻灯片中插入 PowerPoint 内置表格。

▽ 方法 1：选择幻灯片后，在【插入】选项卡的【表格】组中单击【表格】下拉按钮，从弹出的下拉菜单中选择【插入表格】命令，打开【插入表格】对话框，在其中设置表格的行数与列数，然后单击【确定】按钮。

▽ 方法 2：在【插入】选项卡的【表格】组中单击【表格】下拉按钮，在弹出的下拉列表中移动鼠标指针，让列表中的表格处于选中状态，单击即可在幻灯片中插入相对应的表格。

▽ 方法 3：单击内容占位符中的【插入表格】按钮，打开【插入表格】对话框，设置表格的行数与列数，单击【确定】按钮。

【例 8-21】在"工作总结"演示文稿的内容页中插入一个门店销售计划完成分析表。　视频

(1) 继续例 8-20 的操作，在模板自动创建的内容页中选择一个合适的页面后，修改其中的文本内容。

(2) 选择【插入】选项卡，在【表格】组中单击【表格】下拉按钮，从弹出的下拉列表中选择【插入表格】选项，打开【插入表格】对话框，将【列数】设置为 4，【行数】设置为 12，然后单击【确定】按钮，如图 8-56 左图所示，在幻灯片中插入 12 行 4 列的表格。

(3) 拖动表格四周的控制柄和边框线，调整表格的大小和位置，如图 8-56 右图所示。

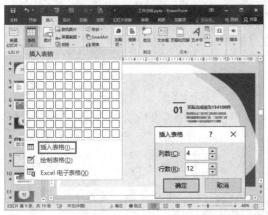

图 8-56　在幻灯片中插入表格

(4) 将鼠标指针置于表格中并输入数据(使用方向键切换单元格)，然后按 Ctrl+A 快捷键选中表格中的所有数据，按 Ctrl+E 快捷键设置数据在表格单元格中居中。

2. 插入 Excel 文件

在 PowerPoint 中，用户可以将 Excel 文件插入幻灯片中，与上面介绍的内置表格相比，在演示文稿中插入 Excel 文件后，可以利用 Excel 软件的部分功能对表格数据进行计算、排序、筛选或数据汇总。

【例 8-22】 在"工作总结"演示文稿中插入 Excel 文件。 视频

(1) 打开"工作总结"演示文稿，选择【插入】选项卡，在【文本】组中单击【对象】按钮□。打开【插入对象】对话框，选中【由文件创建】单选按钮，单击【浏览】按钮，如图 8-57 左图所示。

(2) 打开【浏览】对话框，选择一个 Excel 文件后单击【确定】按钮，返回【插入对象】对话框，单击【确定】按钮，即可将 Excel 文件插入幻灯片中并呈现为表格。双击幻灯片中插入的 Excel 表格，PowerPoint 功能区将变为 Excel 功能区，用户可以使用 Excel 功能区中的命令处理表格中的数据，如图 8-57 右图所示。

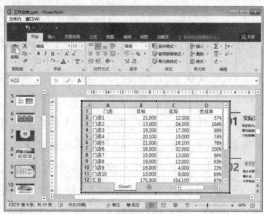

图 8-57   在幻灯片中插入 Excel 文件

(3) 单击表格以外的位置，功能区将重新变为 PowerPoint 功能区。

3. 套用表格样式

在演示文稿中套用 PowerPoint 提供的表格样式，可以快速摆脱表格默认的蓝白色格式，让表格的效果焕然一新。同时，通过一些简单的处理，可以得到一张重点突出的可视化数据表。

【例 8-23】 为表格套用预设样式并突出显示表格中需要观众重点关注的数据。 视频

(1) 继续例 8-21 的操作，选中幻灯片中的表格后，选择【设计】选项卡，单击【表格样式】组右下角的【其他】按钮▽，在弹出的列表中为表格设置"无样式：网格线"样式，如图 8-58 所示，该样式只保留表格边框和标题效果，简化了表格效果。

(2) 选中重要的数据行,按 Ctrl+C 快捷键,再按 Ctrl+V 快捷键将其从表格中单独复制出来。选中复制的行,在【表格样式】组中选择一种样式应用于其上。

(3) 将鼠标指针放置在表格外边框上,按住鼠标左键拖动调整其位置,使其覆盖原表格中的数据。拖动表格边框使其覆盖原先表格中的同类数据,并在【开始】选项卡的【字体】组中设置表格内文本的字体和文字大小,完成后的效果如图 8-59 所示。

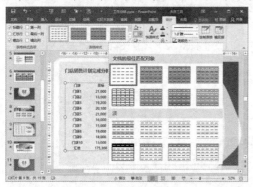

图 8-58　套用表格样式

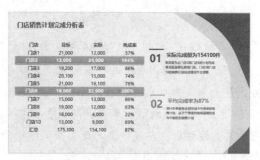

图 8-59　突出重点数据

8.3.3　使用图表

图表可以将表格中的数据转换为各种图形信息,从而生动地描述数据。在演示文稿中使用图表不仅可以提升视觉效果,也能让演示文稿所要表达的观点更加具有说服力。因为好的图表可以让观众清晰、直观地看到数据。

1. 利用图表将数据可视化

所谓"一图胜千言",图表相对于表格、文本和数字等其他 PPT 元素,其最大的优势在于可以可视化地将数据展现在观众眼前。

【例 8-24】 在"工作总结"演示文稿中使用插入的图表可视化展示数据。 视频

(1) 打开"工作总结"演示文稿,选择一个合适的幻灯片,删除模板自动生成的内容后选择【插入】选项卡,单击【插图】组中的【图表】按钮,打开【插入图表】对话框,选择一种图表类型(本例选择"簇状条形图"),单击【确定】按钮,如图 8-60 所示。

(2) 在打开的 Excel 窗口中输入图 8-61 所示的图表数据后关闭该窗口,即可在幻灯片中插入一个簇状条形图表。

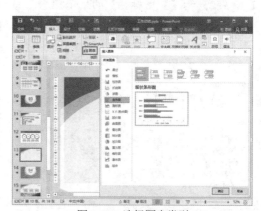

图 8-60　选择图表类型

(3) 选中图表后单击图表右侧的+按钮,从弹出的列表中选择【图例】|【左】选项,将表格图例显示在表格的左侧,如图 8-62 所示。

计算机基础与实训教材系列

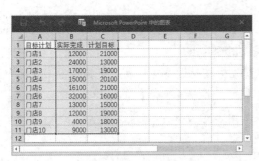

图 8-61　输入图表数据

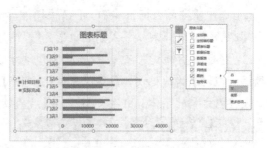

图 8-62　设置图例位置

(4) 再次单击+按钮，从弹出的列表中取消【图表标题】复选框的选中状态。

(5) 选中并右击图表中的"实际完成"数据系列，在弹出的快捷菜单中选择【设置数据系列格式】命令，如图 8-63 左图所示。

(6) 在打开的【设置数据系列格式】窗格中选择【系列选项】选项卡，然后选中【次坐标轴】单选按钮后，在【分类间距】微调框中输入 50%，如图 8-63 右图所示。

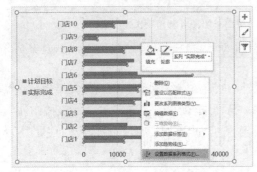
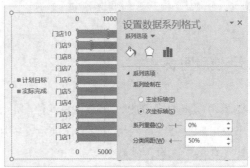

图 8-63　设置数据系列格式

(7) 选中图表中的"计划目标"数据系列，在【设置数据系列格式】窗格中选择【填充与线条】选项卡，将【填充】设置为【纯色填充】，【填充颜色】设置为白色，如图 8-64 所示。

(8) 再次选中"实际完成"数据系列，单击图表右侧的+按钮，在弹出的列表中设置【坐标轴】【网格线】和【数据标签】的显示状态。

(9) 最后，单独选中图表中的重要数据，在【格式】选项卡中设置其颜色，效果如图 8-65 所示。

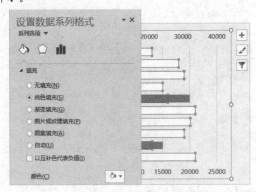

图 8-64　设置数据系列颜色

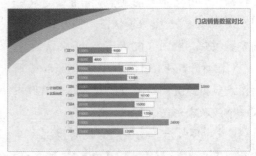

图 8-65　突出重点数据

2. 美化图表的视觉效果

对于大部分用户而言,对图表的美化效果只要做到简单、清晰即可,不需要太多复杂的设计。具体来说,美化图表主要有 3 个方法,分别是减去图表中不必要的元素、增加修饰及有效的说明,将图表元素替换成创意图形。

【例 8-25】通过美化图表在"工作总结"演示文稿中制作"山峰"图表。 📹 视频

(1) 继续例 8-24 的操作,在预览窗格中选中插入图表的幻灯片后按 Ctrl+D 快捷键将其复制一份,修改复制幻灯片中的标题文本,然后选中幻灯片中的图表,单击【设计】选项卡中的【编辑数据】按钮,打开 Excel 窗口,删除销售额最低的 5 家门店的数据,并重新调整图表数据范围,如图 8-66 所示。

(2) 单击【设计】选项卡中的【更改图表类型】按钮,在打开的对话框中选择【柱形图】|【簇状柱形图】选项,然后单击【确定】按钮,如图 8-67 所示。

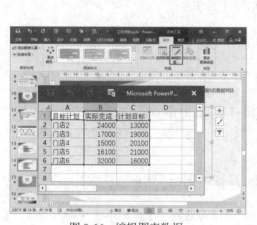

图 8-66 编辑图表数据

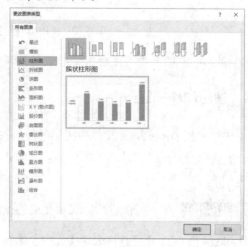

图 8-67 更改图表类型

(3) 选中图表中的"计划目标"数据系列后按 Delete 键将其删除。单击图表右侧的+按钮,在弹出的列表中取消【图例】复选框的选中状态,如图 8-68 所示。

(4) 单击【插入】选项卡中的【形状】下拉按钮,在打开的列表中选择【等腰三角形】选项,创建一个等腰三角形形状,为其设置浅黄色填充色后,右击该图形,在弹出的菜单中选择【编辑顶点】命令进入顶点编辑模式,通过拖动顶点控制柄调整形状的效果,如图 8-69 所示,制作山峰形状。

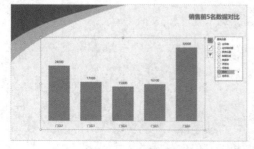

图 8-68 调整图表

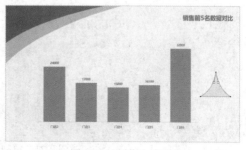

图 8-69 制作山峰形状

(5) 按 Esc 键退出顶点编辑，按 Ctrl+C 快捷键复制山峰形状，选中图表中的数据系列，按 Ctrl+V 快捷键粘贴形状，即可用自定义的山峰形状替换图表中的矩形数据系列，如图 8-70 左图所示。

(6) 将山峰形状的填充颜色设置为红色，按 Ctrl+C 快捷键将其复制，然后选中图表中"门店 6"数据系列，按 Ctrl+V 快捷键，将该数据系列的颜色设置为红色，如图 8-70 右图所示。

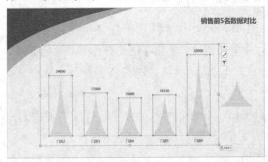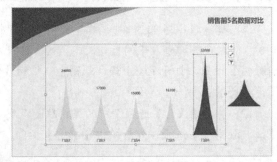

图 8-70　使用山峰形状替换数据系列

(7) 最后，删除幻灯片中的山峰形状，并调整图表在幻灯片中的大小和位置。

8.3.4　使用动作按钮

动作按钮是 PowerPoint 软件中提供的一种按钮对象，它的作用是：在单击或用鼠标指向按钮时产生动作交互效果，常用于制作演示文稿内容页中的播放控制条和各种交互式内容中的控制按钮。

【例 8-26】　在"工作总结"演示文稿的一部分幻灯片中插入一组导航控制条。　📹视频

(1) 继续例 8-25 的操作，选择【视图】选项卡，在【母版视图】组中单击【幻灯片母版】选项，进入幻灯片母版视图。

(2) 在幻灯片母版视图中选择空白版式，然后单击【插入】选项卡中的【形状】下拉按钮，在弹出的列表中选择【后退或前一项】选项◁，在版式页面中绘制动作按钮并在打开的【操作设置】对话框中单击【确定】按钮，如图 8-71 所示。

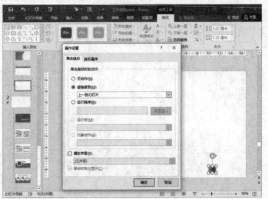

图 8-71　绘制动作按钮

(3) 使用同样的方法，在版式页中绘制【前进或下一项】【转到开头】【转到结尾】3 个动作按钮。

(4) 按住 Ctrl 键选中版式页中的所有动作按钮，选择【形状格式】选项卡，在【大小】组中设置【高度】和【宽度】均为 1.22 厘米，如图 8-72 所示。

(5) 将设置好的动作按钮对齐，并复制到其他版式页中。退出母版视图，为 PPT 中的幻灯片应用版式，幻灯片将自动添加图 8-73 所示的导航控制条。

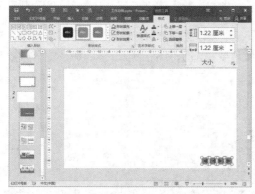
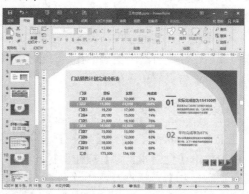

图 8-72　统一设置动作按钮的大小　　　　　　图 8-73　导航控制条效果

8.3.5　设置邮件链接

在演示文稿中为对象(图片、文本或形状)添加电子邮件链接，可以在放映演示文稿时通过单击链接快速向指定的电子邮箱发送邮件。

【例 8-27】 在"工作总结"演示文稿中创建一个电子邮件链接。 视频

(1) 继续例 8-26 的操作，在预览窗格中选择演示文稿的结尾页，在幻灯片中插入一个文本框，并在文本框中输入"我的邮件：miaofa@sina.com"。

(2) 选中文本框后右击鼠标，从弹出的快捷菜单中选择【超链接】命令(如图 8-74 左图所示)，打开【插入超链接】对话框。

(3) 在【链接到】列表框中选择【电子邮件地址】选项，在【电子邮件地址】文本框中输入收件人的邮箱地址，在【主题】文本框中输入邮件主题，然后单击【确定】按钮，如图 8-74 右图所示。

图 8-74　为文本框设置邮件链接

> **提示**
>
> 完成例 8-27 的操作后可以创建一个自动发送电子邮件的链接。在放映 PPT 时，单击添加此类链接的元素，PPT 将打开电脑中安装的邮件管理软件，自动填入邮件的收件人地址和主题，用户只需要撰写邮件内容，单击【发送】按钮即可发送邮件。

8.3.6 设置页眉和页脚

一般情况下，普通 PPT 不需要设置页眉和页脚。但如果我们要做一份专业的演示报告，在制作完成后还需要将演示文稿输出为 PDF 文件，或者要将演示文稿打印出来，那么就有必要在演示文稿中设置页眉和页脚了。

1. 设置日期和时间

在 PowerPoint 中，选择【插入】选项卡，在【文本】组中单击【页眉和页脚】按钮，打开图 8-75 所示的【页眉和页脚】对话框。选中【日期和时间】复选框和【自动更新】单选按钮，然后单击【自动更新】单选按钮下的下拉按钮，从弹出的下拉列表中，用户可以选择 PPT 页面中显示的日期和时间格式。单击【全部应用】按钮，可以将设置的日期与时间应用到 PPT 的所有幻灯片中。

图 8-75 为 PPT 设置日期和时间

▽ 如果仅需要为当前选中的幻灯片页面设置日期和时间，在【页眉和页脚】对话框中单击【应用】按钮即可。

▽ 如果需要为 PPT 设置一个固定的日期和时间，可以在【页眉和页脚】对话框中选中【固定】单选按钮，然后在其下的文本框中输入需要添加的日期和时间即可。

2. 设置编号

单击【插入】选项卡中的【页面和页脚】按钮后，在打开的【页眉和页脚】对话框中选中【幻灯片编号】复选框，然后单击【全部应用】按钮，可以为 PPT 中的所有幻灯片设置编号(编号一般显示在幻灯片页面的右下角)。

> **提示**
>
> 一般情况下 PPT 中作为标题的幻灯片不需要设置编号，我们可以通过在【页眉和页脚】对话框中选中【标题幻灯片中不显示】复选框，在标题版式的幻灯片中不显示编号。

3. 设置页脚

在【插入】选项卡的【文本】组中单击【页眉和页脚】按钮，打开【页眉和页脚】对话框，选中【页脚】复选框后，在其下的文本框中可以为 PPT 页面设置页脚文本。单击【全部应用】按钮，将设置的页脚文本应用于 PPT 的所有页面之后，用户还需要选择【视图】选项卡，在【母版视图】组中单击【幻灯片母版】按钮，进入幻灯片母版视图，确认页脚部分的占位符在每个版式中都能正确显示，如图 8-76 所示。

4. 设置页眉

在 PowerPoint 中，单击【插入】选项卡中的【页眉和页脚】选项，在打开的对话框中选择【备注和讲义】选项卡，选中【页眉】复选框，然后在该复选框下的文本框中输入页眉的文本内容(如图 8-77 所示)，并单击【全部应用】按钮，即可为 PPT 设置页眉。

图 8-76　设置页脚　　　　　　　　　　　　图 8-77　设置页眉

8.3.7　设置自定义放映

在 PowerPoint 中，用户可以通过创建自定义放映，控制演示文稿的放映范围。

【例 8-28】在"工作总结"演示文稿中创建一个自定义放映。 🎬视频

(1) 选择【幻灯片放映】选项卡，单击【开始放映幻灯片】组中的【自定义幻灯片放映】下拉按钮，从弹出的下拉列表中选择【自定义放映】选项，打开【自定义放映】对话框后单击【新建】按钮，如图 8-78 左图所示。

(2) 打开【定义自定义放映】对话框，在【在演示文稿中的幻灯片】列表框中选中需要播放的幻灯片，单击【添加】按钮，将选中的幻灯片加入【在自定义放映中的幻灯片】列表框中(如图 8-78 右图所示)，然后单击【确定】按钮。

图 8-78　设置自定义放映

计算机基础与实训教材系列

(3) 返回【自定义放映】对话框后单击【关闭】按钮。再次单击【自定义幻灯片放映】下拉按钮，从弹出的下拉列表中选择【自定义放映 1】选项，将立刻放映步骤(2)选择的幻灯片。

8.3.8 导出演示文稿

在使用演示文稿(PPT)的过程中，为了让其可以在不同的环境(场景)下正常放映，可以将制作好的 PPT 演示文稿输出为不同的格式，以便播放。例如，将 PPT 输出为 MP4 格式的视频，可以让 PPT 在没有安装 PPT 放映软件(PowerPoint 或者 WPS)的电脑中也能够正常放映；将 PPT 保存为图片格式，可以方便我们快速预览 PPT 的所有幻灯片内容；将 PPT 导出为 PDF 格式的文件，可以避免 PPT 文件中的版权内容在转发给其他用户后，产生内容篡改引发的侵权问题。

在 PowerPoint 中选择【文件】选项卡，在显示的界面中选择【导出】选项，然后在【导出】选项区域中选择【创建 PDF/XPS 文档】【创建视频】【更改文件类型】选项(如图 8-79 所示)，然后在软件打开的对话框中执行相应的保存(打包)操作即可。

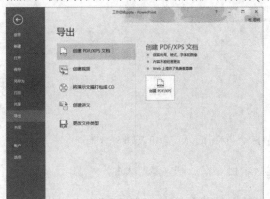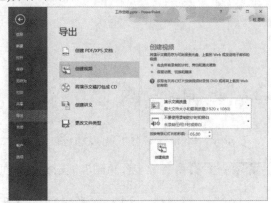

图 8-79　将演示文稿导出为其他格式

8.4　实例演练

本章通过制作"产品介绍"和"工作总结"演示文稿，介绍了 PowerPoint 的工作界面和基本操作。下面的实例演练将补充前面介绍的内容，指导用户在演示文稿中制作视频播放控制按钮、录制旁白、压缩演示文稿的方法。

8.4.1 制作视频播放控制按钮

在 PowerPoint 中将视频与动画结合，就可以利用触发器在演示文稿中实现视频播放控制。

【例 8-29】 在演示文稿中制作视频播放和暂停控制按钮。 🎬视频

(1) 在演示文稿中插入视频后调整视频的大小和位置，然后在视频下面插入两个矩形圆角形状，并分别在其上输入文本"播放"和"暂停"。

(2) 选中页面中的视频，选择【播放】选项卡，在【视频选项】组中将【开始】设置为【单击时】。

(3) 单击【动画】选项卡中的【添加动画】下拉按钮，从弹出的下拉列表中依次选择【播放】和【暂停】选项，为视频添加"播放"和"暂停"动画，如图 8-80 所示。

(4) 单击【高级动画】组中的【动画窗格】选项，在打开的动画窗格中单击动画右侧的倒三角按钮▼，从弹出的列表中选择【效果选项】选项，在打开的对话框中选择【计时】选项卡，单击【触发器】按钮，在激活的选项区域中将【单击下列对象时启动动画效果】设置为【圆角矩形56: 播放】，然后单击【确定】按钮，如图 8-81 所示。

图 8-80　为视频添加动画

图 8-81　为动画设置触发器

(5) 使用同样的方法，将暂停动画的触发按钮设置为【圆角矩形56: 暂停】。

(6) 按 F5 键放映演示文稿，单击页面中的【播放】按钮将播放幻灯片中的视频；单击【暂停】按钮则会暂停视频的播放。

8.4.2　为演示文稿录制旁白

在一些 PPT 应用场景中(例如教学课件)，我们需要为演示文稿添加语音旁白，以便在放映 PPT 的过程中可以对内容进行说明。

【例 8-30】为"产品介绍"演示文稿录制旁白。 🎬 视频

(1) 将录音设备与电脑连接后，在 PowerPoint 中选择【插入】选项卡，单击【媒体】组中的【音频】下拉按钮，从弹出的下拉列表中选择【录制音频】选项，如图 8-82 所示。

(2) 此时，演示文稿将进入录制状态，单击【开始录制】按钮◉。

(3) 倒计时 3 秒后即可通过录音设备(话筒)开始录制旁白，当录完一页幻灯片的语音后，按键盘上的方向键↓切换下一张幻灯片开始录制下一页(按方向键↑可以返回上一页幻灯片)。

(4) 旁白录制结束后，按 Esc 键停止录制，再次按 Esc 键退出录制状态。此时在有录制旁白的幻灯片右下角将显示声音图标◀。PPT 默认将录制的旁白声音设置为自动播放，放映 PPT 时将会同步播放旁白。

8.4.3 设置压缩演示文稿文件

如果演示文稿文件制作得过大，为了方便通过网络传输，我们可以通过将其中的图片文件压缩来减小演示文稿自身的文件大小。

【例 8-31】 设置压缩"工作总结"演示文稿。 视频

(1) 打开"工作总结"演示文稿后按 F12 键打开【另存为】对话框，单击该对话框底部的【工具】下拉按钮，从弹出的下拉列表中选择【压缩图片】选项。

(2) 打开【压缩图片】对话框，选中【电子邮件(96 ppi)】单选按钮，然后单击【确定】按钮，如图 8-83 所示。返回【另存为】对话框后单击【确定】按钮即可。

图 8-82　选择【录制音频】选项

图 8-83　设置压缩演示文稿

8.5　习题

1. 如何在幻灯片中插入文本框、图片和视频文件？
2. 简述如何在窗口中放映 PPT。
3. 简述如何控制 PPT 动画的播放时间。
4. 尝试将本章制作的"产品介绍"演示文稿打包为 CD。
5. 尝试为本章制作的"工作总结"演示文稿设置切换动画和对象动画。

第 9 章

Python自动化办公

　　Python 是一种简单易学、功能强大的编程语言，它有高效率的高层数据结构，可以简单有效地实现面向对象编程。在日常工作中，灵活使用 Python 进行简单的编程能够帮助办公人员摆脱大量机械化的重复性工作，让工作变得更加高效。本章将介绍使用 Python 实现自动化办公的基础知识，为用户进一步通过自学掌握更多的 Python 相关知识提供帮助。

本章重点

- 安装 Python
- 使用 PyCharm 编写 Python 程序
- 使用 Python 工具
- 自动化处理 Office 文件

二维码教学视频

【例 9-1】 使用 PyCharm 创建 py 文件　　　【例 9-2】 自动化批量创建保密协议

9.1 Python 自动化办公基础

许多职场人在每天的工作中，或多或少地都会做一些重复性工作，例如，比较两个 Excel 表格中的数据是否存在差异。两个表格中记录了客户的充值流水，每个表格里的数据都包含大约 100 多万行数据。这些工作非常烦琐，需要花费大量的时间去处理，并且很难保证不出错。

此时，如果利用 Python 语言来编写程序，就可以自动化处理这些重复性较高的工作。

9.1.1 安装 Python

Python 是一门编程语言，我们在电脑中安装 Python，实际上是在安装 Python 的解释器。用户可以参考以下步骤通过 Python 官方网站下载并安装 Python 解释器，安装完成后，就可以通过 Python 解释器执行自己编写的 Python 程序了。

(1) 打开 Edge 浏览器访问 Python 官方网站，选择 Windows 版的 Python 安装文件进行下载，如图 9-1 左图所示。

(2) 双击下载的 Python 安装文件，打开图 9-1 右图所示的安装界面，选中 Add Python.ext to PATH 复选框后，单击 Install Now 按钮，然后根据提示即可完成 Python 解释器的安装。

图 9-1　下载并安装 Python 解释器

> **提示**
>
> Python 安装包将在系统中安装一批与 Python 开发和运行环境相关的程序，其中最重要的两个是 Python 命令行和 Python 集成开发环境(Python's Integrated Development Environment，IDLE)。

9.1.2 使用 Python 工具

Python 虽然是一门简单且具有强大功能的编程语言，但要实现办公自动化只有 Python 是不够的，还需要使用对应的工具来编写 Python 程序，如 pip、IPython、Jupyter Notebook、PyCharm。

1. pip

在编写 Python 程序的过程中，用户会发现很多任务需要编写类似的功能，例如读取操作系统中的文件、发送网络请求等。为了避免重复编写这些常用且基础的功能，Python 提供了功能强大的内置库，在一定程度上解决了这个问题。但是也有一些问题单靠 Python 内置库是无法解决的，面对这些问题，我们可以使用第三方包。

第三方包就是由第三方(非 Python 官方)提供的代码包，全世界各地的 Python 程序员提供了各种各样的第三方包来解决不同的问题，比如"发送网络请求"可使用 requests 第三方包、"构建网站"可使用 Flask 第三方包，这些第三方包存放在 PyPI(The Python Package Index)中。

为了方便使用与管理这些第三方包，Python 提供了 pip 包管理工具，使用 pip 可以实现对第三方包的查找、下载、安装与卸载。通过 pip install PackageName 命令可以安装对应的第三方包，该命令中 PackageName 表示第三方包的名称，例如安装网络请求库的命令如下：

```
pip install requests
```

查看已安装的第三方包的命令如下：

```
pip list
```

2. IPython

在编写 Python 代码时，通常需要使用 Python 交互式编程环境来验证代码是不是存在问题，辅助代码的编写。在终端命令软件中输入"python"，便可以开启 Python 默认的交互式编程环境，但 Python 默认的交互式编程环境的功能并不强大，所以建议用户安装 IPython。

IPython 是增强型的 Python 交互式编程环境，与默认的 Python 交互式编程环境相比，它拥有更加强大的功能(IPython 支持变量自动补全、自动缩进)。

IPython 本身也是一个第三方包，要使用 IPython 可以通过 pip 命令来安装(如图 9-2 左图所示)：

```
pip install ipython
```

安装完成后，在命令行输入 IPython 将进入图 9-2 右图所示的增强型 Python 交互式编程环境。

图 9-2　安装并使用 IPython

3. Jupyter Notebook

IPython 交互式编程环境简单易用，但并不适合编写较为复杂的代码，若要编写复杂的代码则可以选择使用 Jupyter Notebook。

Jupyter Notebook 是基于网页进行交互式编程的应用程序，它可以记录每一段程序的运行结果，方便记录与展示结果。要使用 Jupyter Notebook，需要通过 pip 命令安装 Jupyter 第三方包：

```
pip install jupyter
```

安装完成后，在命令行输入 Jupyter Notebook(如图 9-3 所示)会打开浏览器编辑界面，显示当前所在目录。在使用时，用户可以创建.ipynb 文件来编写代码。Jupyter Notebook 常用于编写与数据分析相关的代码，因为它可以保存各种可视化图表(如柱状图、折线图等)。

4. PyCharm

PyCharm 是 Python 集成开发环境，带有一整套可以帮助用户在使用 Python 语言开发时提高效率的工具，比如调试、语法高亮、项目管理、代码跳转。用户访问 PyCharm 官方网站下载安装文件，即可安装 PyCharm。安装完成后，启动 PyCharm，其工作界面如图 9-4 所示。

图 9-3　运行 Jupyter Notebook

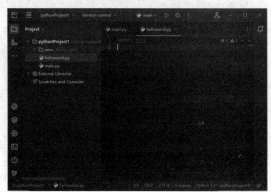

图 9-4　PyCharm 开发环境

9.1.3　编写 Python 程序

完成 Python 解释器的安装后，就可以正式开始编写 Python 程序了。按照惯例，学习一门语言的第一个程序都会讲解如何编写"hello world"。首先，用户可以单击任务栏左下角的【开始】按钮■，在弹出的开始菜单中打开 IDLE 集成开发环境启动 Python 解释器，然后在交互式环境提示符">>>"后输入 print("hello world!")命令并按 Enter 键，即可看到 Python 解释器会输出 hello world!。

9.1.4　输入/输出 Python 程序

在 Python 中实现程序的输入与输出非常方便。

1. py 文件

由于 IPython 之类的交互式编程环境无法保存写过的代码，在日常工作中为了方便程序的编写与修改，一般将程序写入.py 为扩展名的文件中。以前面介绍过的 PyCharm 集成开发环境为例，执行以下操作可以创建.py 文件并编写 Python 程序代码。

【例 9-1】 在 PyCharm 中编写 hello world 程序代码，并将代码保存为.py 文件。 🎬视频

(1) 首先在本地电脑创建一个用于存放代码的目录，例如 D:\project。

(2) 在电脑中安装并启动 PyCharm 后，单击【Main Menu】按钮 (快捷键：Alt+\)，在弹出的菜单中选择【File】|【New Project】命令，如图 9-5 左图所示。

(3) 打开【Create Project】对话框，在【Location】文本框中输入存放项目代码的路径和项目名称 D:\Project\Project1，创建一个名为 Project1 的新项目，如图 9-5 右图所示。

图 9-5　创建新项目

(4) 右击创建的项目，在弹出的菜单中选择【New】|【Python File】命令，如图 9-6 左图所示。

(5) 打开【New Python file】对话框，输入名称 helloworld 并按 Enter 键，如图 9-6 右图所示，即可创建一个名为 helloworld.py 的文件。

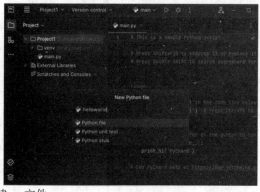

图 9-6　创建 py 文件

(6) 如果要在 PyCharm 中运行 Python 代码，双击创建的 helloworld.py 文件，输入"print("hello world!")"，然后右击文件空白处，在弹出的快捷菜单中选择【Run'helloworld'】命令即可。

2. 输出数据

在 Python 中通过 print 方法实现输出，代码如下：

```
print('I Love Python')
```

print 方法默认情况下会在输出内容的末尾添加换行符，因此会自动换行。如果不需要 print 方法在输出完内容后自动换行，可以使用 end 参数，代码如下：

```
print('I Love Python' , end' ')                    #使用 end 参数指定字符结尾
```

print 方法在面对一些需要格式化输出的变量时会显得力不从心，此时可以使用 pprint 模块下的 pprint 方法，该方法可以将数据格式化后输出，具体参数如下：

```
pprint.pprint(object, stream=None, indent=1, width=80, depth=None, *,compact=False)
```

▶ object 表示要输出的变量对象。

▶ stream 表示输出流，默认值为 sys.stdout，即在屏幕上输出。

▶ indent 表示缩进空格数。

▶ width 表示每行最大显示字符数，默认为 80 个字符，若超过 80 个字符则换行显示。

▶ depth 表示最大数据的层数。当数据有很多层时，可以限制输出层级，超过的层级用符号"..."代替。

▶ compact 表示当 compact 为 True 时，输出时会尽量填满 width 规定的字符数；当 compact 为 False 时，如果超过 width 规定的字符数，则以多行形式输出。

3. 获取输入数据

在 Python 中使用 input 方法，可以轻松获得用户通过键盘输入的内容，该方法会返回字符串的数据。使用 input 方法的实例如下。

```
#等待输出
name =input('请输入您的姓名：')
#通过 f-string 方法格式化字符串并通过 print 方法输出字符串
print(f'{name},欢迎归来！)
#输出
'''
请输入你的姓名：张三
张三，欢迎归来!
'''
```

以上代码通过 input 方法接受用户输入，该方法可以将提示信息作为参数，程序运行时会暂停在 input 方法处等待用户键盘输入，用户在输入完成后，按 Enter 键结束输入。

9.1.5 运行 Python 程序

运行 Python 程序有交互式和文件式两种方式。

▶ 交互式指 Python 解释器即时响应用户输入的每条代码，给出输出结果。

▶ 文件式也称为批量式，指用户将 Python 程序写在一个或多个文件中，然后启动 Python 解释器批量执行文件中的代码。

交互式一般用于调试少量代码，文件式则是最常用的编程方式。下面将以在 Windows 操作系统中运行 Hello World 程序为例具体介绍两种方式的启动和执行方法。

1. 交互式程序运行方法

交互式有两种运行方法。

▶ **方法一**：启动 Windows 操作系统命令行工具(打开<Windows32\cmd.exe>窗口)，在控制台中输入 Python，然后在提示符 ">>>" 后输入程序代码，例如 print("hello world!")。

按 Enter 键后即可显示输出结果 "Hello World!"，如图 9-7 所示。

图 9-7　通过命令行启动交互式 Python 运行环境

> **提示**
>
> 在 ">>>" 提示符后输入 exit()或 quit()可以退出 Python 运行环境。

▶ **方法二**：通过调用安装的 IDLE 来启动 Python 运行环境。IDLE 是 Python 软件包自带的集成开发环境，可以在 Windows 操作系统中搜索 IDLE 来启动 Python 运行环境。图 9-8 所示为在 IDLE 环境中运行 Hello World 程序的效果。

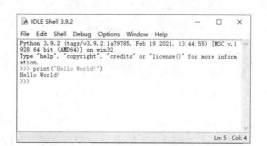

图 9-8　通过 IDLE 启动交互式 Python 运行环境

2. 文件式程序运行方法

文件式也有两种运行方法，与交互式相对应。

▶ **方法一**：按照 Python 的语法格式编写代码，并保存为.py 格式的文件。Python 代码可以在任意编辑器中编写(规模较大的代码建议用 Python 安装包中的 IDLE 编辑器或第三方开源记事本增强工具 Notepad++编写)，然后打开 Windows 命令行(cmd.exe)进入.py 文件所在的文件夹，运行 Python 程序文件并获得输出，如图 9-9 所示。

➤ 方法二：打开 IDLE 后，按 Ctrl+N 键打开一个新窗口(或在菜单栏中选择 File | New File 命令)。该窗口不是交互模式，它是一个具备 Python 语法高亮辅助的编辑器，可以进行代码编辑。在其中输入 Python 代码，例如，输入 Hello World 程序并保存为 Hello.py 文件，如图 9-10 所示。按 F5 键，或在菜单栏中选择 Run | Run Module 命令运行 Hello.py 文件。

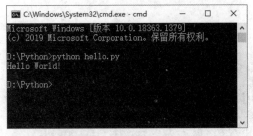

图 9-9　通过命令行方式运行 Python 程序文件

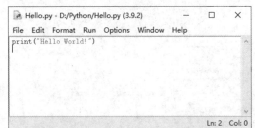

图 9-10　通过 IDLE 编写 Python 程序文件

9.2　Excel 表格自动化处理

在日常办公中，我们常常要与 Excel 表格打交道，使用它来处理各种数据，但渐渐地会发现，许多在 Excel 中的工作都使用类似的操作，这些操作占据了我们大量的时间。如果能使用 Python 让 Excel 自动处理这些操作，将大大提高工作效率。

9.2.1　使用 xlrd 读取 Excel 工作簿数据

第三方库 xlrd 的主要作用是读取 Excel 工作簿中的数据。在使用之前首先需要通过 pip 来进行安装，命令如下。

```
pip install xlrd
```

通过 pip 安装 xlrd 后，可以使用 PyCharm 在 Project1 项目中创建一个名为 Excel.py 的文件，使用以下代码：

```
import xlrd                              #导入 xlrd
data = xlrd.open_workbook('Data1.xlsx')  #读取名称为 Data1 的工作簿
```

以上代码将 data1.xlsx 文件的具体路径作为 xlrd.open_workbook 方法的参数，从而将工作簿导入电脑内存中。因为 data1.xlsx 文件与代码文件在相同目录(例如 D:\Project\Project1)，所以可以直接使用文件名。

一个工作簿至少由一个工作表组成，读入工作簿后，还要选择处理的工作表。选择工作表的方法有多种，代码如下：

```
sheet = data.sheets() [0]                    #选择所有工作表中的第一个工作表
sheet = data.sheet_by_index(0)               #选择所有工作表中的第一个工作表
sheet = data.sheet_by_name("sheet1")         #选择名为 sheet1 的工作表
```

使用以上 3 种代码操作 Data1.xlsx 工作簿，将选中图 9-11 所示的 Data1.xlsx 工作簿中名为 Sheet1 的工作表。在 Data1.xlsx 工作簿中的数据都由 Python 第三方库 Faker 生成，它可以根据使用条件随机生成"虚假的"数据，用户可以利用这些生成的数据来演示 Python 自动化操作工作表。

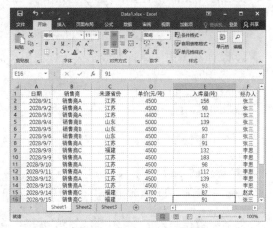

图 9-11　Data1.xlsx 工作簿

在 Excel 中，工作簿至少由一个工作表构成，而一个工作表由多个单元格构成，单元格中存放具体的数据。工作表中的每个单元格都可以通过"行号＋列号"的方式定位，在 Python 中，通常也通过"行号＋列号"的方式来获取相应位置的单元格中的信息：

```
sheet.cell_value(row,col)
sheet.cell_value(1,0)
sheet.cell_value(0,1)
```

以上代码中，通过 cell 方法将行号与列号传入，可以获取对应位置单元格中的信息。需要注意的是：在通过 xlrd 操作工作表获取单元格信息时，单元格的行号与列号都以 0 作为起始值，而工作表中以 1 作为起始值。

综上所述，使用 xlrd 读取 Excel 工作簿中的数据分为以下 3 个步骤。

步骤 1：使用 xlrd.open_workbook 方法载入工作簿。

步骤 2：使用 sheet_by_index 等方法选取工作簿中的某个工作表。

步骤 3：使用 cell_value 方法获取工作表中某个单元格中的信息。

如果用户想要批量读取单元格中的信息，那么必然需要使用循环语句。在使用循环语句前，可能需要获取以下信息：

```
sheets_num = book.nsheets              #获取工作簿中的工作表数目
sheets_names = book.sheet_names()      #获取工作簿中的工作表名称列表

nrows = sheet.nrows                    #获取工作表中有值单元格的行数
ncols = sheet.ncols                    #获取工作表中有值单元格的列数
```

通过以上代码获取的数据，可以使用循环语句将整个工作簿中的所有工作表中的数据读取出来。

计算机基础与实训教材系列

9.2.2 使用 xlwt 将数据写入 Excel 工作簿

第三方库 xlwt 的主要作用是将数据写入工作簿中。用户可以使用 pip 安装该库，命令如下：

```
pip install xlwt
```

安装 xlwt 库后，要将数据写入工作簿，先要创建空白的*.xls 类型的工作簿，代码如下：

```
#创建*.xls 类型的工作簿
data = xlwt.workbook()
```

一个工作簿至少要有一个工作表，因此还需要新建一个工作表，代码如下：

```
#新建名为 Sheet1 的工作表
sheet = data.add_sheet('Sheet1')
```

然后将数据写入工作表中的某个单元格，同样以行号与列号的方式定位具体的单元格，随后将数据写入对应单元格即可，代码如下：

```
#写入数据到第一行第一列的单元格
#按(row, col, value)的方式添加数据
sheet.write(0,0, '日期')
```

最后将写入了数据的新工作簿保存到硬盘中，代码如下：

```
data.save('Data2.xls')
```

完成后将在名为 Data2.xls 的工作簿中创建 Sheet1 工作表，并在 A1 单元格中输入"日期"。总结以上内容，xlwt 将数据写入新工作簿分为以下 4 个步骤。

步骤 1：实例化 xlwt.workbook 类，创建新工作簿。

步骤 2：使用 add_sheet 方法创建新工作表。

步骤 3：使用 write 方法将数据写入单元格。

步骤 4：使用 save 方法保存工作簿。

xlwt 只支持*.xls 格式的工作簿，如果在使用 save 方法时，将工作簿保存为*.xlsx 格式，程序在运行过程中并不会报错，但保存的*.xlsx 格式的工作簿将无法通过 Excel 打开。此外，还要注意 xlwt 不允许对相同的单元格进行重复赋值。

9.2.3 使用 xlutils 修改工作簿数据

使用 xlrd 可以读取工作簿中的数据，使用 xlwt 可以将数据写入新的工作簿中。但如果想要修改 Excel 工作簿中的数据，只靠 xlrd 和 xlwt 修改工作簿中的数据，其过程将会很复杂，需要

通过 xlrd 获取工作簿中所有的数据，然后通过 xlwt 建立新的工作簿，再将 xlrd 读取的数据写入，在写入的过程中修改数据。

之所以如此复杂，原因是 xlrd 只能读取数据，而 xlwt 只能写入数据，两者之间缺少一个"桥梁"进行数据沟通，而使用 xlutils 可以"优雅"地解决这个问题。

xlutils 依赖于 xlrd 与 xlwt，它最常用的功能就是将 xlrd 的 Book 对象复制成 xlwt 的 Workbook 对象，从而实现 xlrd 与 xlwt 之间的数据流通，它起到了桥梁的作用。

使用 pip 安装 xlutils：

```
pip install xlutils
```

用户需要调用 xlutils.copy 下的 copy 方法就可以实现将 xlrd 的 Book 对象复制成 xlwt 的 Workbook 对象的目的，操作十分简单。以下代码演示通过 xlutils 实现对工作簿的修改：

```
import xlrd
from xlutils.copy import copy
#读入数据，获取 Book 对象
rd_book = xlrd.open_workbook('xlutils_test.xlsx')
#获取工作簿中的第一个工作表，方便后续操作
rd_sheet = rd_book.sheets()[0]
#复制 Book 对象为 Workbook 对象
wt_book = copy(rd_book)
#从 Workbook 对象中获取 Sheet 对象
wt_sheet = wt_book.get_sheet(0)
#循环处理每一行第一列数据，修改其中的内容
for row in range(rd_sheet.nrows):
    wt_sheet.write(row, 0, '修改数据')
wt_book.save('xlutils_test_copy.xls')
```

上述代码首先通过 xlrd 的 open_workbook 方法读取工作簿，获取 Book 对象，为了方便后续操作，代码从 Book 对象中获取相应的工作表；其次调用 xlutils.copy 中的 copy 方法，将 Book 对象复制并转换为 xlwt 的 Workbook 对象，并通过 get_sheet 方法获取对应的 Sheet 对象，方便对读入数据进行处理；接下来通过 rd_sheet.nrows 方法获取该工作表中对应的行数并使用 for 循环逐个处理，将每一行第一列的内容修改为"修改数据"；最后使用 save 方法将修改后的内容保存起来，如图 9-12 所示。

观察图 9-12 可知，虽然利用 xlutils.copy 中的 copy 方法进行复制，但原工作表中的样式并没有在新表中体现，主要表现在工作表的第一行。如果想连样式一起复制，则需要将 formatting_info 参数设置为 True，代码如下：

```
rd_book = xlrd.open_workbook('xls 文件',formatting_info=True)
```

265

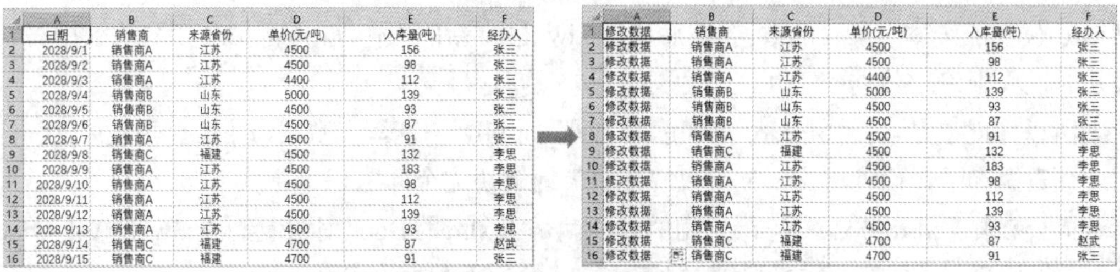

	A	B	C	D	E	F
1	日期	销售商	来源省份	单价(元/吨)	入库量(吨)	经办人
2	2028/9/1	销售商A	江苏	4500	156	张三
3	2028/9/2	销售商A	江苏	4500	98	张三
4	2028/9/3	销售商A	江苏	4400	112	张三
5	2028/9/4	销售商B	山东	5000	139	张三
6	2028/9/5	销售商B	山东	4500	93	张三
7	2028/9/6	销售商B	山东	4500	87	张三
8	2028/9/7	销售商A	江苏	4500	91	张三
9	2028/9/8	销售商C	福建	4500	132	李思
10	2028/9/9	销售商A	江苏	4500	183	李思
11	2028/9/10	销售商A	江苏	4500	98	李思
12	2028/9/11	销售商A	江苏	4500	112	李思
13	2028/9/12	销售商A	江苏	4500	139	李思
14	2028/9/13	销售商A	江苏	4500	93	李思
15	2028/9/14	销售商C	福建	4700	87	赵武
16	2028/9/15	销售商C	福建	4700	91	张三

	A	B	C	D	E	F
1	修改数据	销售商	来源省份	单价(元/吨)	入库量(吨)	经办人
2	修改数据	销售商A	江苏	4500	156	张三
3	修改数据	销售商A	江苏	4500	98	张三
4	修改数据	销售商A	江苏	4400	112	张三
5	修改数据	销售商B	山东	5000	139	张三
6	修改数据	销售商B	山东	4500	93	张三
7	修改数据	销售商B	山东	4500	87	张三
8	修改数据	销售商A	江苏	4500	91	张三
9	修改数据	销售商C	福建	4500	132	李思
10	修改数据	销售商A	江苏	4500	183	李思
11	修改数据	销售商A	江苏	4500	98	李思
12	修改数据	销售商A	江苏	4500	112	李思
13	修改数据	销售商A	江苏	4500	139	李思
14	修改数据	销售商A	江苏	4500	93	李思
15	修改数据	销售商C	福建	4700	87	赵武
16	修改数据	销售商C	福建	4700	91	张三

图 9-12　修改工作簿数据

这里需要注意的是，xlutils 基于 xlrd 与 xlwt，如果复制工作簿时想要复制样式，工作簿文件类型需要为*.xls，这是因为 xlwt 只能写入*.xls 类型的工作簿，如果 xlrd 读入的是*.xlsx 类型的工作簿，那么在写入时，*.xlsx 类型工作簿中记录的各种样式则无法很好地展现在*.xls 文件中。

提示

使用 Python 操作 Excel 工作簿往往需要使用多个第三方库，除了上面介绍的 xlrd、xlwt、xlutils 库，还可以使用 openpyxl 库操作大型数据库，实现 Excel 日历；使用 Pandas 库自动操作 Excel，实现 Excel 数据排序、数据过滤、数据拆分，实现多表联合操作、对数据进行统计运算、实现数据可视化。由于这部分内容较多而本书篇幅有限，感兴趣的读者可以查阅相关资料自行学习。

9.3　Word 文档自动化处理

在 Python 中，用户可以使用 python-docx 库来自动化操作 Word 文档。首先需要通过 pip3 来安装该库，命令如下：

```
pip3 install python-docx
```

9.3.1　快速创建 Word 文档

与 Excel 工作簿类似，Word 文档也有两种不同的文件格式，分别是*.doc 和*.docx。其中*.docx 文件格式基于 XML(Extensible Markup Language，可扩展标记语言)，在相同数据量下，其占用空间更小，兼容性更高。

python-docx 库只支持操作*.docx 文件格式的 Word 文档，虽然 Word 有*.doc 与*.docx 两种文件格式，但目前使用的 Word 文档绝大多数是*.docx 文件格式的。

如果需要*.doc 文件格式的 Word 文档，可以将其中的内容复制、粘贴到*.docx 文件格式的文件中，再进行处理。

要使用 python-docx 创建空白 Word 文档，代码如下：

```
from docx import Document

#创建文档对象
document = Document()
```

```
#保存文档对象，扩展名只可使用*.docx
document.save('new.docx')
```

以上代码中，通过*.docx 文件格式来使用 python-docx 第三方库，并通过 import 关键字将 Document 文档对象导入；然后调用 Document 方法创建文档对象，该文档对象对应一个 Word 文档；最后调用 save 方法传入具体的路径，将文档对象保存到本地。需要注意的是，在保存 Word 文档时，其扩展名必须使用*.docx。

9.3.2　读取 Word 文档中的段落

使用 python-docx 可以读取 Word 文档中的段落、图片、表格等多种不同类型的数据。以图 9-13 所示的 Word 文档为例，要读取文档中内容是"战略研究报告"的目录文档，其中每一句都为独立的一段，Python 读取代码如下：

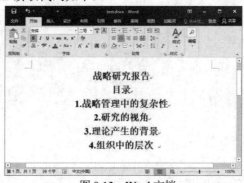

图 9-13　Word 文档

```
from docx import Document

doc = Document('test1.docx')
#遍历 Word 文档中的段落
for p in doc.paragraphs:
    #输出 Word 文档中的段落内容
    print(p.text)

#输出
'''
战略研究报告
目录
1.战略管理中的复杂性
2.研究的视角
3.理论产生的背景
4.组织中的层次
'''
```

以上代码中，使用 Document 方法获取文档对象，如果要读取已存在的 Word 文档，只需要将 Word 文档对应的路径作为 Document 方法的参数传入即可。

在获取文档对象后，遍历该对象的 paragraphs 属性对象，paragraphs 属性对象中的 text 属性便是对应段落的内容。用户需要明确以下概念。

➤ 利用 Document 方法获取 Word 文档对象。

➤ paragraph 对象表示 Word 文档中的段落对象。

➤ paragraph 对象中的 text 对象表示段落中具体的文本内容。

9.3.3 在 Word 文档中写入文字

在了解了如何读取 Word 文档中的数据后，用户可以使用 python-docx 库的 add_paragraph 方法将文字类型数据以段落形式添加到 Word 文档中，代码如下：

```python
from docx import Document

doc = Document()
#添加标题
doc.add_heading('一级标题',level=1)
#添加段落
p2 = doc.add_paragraph('段落内容 1')
#将新段落添加到已有段落之前
p1 = p2.insert_paragraph_before('段落内容 2')

p3 = doc.add_paragraph('增加段落')
#追加内容
p3.add_run('加粗').bold = True
p3.add_run('以及')
p3.add_run('斜体').italic =True

doc.save('newdocument.doc')
```

以上代码中，通过 Document 方法获取 Word 文档对象；随后调用 add_heading 方法添加标题，标题的等级可以通过 level 参数指定；接着通过 add_paragraph 方法添加普通段落，如果想将内容添加到已有段落之前，可以调用 insert_paragraph_before 方法。

除了通过 add_paragraph 方法将内容一次性添加至 Word 文档外，还可以通过 add_run 方法以追加形式添加内容。追加的内容可以通过不同的属性设置其样式。

9.3.4　在 Word 文档中写入图片

使用 python-docx 库的 add_picture 方法可以将图片添加到 Word 文档中，代码如下：

```
from docx import Document
from docx.shared import Inches

doc = Document()
#添加图片
doc.add_picture('p1.png', width=Inches(1.25))
doc.save('test2.docx')
```

在通过 Document 方法获取 Word 文档对象后，直接调用 add_picture 方法将图片路径作为参数传入。此外，还可以通过 width 或 height 参数设置插入 Word 文档中的图片大小，并通过 Inches 类来指定具体的大小，该类的度量单位是英寸。

> 📎 提示
>
> 使用 python-docx 库还可以读取 Word 文档中的表格、将表格写入 Word 文档、插入有序列表和无序列表、修改文档的样式、创建 Word 模板文件、使用 Word 模板文件快速生成办公文件。由于这部分内容较多而本书篇幅有限，感兴趣的读者可以查阅相关资料自行学习。

9.4　PPT 文件自动化处理

在 Python 中可以使用 python-pptx 库实现 PPT 文件的自动化操作。首先，需要通过 pip 安装 python-pptx 库，命令如下：

```
pip install python-pptx
```

这里需要注意的是，python-pptx 库只支持*.pptx 文件格式的 PPT 文件。

9.4.1　快速创建 PPT 文件

PPT 文件通常由多个幻灯片组成，每个幻灯片都有相应的布局。通过 python-pptx 库创建 PPT 文件的过程其实就是创建一个空的 PPT 文件，然后不断向其中添加具有某种布局的幻灯片的过程。

使用 python-pptx 库创建 PPT 文件的具体代码如下：

```
from pptx import Presentation

#PPT 文件对象
```

```
ppt= Presentation()
#遍历所有布局
for layout in ppt.slide_layouts:
    #为 PPT 文件添加使用某种布局的幻灯片
    slide = ppt.slides.add_slide(layout)
#保存 PPT 文件
ppt.save('test3.pptx')
```

以上代码通过 Presentation 方法获取 PPT 文件对象；然后通过 for 循环遍历 PPT 文件对象的 slide_layouts 属性，该属性存放着当前操作系统中 PPT 默认支持的所有幻灯片布局；随后通过 slides.add_slide 方法向 PPT 文件中添加某种布局的幻灯片；最后通过 save 方法保存整个 PPT 文件。使用 PowerPoint 打开创建的 test3.pptx 文件，其中将为每一个默认的版式布局创建一张幻灯片。

9.4.2　向幻灯片中插入文本

使用 python-pptx 库向 PPT 文件插入文本，只需要获取对应的占位符对象，然后将要插入的文本赋值给占位符对象的 text 属性即可，示例代码如下。

```
from pptx import    Presentation

ppt = Presentation()
#幻灯片布局，选择第一种默认布局
slide_layout = ppt.slide_layouts[0]
#slide 对象为一页幻灯片，一个 PPT 文件中可以有多页幻灯片
slide = ppt.slides.add_slide(slide_layout)
#提取本页幻灯片的 title 占位符
title = slide.shapes.title
#向 title 文本框中插入文字
title.text = '幻灯片标题 1'
#去除本页幻灯片中的第二个文本框
subtitle = slide.placeholders[1]
#向第二个文本框中插入文字
subtitle.text = '幻灯片正文 1'

#添加第二页幻灯片，采用不同的布局
slide_layout = ppt.slide_layouts[1]
slide = ppt.slides.add_slide(slide_layout)
#以同样的方式向第二页幻灯片插入文字
title =slide.shapes.title
title.text = '幻灯片标题 2'
```

```
subtitle = slide.placeholders[1]
subtitle.text = '幻灯片正文 2'
ppt.save('test4.pptx')
```

以上代码先通过 Presentation 方法获取 PPT
文件对象，然后通过 slides.add_slide 方法添加具
有第一种默认布局的幻灯片，从而获取 slide 幻
灯片对象。从幻灯片对象中可以获取本幻灯片具
有的占位符对象，比如通过 slide.shapes.title 方法
获取幻灯片中的标题占位符，通过 Placeholders
列表获取幻灯片对应位置的占位符，通过向占位
符对象的 text 属性赋值实现将文字插入 PPT 文
件的目的。向幻灯片添加的文本效果如图 9-14
所示。

图 9-14　PPT 文件

操作 PPT 文件可以分为以下 3 步。

步骤 1：创建 PPT 文件对象和布局对象。

步骤 2：创建 slide 幻灯片对象并为其设置布局。

步骤 3：对 slide 幻灯片对象中的元素进行操作。

如果要将新的文本追加到已有的文本之后，可以参考以下示例代码：

```
from pptx import Presentation

#读入已存在的 PPT 文件
ppt = Presentation('test4.pptx')
#第一页幻灯片
slide0 = ppt.slides[0]
#获取第一页幻灯片中所有的占位符
placeholder = slide0.shapes.placeholders
#在第二个占位符对象中添加新段落
new_paragraph =placeholder[1].text_frame.add_paragraph()
#追加新文字
new_paragraph.text = '在幻灯片追加的文本内容'
ppt.save('test5.pptx')
```

以上代码中先通过 Presentation 方法读入已存在的 PPT 文件来构建 PPT 对象，然后通过
slides 属性获取当前 PPT 文件中已存在的幻灯片，然后通过 shapes.placeholders 属性获取当前幻
灯片中所有的占位符，通过 text_frame.add_paragraph 方法在对应占位符对象中添加新的段落对
象，并将追加的文字赋值给段落对象的 text 属性，最后调用 save 方法保存，从而完成文字追加
操作。

9.4.3 向幻灯片中插入图片

python-pptx 除了可以向 PPT 文件中插入文本，还可以插入其他对象，例如图片。

python-pptx 提供了 add_picture 方法，使用该方法可以将图片插入幻灯片中，实例代码
如下：

```
from pptx import Presentation
from pptx.util import Inches

#实例化 PPT 对象
ppt = Presentation()
#空白布局
layout = ppt.slide_layouts[6]
#添加幻灯片
slide = ppt.slides.add_slide(layout)
#定义图片添加的位置
left = Inches(0)
top = Inches(0)
#定义插入图片的大小
width = Inches(2)
height = Inches(2)
img_path = 'P2.jpeg'
#将图片插入幻灯片
pic = slide.shapes.add_picture(img_path, left, top, width, height)
ppt.save('test6.pptx')
```

与插入文本的代码类似，插入图片的过程也可以分为 3 个步骤。

步骤 1：创建 PPT 文件对象并指定布局。

步骤 2：创建新的幻灯片。

步骤 3：定义图片插入位置以及图片插入后显示的大小，定义好后通过 add_picture 方法便
可以将图片插入当前幻灯片中。

> **提示**
>
> 使用 python-pptx 库还可以向 PPT 文件中插入形状、文本框、表格，并使用母版自动化生成
> 包括大量幻灯片的 PPT。由于这部分内容较多而本书篇幅有限，感兴趣的读者可以查阅相关资料
> 自行学习。

9.5 实例演练

本章主要介绍了 Python 自动化办公的基础知识。下面的实例演练将通过 Python 编程自动
化批量生成 Word 文档，帮助用户巩固所学知识。

【例 9-2】在 PyCharm 中编写程序，批量生成图 9-15 所示的"保密协议"文档。

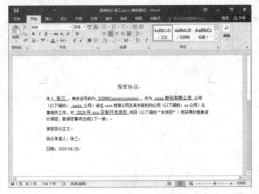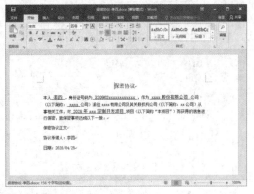

图 9-15　批量生成保密协议

(1) 继续例 9-1 的操作，创建一个名为"project1.py"的文件，然后单击 Terminal 按钮，在打开的窗口中使用 pip 安装 docx 库，如图 9-16 左图所示。

(2) 在 project.py 文件中输入代码，创建 Word 文档并在其中写入文本，生成保密文档协议人员信息，以及生成保密协议正文(具体代码可参见素材文件)，如图 9-16 右图所示。

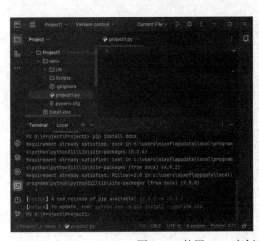

图 9-16　使用 docx 库创建 Word 文档并写入文本

(3) 生成保密协议的代码，name_list 中的每个人员都将生成对应的一份保密协议文档：

```
for names in name_list:
    # 创建内存中的 Word 文档对象
    file = docx.Document()
    file.styles['Normal'].font.name = u'宋体'
    file.styles['Normal']._element.rPr.rFonts.set(qn('w:eastAsia'), u'宋体')  # 可换成 Word 中的任意字体
```

```
# 写入若干段落
p1 = file.add_paragraph()
p1.paragraph_format.alignment = WD_ALIGN_PARAGRAPH.CENTER    # 段落文字居中
run = p1.add_run("保密协议")
run.font.size = docx.shared.Pt(14)    # 四号字体

# 个人信息
p2 = file.add_paragraph()
p2.add_run('本人').font.size = docx.shared.Pt(10.5)    # 五号字体
……(详见素材文件)
```

(4) 保存文档，代码如下：

```
file.save("保密协议-%s.docx" % names[0])
```

(5) 右击 project.py 文件空白处，在弹出的菜单中选择【Run'helloworld'】命令，即可在项目文件夹中生成图 9-15 所示的 "保密协议" 文档。

9.6 习题

1. 尝试在本地电脑中安装 Python 和 PyCharm。
2. 简述如何使用 pip 安装第三方库。
3. 简述使用 xlwt 将数据写入新工作簿的步骤。
4. 简述使用 xlrd 读取 Excel 工作簿中数据的步骤。
5. 简述向 PPT 幻灯片中插入图片的步骤。

第 10 章

电脑系统安全管理

电脑的办公安全常常受到日常隐患和网络病毒的影响，用户在使用电脑的过程中，若能养成良好的使用习惯并能对电脑进行定期维护和防护，将可以确保电脑中资料的安全并延长办公电脑的工作寿命。本章主要介绍 Windows 服务、用户账户控制、Windows 安全中心、Windows 防火墙、BitLocker 驱动器加密和应用程序控制策略等与系统安全管理相关的知识。

 本章重点

- Windows 服务
- 用户账户控制
- BitLocker 驱动器加密
- Windows 安全中心
- Windows 防火墙
- 应用程序控制策略

二维码教学视频

【例 10-1】 设置禁用不必要的服务
【例 10-2】 重置 Windows 防火墙

10.1 管理 Windows 服务

Windows 10 系统中的 Windows 服务是一种在操作系统后台运行的应用程序，它除了提供操作系统的核心功能(例如 Web 服务、音频和视频服务、文件服务、网络服务、打印服务、加密及错误报告)以外，部分应用程序也会创建其自有的 Windows 服务。因此，在日常办公中了解并掌握 Windows 服务的控制方法，能够有效地管理电脑操作系统。

10.1.1 Windows 服务概述

Windows 服务由服务应用、服务控制程序(SCP)及服务控制管理器(SCM)3 部分组成。其中，服务应用实质上也是普通的 Windows 可执行程序，但是其必须要依靠 SCM 的接口和协议规范才能使用。SCP 是一个负责在本地或远程电脑上与 SCM 进行通信的应用程序，负责执行 Windows 服务的启动、停止、暂停、恢复等操作。SCM 负责使用统一和安全的方式去管理 Windows 服务，SCM 存在于%windir%\system32\services.exe 中，当操作系统启动和关闭时，SCM 自动被呼叫以启动或关闭 Windows 服务。

Windows 服务有运行、停止和暂停 3 种状态。

出于安全方面的考虑，用户在使用电脑时需要确定 Windows 服务运行时创建的进程可以访问哪些资源，并给予特定的运行权限。因此，Windows 10 系统采用了本地系统账户、本地服务账户、网络账户 3 种类型的账户，以供需要不同权限的 Windows 服务运行使用。

用户要查看当前电脑 Windows 服务的运行状态，可以打开任务管理器(快捷键：Ctrl+Alt+Delete)并切换到【服务】标签页，其中显示了所有 Windows 服务的运行状态。同时，也可以使用【服务】标签页来对当前电脑中的 Windows 服务进行管理，如图 10-1 所示。

按 Win+R 键打开【运行】对话框，执行 services.msc 命令，可以打开【服务】窗口，在该窗口右侧显示了当前电脑的所有 Windows 服务信息及运行状态，选中并双击某项服务即可打开服务属性设置对话框，如图 10-2 所示。

图 10-1 管理 Windows 服务

图 10-2 打开服务属性设置对话框

图 10-2 所示的服务属性设置对话框由多个选项卡组成，其各自的功能说明如下。

▽ 常规：主要用于显示 Windows 服务名称、显示名称、描述信息、启动类型、运行状态、启动参数等，如图 10-2 所示。Windows 服务启动类型包括【自动】【自动(延迟启动)】【手动】【禁用】。其中【自动】是指 Windows 服务随操作系统启动而自动启动；【自动(延迟启动)】是指待操作系统启动成功之后再自动启动；【手动】是指由用户运行应用程序触发其启动；【禁止】是指禁止服务启动。

▽ 登录：在图 10-3 所示的【登录】选项卡中，用户可以设置 Windows 服务运行时所使用的账户，例如本地系统账户、网络账户及本地服务账户。

▽ 恢复：在图 10-4 所示的【恢复】选项卡中，用户可以设置 Windows 服务启动失败之后的操作，包括无操作、重新启动服务、运行一个程序、重新启动电脑。

▽ 依存关系：在图 10-5 所示的【依存关系】选项卡中，用户可以查看 Windows 服务运行时的依存关系以及系统组件对该服务的依存关系。

图 10-3　【登录】选项卡

图 10-4　【恢复】选项卡

图 10-5　【依存关系】选项卡

10.1.2　Windows 服务的启动与停止

Windows 服务的启动、停止及暂停等操作，可以在图 10-1 所示的任务管理器【服务】标签页或图 10-2 所示的【服务】窗口中进行，右击 Windows 服务，从弹出的快捷菜单中选择相应的操作选项即可。

此外，用户还可以使用 net 和 sc 命令行工具对 Windows 服务进行操作。

1. 使用 net 命令操作 Windows 服务

在任务管理器中选择【文件】|【运行新任务】命令打开【新建任务】对话框，在【打开】文本框中输入 cmd，并选中【以系统管理权限创建此任务】复选框，然后单击【确定】按钮，以管理员身份运行 cmd 工具(如图 10-6 左图所示)，可以执行以下命令，如图 10-6 右图所示。

▽ 启动 Windows 服务：输入 net start service(服务名称)。

▽ 停止 Windows 服务：输入 net stop service(服务名称)。

计算机基础与实训教材系列

▽ 暂停 Windows 服务：输入 net pause service(服务名称)。

▽ 恢复 Windows 服务：输入 net continue service(服务名称)。

图 10-6　使用 net 命令启动与停止 Windows 服务

2. 使用 sc 命令操作 Windows 服务

以管理员身份运行 cmd 工具后，可以执行以下命令。

▽ 启动 Windows 服务：输入 sc start service(服务名称)。

▽ 停止 Windows 服务：输入 sc stop service(服务名称)。

▽ 暂停 Windows 服务：输入 sc pause service(服务名称)。

▽ 恢复 Windows 服务：输入 sc continue service(服务名称)。

> **提示**
>
> 停止、启动、重新启动某个 Windows 服务，将会影响其所有依存的服务。启动 Windows 服务时，并不会自动重新启动其依存的服务。

10.1.3　Windows 服务的删除

在一些情况下，已经从电脑中卸载的应用程序(软件)所创建的服务会继续在 Windows 10 系统后台运行，对于此类 Windows 服务，用户可以在使用管理员身份运行的命令提示符下，执行 sc delete service(服务名称)命令将其删除。

此外，用户还可以通过注册表编辑器删除 Windows 服务，具体方法如下。

(1) 按 Win+R 键打开【运行】对话框，执行 regedit.exe 命令，打开【注册表编辑器】窗口，然后定位到 HKEY_LOCAL_MACHINE\SYSTEM\CurrentControlSet\Services 节点。

(2) 在 Services 节点下包含操作系统中安装的所有 Windows 服务，右击需要删除的服务，在弹出的快捷菜单中选择【删除】命令即可。

10.2　用户账户控制

用户账户控制(User Account Control，UAC)作为 Windows 10 系统中的一项重要安全功能，常用来减少操作系统受到恶意软件侵害的概率并提高操作系统的安全性。

10.2.1　UAC 概述

UAC 是微软公司在其 Windows Vista 及更高版本操作系统中采用的一种控制机制。用户在 Windows 10 系统中执行可能会影响系统运行或其他用户设置的操作之前，需要提供权限或管理员密码。并且，通过应用程序的数字签名显示该应用程序的名称和发布者等信息，让用户确认该应用程序是否为用户所要运行的应用程序。

图 10-7　UAC 提示

通过启动前验证，UAC 可以有效防止恶意程序和间谍程序篡改系统设置。例如某些影响系统安全的操作会自动触发 UAC，需要用户确认后才能继续执行操作，如图 10-7 所示。

能够触发 UAC 的系统操作如表 10-1 所示。

表 10-1　触发 UAC 的系统操作

操　作	操　作
修改 Windows Update 配置	增加或删除用户账户
运行需要特定权限的应用程序	改变用户的账户类型
改变 UAC 设置	安装设备驱动程序
安装 ActiveX 控件	修改和设置家长控制
安装或卸载应用程序(软件)	增加或修改注册表
将文件移动或复制到 Program File 或 Windows 文件夹	访问其他用户文件夹

10.2.2　配置 UAC 规则

Windows 10 系统默认开启 UAC，按 Win+R 键打开【运行】对话框，执行 useraccount controlsettings.exe 命令，可以打开 UAC 设置界面，在该界面中用户可以设置以下 4 种 UAC 规则。

1. 出现以下情况时始终通知我(最高级别)

如图 10-8 所示，在高级运行级别下，用户安装或卸载应用程序、更改 Windows 设置时都会触发 UAC 并显示提示框，此时系统桌面将变暗并进入"安全桌面"状态(不可操作)，用户必须先确认或拒绝 UAC 提示框中的请求，才能在电脑中执行相应的操作。

最高级别的安全设置适合在办公室的公用电脑上使用，禁止其他用户随意更改操作系统或安装应用程序。

2. 仅当应用尝试更改我的计算机时通知我(默认级别)

如图 10-9 所示，在默认级别下，只在应用程序试图改变电脑设置时才会触发 UAC，而用户如果主动对 Windows 设置进行更改操作则不会触发 UAC。

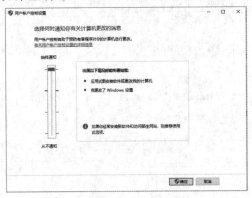
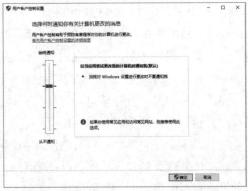

图 10-8　最高级别　　　　　　　　　　图 10-9　默认级别

3. 仅当应用尝试更改计算机时通知我(不降低桌面亮度)

如图 10-10 所示，在不降低桌面亮度的情况下，系统在触发 UAC 时将不会启动安全桌面(此时，有可能会出现恶意程序绕过 UAC 更改操作系统的设置)。

4. 出现以下情况时始终不要通知我(最低级别)

如图 10-11 所示，在最低级别下，如果用户以管理员账户登录操作系统，则所有操作都将直接运行而不会有任何提示框，包括病毒或木马程序对操作系统的操作。如果是以标准账户登录，则任何需要管理员权限的操作都会被自动拒绝。使用该运行级别后，病毒或木马程序可以任意访问网络中的其他电脑，甚至进行通信或数据传输。

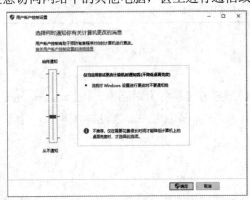
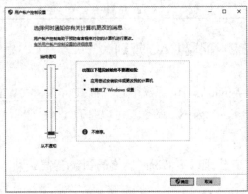

图 10-10　不降低桌面亮度　　　　　　　图 10-11　最低级别

10.2.3　开启/关闭 UAC

在 Windows 10 中用户需要通过组策略编辑器才能将 UAC 彻底关闭，具体方法如下。

(1) 按 Win+R 键打开【运行】对话框，执行 gpedit.msc 命令，打开【本地组策略编辑器】

窗口，然后选择【计算机配置】|【Windows 设置】|【安全设置】|【本地策略】|【安全选项】
选项。在窗口右侧的列表中双击【用户账户控制：以管理员批准模式运行所有管理员】选项，
如图 10-12 左图所示。

(2) 打开【用户账户控制：以管理员批准模式运行所有管理员属性】对话框，选择【已禁
用】单选按钮，单击【确定】按钮，如图 10-12 右图所示，然后重新启动电脑即可。

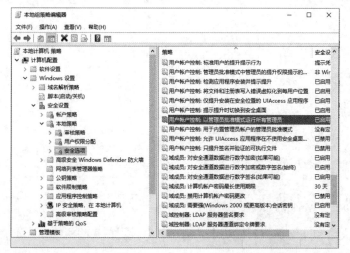

图 10-12　设置关闭 UAC

若要重启 UAC，只需在用户账户控制中设置运行级别，然后重新启动电脑即可。

在电脑中启用 UAC 后，运行程序时将会自动触发 UAC 并需要用户确认才能执行，对于后
台运行的应用程序(例如一些插件、客户端程序)，UAC 也会阻止其运行。

10.3　设置 Windows 安全中心

Windows 10 系统中的 Windows 安全中心是一个完整的防病毒软件。如果用户对办公电脑
操作系统的安全性要求不是非常高，完全可以使用 Windows 安全中心和 Windows 防火墙来保
护电脑，而不必安装其他第三方防护软件。

按 Win+I 键打开【设置】界面，搜索"安全中心"即可打开 Windows 安全中心(如图 10-13
所示)，其中集合了【病毒和威胁防护】【防火墙和网络保护】【应用和浏览器控制】【设备性
能和运行状况】【家庭选项】等设置模块。

▽ 病毒和威胁防护：在【病毒和威胁防护】模块中将显示当前电脑的病毒扫描历史和文件
扫描结果。用户可以在该模块中通过快速扫描、完全扫描、自定义扫描和 Microsoft
Defender 脱机版扫描来扫描电脑中的病毒。

图 10-13　Windows 安全中心界面

▽ 防火墙和网络保护：在【防火墙和网络保护】模块中，用户可以设置在某些网络模式下的防火墙策略。

▽ 应用和浏览器控制：在【应用和浏览器控制】模块中，主要包括有关 SmartScreen 的选项，该功能适用的对象主要有应用与文件、Microsoft Edge 浏览器及 Microsoft 应用商店，用户可以按需选择是否启用或关闭 SmartScreen 功能。

▽ 设备性能和运行状况：在【设备性能和运行状况】模块中，会显示当前系统运行状况报告，包括存储容量、应用和 Windows 时间服务。

▽ 家庭选项：【家庭选项】模块主要用于设置孩子使用电脑时的行为控制、跟踪孩子活动以及游戏娱乐方面的内容。

10.4　设置 Windows 防火墙

在 Windows 10 操作系统中配置 Windows 防火墙可以灵活地保护办公电脑在不同网络环境下的通信安全。

10.4.1　开启与关闭 Windows 防火墙

Windows 10 系统中 Windows 防火墙默认处于开启状态。但如果在电脑中安装第三方防火墙软件，将会自动关闭 Windows 防火墙。之后，用户可以参考以下操作手动设置开启与关闭 Windows 防火墙。

(1) 按 Win+I 键打开【设置】界面，搜索关键词"防火墙"，打开图 10-14 所示的 Windows Defender 防火墙设置界面。

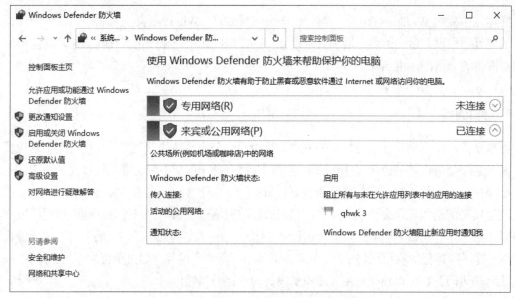

图 10-14　Windows Defender 防火墙设置界面

(2) 在 Windows Defender 防火墙设置界面左侧的列表中选择【启用或关闭 Windows Defender 防火墙】选项。

(3) 在打开的如图 10-15 所示的自定义设置界面中，分别选中专用网络设置和公用网络设置分类下面的【关闭 Windows Defender 防火墙(不推荐)】单选按钮，然后单击【确定】按钮即可关闭 Windows 防火墙。如果要开启 Windows 防火墙，分别选中专用网络设置和公用网络设置分类下面的【启用 Windows Defender 防火墙】单选按钮即可。

图 10-15　设置关闭 Windows 防火墙

计算机基础与实训教材系列

10.4.2　配置 Windows 防火墙网络位置

在电脑中安装 Windows 10 后，第一次连接到网络时，Windows 防火墙将会自动为所连接网络的位置类型设置适当的防火墙和安全设置。这样可以让用户无须进行任何操作，就能使所有的对网络的通信操作得到保护。

Windows 10 中有 3 种网络位置类型。

1. 公用网络

在默认情况下，操作系统会将新的网络连接设置为公用网络位置类型。使用公用网络位置时，操作系统会阻止某些应用程序和服务运行，这样有助于保护电脑免受未经授权的访问。

如果电脑的网络连接采用的是公用网络位置类型，并且 Windows 防火墙处于启用状态，则某些应用程序或服务可能会要求用户允许它们通过防火墙进行通信，以便让这些应用程序或服务可以正常工作。例如，当用户第一次运行"迅雷"软件时，Windows 防火墙会出现安全警报提示框，提示所运行的应用程序信息，包括文件名、发布者、路径。如果是可信任的应用程序，单击【允许访问】就可以使该应用程序不受限制地进行网络通信。

2. 专用网络

专用网络适用于家庭电脑或工作环境。Windows 10 的网络连接都默认设置为公用网络位置类型，用户可以把特定应用程序或服务设置为专用网络位置类型。专用网络防火墙规则通常要比公用网络防火墙规则允许更多的网络活动。

3. 域

该网络位置类型用于域网络(例如在企业工作区域的网络)。仅当检测到域控制器时才应用域网络位置类型。该类型下的防火墙规则最严格，并且由网络管理员控制，因此无法选择或更改。

10.4.3　允许程序或功能通过 Windows Defender 防火墙

在 Windows 防火墙中，用户可以设置特定应用程序或功能通过 Windows 防火墙进行网络通信。在如图 10-14 所示界面左侧选择【允许应用或功能通过 Windows Defender 防火墙】选项后，在打开的界面中单击【更改设置】选项，如图 10-16 左图所示，可以修改应用程序或功能的网络位置类型(如果程序列表中没有需要修改的应用程序，可以单击【允许其他应用】按钮，打开图 10-16 右图所示的【添加应用】对话框手动添加应用程序)。

> **提示**
>
> 应用程序的通信许可规则可以区分网络类型，并支持独立配置，互不影响，因此这项设置对于经常需要在工作中更换网络环境的用户来说非常有用。这里需要注意的是：Windows 防火墙默认不对浏览器、Windows 应用商店等操作系统自带的应用程序网络通信设限。

图 10-16　设置允许应用通过 Windows Defender 防火墙进行通信

10.4.4　配置 Windows 防火墙出站与入站规则

前面介绍了 Windows 防火墙的基本配置选项，但是 Windows 防火墙的功能不仅限于此。在图 10-14 所示的界面中选择【高级设置】选项，将打开图 10-17 所示的高级安全 Windows 防火墙设置界面，该界面是 Windows 防火墙最核心的设置界面。

图 10-17　高级安全 Windows 防火墙

所谓出站规则指的是本地电脑上产生的数据信息要通过 Windows 防火墙才能进行网络通信。例如，只有将 Windows 防火墙中的 QQ 的出站规则设置为"允许"，QQ 好友才能收到用户发送的消息。

在高级安全 Windows 防火墙设置界面中，用户可以新建应用程序或功能的出站与入站规则，也可以修改现有的出站与入站规则。

出站规则和入站规则的创建方法一样，为了不重复介绍，这里只介绍出站规则创建方法。

1. 创建出站规则

下面以创建 QQ 软件出站规则为例，具体操作步骤如下。

(1) 在图 10-17 所示界面左侧的列表中选择【出站规则】选项，然后在界面右侧的窗格中选择【新建规则】选项，打开图 10-18 所示的新建出站规则向导。在该向导中不仅可以选择【程序】规则类型，还可以选择【端口】【预定义】(主要是操作系统功能)【自定义】(包括前面 3 种规则类型)，这几类适合对操作系统有深入了解的用户使用。设置完成后，单击【下一步】按钮。

(2) 在打开的对话框中选择出站规则适用于所有程序还是特定程序(这里选择出站规则的对象为特定程序并填入程序路径)，然后单击【下一步】按钮，如图 10-19 所示。

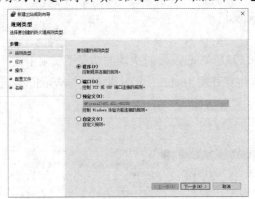 

图 10-18　新建出站规则向导主界面　　　　　图 10-19　选择出站规则适用对象

(3) 在打开的对话框中设置 QQ 程序进行网络通信时防火墙该采用何种操作，默认为【阻止连接】操作，如图 10-20 所示。此外，还有【只允许安全连接】操作，选择该选项可以保证网络通信中的数据安全(保持默认选项即可)，然后单击【下一步】按钮。

(4) 在打开的对话框中选择使用何种网络位置类型的网络环境时出站规则才有效，如图 10-21 所示。

图 10-20　选择规则操作类型　　　　　图 10-21　选择出站规则何时有效

(5) 单击【下一步】按钮，在打开的对话框中设置出站规则的名称及描述，然后单击【完成】按钮即可。

设定完成出站规则后运行 QQ 软件，用户将会发现 QQ 提示网络超时无法登录，因此表明此出站规则已经生效。

2. 修改出站规则

完成出站规则的创建后，用户只需在图 10-17 所示的界面中双击该规则即可打开出站规则的属性对话框，在该对话框中可以修改出站规则，如图 10-22 所示。

  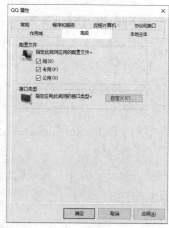

图 10-22　设置出站规则属性

10.5　使用 BitLocker 启动器加密

BitLocker 具有数据加密保护功能，它可以加密整个 Windows 分区或数据分区，从而保护办公电脑中数据的安全。

10.5.1　BitLocker 概述

使用 BitLocker 加密硬盘后，可以防止办公电脑在被盗或丢失后数据泄露。此外，从使用 BitLocker 加密的分区上恢复数据比从未加密的分区恢复要困难得多。

1. BitLocker 使用条件

若用户要在 Windows 10 中使用 BitLocker，必须要满足一定的硬件和软件条件，具体如下。

▽ 电脑必须安装 Windows 10、Windows Server 2016 或 Windows Server 2019 操作系统 (BitLocker 是 Windows Server 2016/2019 的可选功能)。

▽ TPM 版本 1.2 或 2.0。TPM(受信任的平台模块)是一种微芯片，能使电脑具备一些高级安全功能。TPM 不是 BitLocker 的必备要求，但是只有具备 TPM 的电脑才能为预启动操作系统完整性验证和多重身份赋予更多安全性。

计算机基础与实训教材系列

▽ 必须设置为从硬盘启动电脑。

▽ BIOS 或 UEFI 必须能在电脑启动过程中读取 U 盘中的数据。

▽ 使用 UEFI/GPT 方式启动的电脑，硬盘上必须具备 ESP 分区及 Windows 分区。使用 BIOS/MBR 启动的电脑，硬盘上必须具备系统分区和 Windows 分区。

在非 Windows 分区上使用 BitLocker 有以下硬件和软件要求。

▽ 要使用 BitLocker 加密的数据分区或移动硬盘、U 盘必须使用 exFAT、FAT16、FAT32 或 NTFS 文件系统。

▽ 要加密的硬盘数据分区或移动存储设备的可用空间大于 64MB。

使用 BitLocker 时还需要注意以下事项。

▽ BitLocker 不支持对虚拟硬盘(VHD)加密，但允许将 VHD 文件存储在 BitLocker 加密的硬盘分区中。

▽ 不支持在由 Hyper-V 创建的虚拟机中使用 BitLocker。

▽ 在安全模式中，仅可以解密受 BitLocker 保护的移动存储设备。

▽ 使用 BitLocker 加密后，操作系统只会增加不到 10%的性能损耗，所以不必担心操作系统性能问题。

在 Windows 10 中，用户可以对任何数量的各类磁盘应用 BitLocker 加密，磁盘支持情况如表 10-2 所示。

表 10-2　BitLocker 支持的磁盘类型

磁盘配置	支　　持	不支持
网络	无	网络文件系统(NFS)/分布式文件系统(DFS)
光学媒体	无	CD 文件系统(CDFS)/实时文件系统/通用磁盘格式(UDF)
软件	基本卷	使用软件创建的 RAID 系统/可启动和不可启动的虚拟硬盘(VHD/VHDX)动态卷/RAM 磁盘
文件系统	NTFS/FAT16/FAT32/exFAT	弹性文件系统(ReFS)
磁盘连接方式	USB/Firewire/SATA/SAS/ATA/IDE/SCSI/eSATA/iSCSI(仅 Windows 8 之后版本支持)/光纤通道(仅 Windows 8 之后版本支持)	Bluetooth(蓝牙)
设备类型	固态类型磁盘(如 U 盘、固态硬盘)使用硬件创建的 RAID 系统硬盘	

虽然经过 BitLocker 加密的硬盘分区或移动存储设备很难被破解，但是恶意用户可以对其进行格式化操作，删除其中的所有数据。

2. BitLocker 功能特性

Windows 10 中的 BitLocker 还具备如下功能特性。

▽ 安装 Windows 10 之前启用 BitLocker 加密。在 Windows 10 中，可以在安装操作系统之前，通过 WinPE(Windows 预安装环境)或 WinRE(Windows 恢复环境)使用 manage-bde 命令工具加密硬盘分区，前提是电脑必须具备 TPM 且已被激活。

▽ 仅加密已用磁盘空间。BitLocker 会默认加密硬盘分区中的所有数据和可用空间。在 Windows 10 中，BitLocker 提供两种加密方式，即"仅加密已用磁盘空间"和"加密整个驱动器"。使用"仅加密已用磁盘空间"可以快速加密硬盘分区。

▽ 普通权限账户更改加密分区 PIN 和密码。普通权限账户需要输入加密分区的最新 PIN 或密码才能更改 BitLocker PIN 或 BitLocker 密码。用户有 5 次输入机会，如果达到重试次数限制，普通权限账户将不能更改 BitLocker PIN 或 BitLocker 密码。当电脑重新启动或者管理员重置 BitLocker PIN 或 BitLocker 密码时，计数器才能归零。

▽ 网络解锁。使用有线网络启动操作系统时，可以自动解锁 BitLocker 加密的 Windows 分区(仅支持 Windows Server 2012 以上版本创建的网络)。此外，网络解锁要求客户端硬件在其 UEFI 固件中实现 DHCP 功能。

▽ BitLocker 密钥可以保存在 Microsoft 账户中。BitLocker 备份密钥可以保存至 Microsoft 账户中，这样可以有效防止备份密钥丢失。

10.5.2　加密 Windows 分区

使用 BitLocker 加密 Windows 分区的具体设置步骤如下。

(1) 按 Win+R 键打开【运行】对话框，执行 gpedit.msc 命令，打开【本地组策略编辑器】窗口，在左侧列表中依次打开【计算机配置】|【管理模板】|【Windows 组件】|【BitLocker 驱动器加密】|【操作系统驱动器】选项。在窗口右侧的列表中双击【启动时需要附加身份验证】选项，如图 10-23 所示。

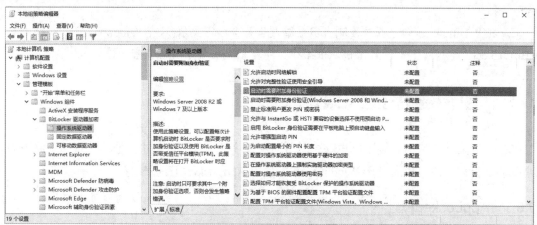

图 10-23　本地组策略编辑器

(2) 打开【启动时需要附加身份验证】对话框, 选择【已启用】单选按钮, 选中【没有兼容的 TPM 时允许 BitLocker(在 U 盘上需要密码或启动密钥)】复选框, 然后单击【确定】按钮, 如图 10-24 所示。

图 10-24　配置【启动时需要附加身份验证】策略

(3) 重新启动电脑或在命令提示符中输入 gpupdate 命令使策略生效。

加密 Windows 分区时, 必须具备 350MB 大小的系统分区。如果没有系统分区, 则 BitLocker 会提示自动创建该分区。但是创建系统分区的过程中可能会损坏存储于该分区中的文件, 所以应谨慎操作。

加密 Windows 分区的操作步骤如下。

(1) 在文件资源管理器中右击 Windows 分区, 在弹出的快捷菜单中选择【启用 BitLocker】命令。

(2) 打开 BitLocker 向导程序检测当前电脑是否符合加密要求(只有 Windows 10 专业版才支持 BitLocker), 单击【下一步】按钮, 根据提示即可完成硬盘分区的加密操作。

10.6 应用程序控制策略

在日常工作中, 有时需要限制电脑中某些应用程序的运行, 以阻止其他用户查阅电脑中的某些数据。此时, 就可以通过在 Windows 10 中使用 AppLocker 工具来设置。

10.6.1 AppLocker 概述

AppLocker 可以帮助用户制定策略, 限制运行应用程序和文件, 其中包括 EXE 可执行文件、批处理文件、MSI 文件、DLL 文件(默认不启用)等。

Windows 10 自带的软件限制策略功能只对所有电脑用户起作用，不能对特定账户进行限制。而使用 AppLocker 可以为特定的用户或组单独设置限制策略，这也使 AppLocker 可以灵活地应用于各种电脑环境。

AppLocker 主要通过 3 种途径来限制应用程序运行，即文件哈希值、应用程序路径和数字签名(数字签名中包括发布者、产品名称、文件名和文件版本)。

AppLocker 规则行为只有两种。

▽ 允许：指定允许哪些应用程序或文件可以运行或使用，以及对哪些用户或用户组开放运行权限，还可以设置例外应用程序或文件。

▽ 拒绝：指定不允许哪些应用程序或文件运行或使用，以及对哪些用户或用户组拒绝运行，还可以设置例外应用程序或文件。

按 Win+R 键，在打开的【运行】对话框中执行 secpol.msc 命令，打开【本地安全策略】窗口，然后选择【应用程序控制策略】|【AppLocker】选项，如图 10-25 所示。

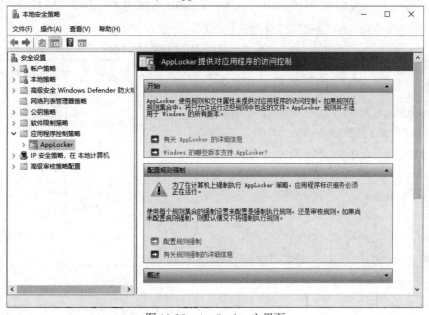

图 10-25　AppLocker 主界面

10.6.2　AppLocker 默认规则类型

AppLocker 可对 5 种类型的应用程序或文件设置限制策略(默认情况下只启用 4 种规则)。

1. 可执行规则

在可执行规则下，可以对 EXE 和 COM 等格式的文件以及与应用程序相关联的任何文件设置限制策略。由于可执行规则集合的默认规则都基于文件夹的路径，因此这些路径下的所有文件都可运行或使用。表 10-3 所示为可执行规则集合的默认规则。

计算机基础与实训教材系列

表 10-3 可执行规则集合的默认规则

目　　的	名　　称	用　　户	规则条件类型 (AppLocker 路径变量)
允许本地 Administrators 组的成员运行所有应用程序	默认规则，所有文件	BUILTIN\Administrators	路径: *
允许所有用户组的成员运行位于 Windows 文件夹中的应用程序	默认规则，位于 Windows 文件夹中的所有文件	每个人	路径: %WINDIR%*
允许所有组的成员运行位于 Program Files 文件夹中的应用程序	默认规则，位于 Program Files 文件夹中的所有文件	每个人	路径: %PROGRAMFILES%*

2. Windows 安装程序规则

Windows 安装程序规则主要针对 MSI、MSP 和 MSP 格式的 Windows 安装程序设置限制策略。表 10-4 所示为 Windows 安装程序规则集合的默认规则。

表 10-4 Windows 安装程序规则集合的默认规则

目　　的	名　　称	用　　户	规则条件类型 (AppLocker 路径变量)
允许本地 Administrators 组的成员运行所有 Windows Installer 文件	默认规则，所有 Windows Installer 文件	BUILTIN\Administrators	路径: *.*
允许所有用户组的成员运行数字签名的 Windows Installer 文件	默认规则，所有数字签名的 Windows Installer 文件	每个人	路径: *(所有签名文件)
允许所有用户组的成员运行位于%systemdrive%\Windows\Installer 文件夹中的所有 Windows Installer 文件	默认规则，%systemdrive%\Windows\Installer 中的所有 Windows Installer 文件	每个人	路径: %WINDIR%\Installer*

3. 脚本规则

在脚本规则下，可以对 BAT、CMD、VBS、JS 等格式的脚本文件设置限制策略。表 10-5 所示为脚本规则集合的默认规则。

表 10-5 脚本规则集合的默认规则

目　　的	名　　称	用　　户	规则条件类型 (AppLocker 路径变量)
允许本地 Administrators 组的成员运行所有脚本	默认规则，所有脚本	BUILTIN\Administrators	路径: *
允许所有用户组的成员运行位于 Windows 文件夹中的脚本	默认规则，Windows 文件夹中的所有脚本	每个人	路径: %WINDIR%*
允许所有用户组的成员运行位于 Program Files 文件夹中的脚本	默认规则，Program Files 文件夹中的所有脚本	每个人	路径: %PROGRAMFILES%*

4. 封装应用规则

该规则主要针对 Windows 应用设置限制策略。表 10-6 为封装应用规则集合的默认规则。

表 10-6　封装应用规则集合的默认规则

目　　　的	名　　　称	用　　户	规则条件类型 (AppLocker 路径变量)
允许所有用户组的成员运行签名的封装应用	默认规则，所有签名的封装应用	每个人	发布者：*(所有签名文件)

5. DLL 规则

在 DLL 规则下，可以对 DLL、OCX 等文件格式设置限制策略。表 10-7 所示为 DLL 规则集合的默认规则。

表 10-7　DLL 规则集合的默认规则

目　　　的	名　　　称	用　　户	规则条件类型 (AppLocker 路径变量)
允许本地 Administrators 组的成员加载所有 DLL	默认规则，所有 DLL	BUILTIN\Administrators	路径：*
允许所有用户组的成员加载位于 Windows 文件夹中的 DLL	默认规则，Microsoft Windows DLL	每个人	路径： %WINDIR%*
允许所有用户组的成员加载于 Program Files 文件夹中的 DLL	默认规则，Program Files 文件夹中的所有 DLL	每个人	路径： %PROGRAMFILES%*

默认状态下用户不能对 DLL 文件设置限制策略，因为 DLL 属于应用程序运行必备文件。如果使用 DLL 规则，则 AppLocker 会检查每个应用程序加载的 DLL 文件，这样就会导致应用程序打开缓慢，影响用户体验。

在 10-26 左图所示的 AppLocker 节点上右击鼠标，从弹出的快捷菜单中选择【属性】命令，在打开的"AppLocker 属性"对话框的【高级】选项卡中选中【启用 DLL 规则集合】复选框，然后单击【确定】按钮即可启用 DLL 规则，如图 10-26 右图所示。

图 10-26　启用 DLL 规则集合

计算机基础与实训教材系列

10.6.3 开启 Application Identity 服务

启动名为 Application Identity 的服务，才能使 AppLocker 设置的规则生效。默认状况下，此服务需手动启动。这里将其设置为开机自动运行，才能保证限制策略的有效性。

(1) 按 Win+R 键打开【运行】对话框，执行 services.msc 命令，打开【服务】窗口，如图 10-27 左图所示。

(2) 在服务列表中双击 Application Identity 服务，在打开的对话框中修改【启动类型】为【自动】，如图 10-27 右图所示，然后单击【启动】按钮，等待服务启动后单击【确定】按钮。

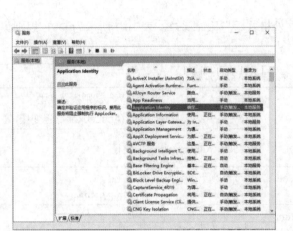

图 10-27 启动 Application Identity 服务

10.6.4 创建 AppLocker 规则

可以创建针对可执行文件、Windows 安装程序、脚本文件、封装应用和 DLL 文件的规则。

1. AppLocker 针对可执行文件的规则

该规则不仅可以对可执行文件进行限制，如不让其他用户在电脑中使用 QQ、玩游戏等，同时也可以防止恶意程序或病毒在电脑中运行。下面以设置拒绝 Excel 程序运行规则为例，介绍具体的操作步骤。

(1) 在【本地安全策略】窗口中展开【概述】卷展栏，单击【可执行规则】选项，如图 10-28 左图所示。

(2) 在打开的界面中右击鼠标，从弹出的菜单中选择【创建新规则】命令，如图 10-28 右图所示。

(3) 弹出的创建可执行规则向导会显示一些注意事项，用户可以选中【默认情况下将跳过此页】复选框，设置下次创建规则时此页将不再显示，然后单击【下一步】按钮，如图 10-29 所示。

(4) 在权限设置界面中，用户可以选择 AppLocker 规则的操作行为，也就是对应用程序使用允许运行或拒绝运行。单击图 10-30 中的【选择】按钮，可以指定特定的用户或用户组才对此规则有效，默认对所有用户组的成员有效。这里选择操作为【拒绝】，对所有用户有效，然后单击【下一步】按钮。

图 10-28　创建 AppLocker 新规则

图 10-29　创建规则注意事项　　　　　　　　图 10-30　选择操作行为

(5) 在条件设置界面中，选择要用何种方式来限制应用程序或文件(使用【发布者】方式，应用程序必须具备有效的数字签名，推荐具备数字签名的应用程序使用此方式)，如图 10-31 所示，单击【下一步】按钮。

(6) 使用【发布者】条件类型并选择 Excel 应用程序之后，操作系统将会自动识别应用程序的数字签名信息，如图 10-32 所示，单击【下一步】按钮。

图 10-31　选择条件类型　　　　　　　　　图 10-32　自动识别数字签名信息

(7) 在打开的界面中用户可以设置例外程序，排除于规则之外。例外程序可以使用【发布者】【路径】方式添加，如图 10-33 所示(如果使用【文件哈希】条件类型，则不能设置例外程序)，单击【下一步】按钮。

计算机基础与实训教材系列

(8) 在打开的界面中设置规则名称，以及程序受到规则影响后的描述信息，如图 10-34 所示，单击【创建】按钮。此时，AppLocker 将提示为了确保操作系统正常运行，需要创建默认规则。单击【是】按钮即可。

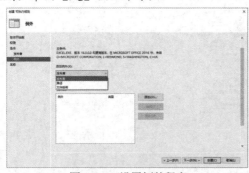

图 10-33　设置例外程序　　　　　　图 10-34　修改规则名称或添加描述

完成以上设置后，运行 Excel，操作系统将提示该程序已被管理员阻止运行。

2. AppLocker 针对 Windows 安装程序的规则

部分安装程序以.msi、.msp 和.mst 结尾，由 Windows 安装程序来安装此类应用程序。此类应用程序也可以由 AppLocker 制定运行规则。

在【本地安全策略】窗口中选择【Windows 安装程序规则】选项，然后在窗口右侧的列表中右击鼠标，从弹出的菜单中选择【创建新规则】命令，然后根据向导提示单击【下一步】按钮，即可设置针对 Windows 安装程序的规则。被限制的 Windows 安装程序运行时操作系统将弹出错误提示。

3. AppLocker 针对脚本文件的规则

以.bat、.cmd、.vbs、.js 等结尾的脚本文件在某些情况下会对电脑造成危害。因此使用 AppLocker 可以对此类文件设置运行规则。

在【本地安全策略】窗口中选择【脚本规则】选项，然后在窗口右侧的列表中右击鼠标，从弹出的菜单中选择【创建新规则】命令，然后根据向导提示单击【下一步】按钮，即可设置针对脚本文件的规则。

4. AppLocker 针对 DLL 文件的规则

DLL 文件是应用程序运行时必须使用的文件，限制使用此类文件，可以变相地限制应用程序运行。但需要注意的是，每个 DLL 文件可能有多个应用程序在使用，也包括操作系统，所以对此类文件要慎重操作。

在【本地安全策略】窗口中选择【DLL 规则】选项，然后在右侧的列表框中右击鼠标，从弹出的菜单中选择【创建新规则】命令，然后根据向导提示单击【下一步】按钮，即可设置针对 DLL 文件的规则。例如，针对 QQ 的某个 DLL 文件设置拒绝操作行为，当用户运行 QQ 时，系统将会弹出对话框提示应用程序错误。

5. AppLocker 针对封装应用的规则

AppLocker 还可以针对 Windows 应用制定限制策略。下面以禁用 Window 10 系统自带的"Microsoft 照片"应用为例来介绍设置针对封装应用的规则的方法。

(1) 在【本地安全策略】界面中选择【封装应用规则】选项，在窗口右侧的列表框中右击鼠标，从弹出的菜单中选择【创建新规则】命令，根据向导提示单击【下一步】按钮。

(2) 在权限设置界面中选择操作为【拒绝】，规则适用用户为当前登录用户，然后继续单击【下一步】按钮。

(3) Windows 应用只能使用【发布者】条件类型，用户可以选择 Windows 应用的使用对象是已经安装的应用，如图 10-35 左图所示。

(4) 单击【选择】按钮，在打开的窗口中选择要禁止运行的 Windows 应用，这里选择"Microsoft 照片"应用，然后单击【确定】按钮，如图 10-35 右图所示。

图 10-35　选择已安装的 Windows 应用

(5) 返回图 10-35 左图所示的界面，单击【创建】按钮即可。

10.7　实例演练

本章主要介绍了办公中 Windows 10 系统的各种安全管理功能，下面的实例演练将介绍几个 Windows 10 系统管理技巧，帮助用户解决办公中遇到的问题。

10.7.1　设置禁用不必要的服务

Windows 10 系统在工作时会在系统后台运行许多服务，这些服务的进程中大多数是系统正常工作所必需的，但是也有一些服务进程除了消耗操作系统的资源，对电脑却毫无用处。为了提高办公电脑的工作效率，可以将这些无用的服务关闭。

【例 10-1】　在 Windows 10 操作系统中关闭不必要的服务。🎬视频

(1) 按 Win+R 键，打开【运行】对话框，运行 services.msc 命令，打开【服务】窗口。

(2) 在【服务】窗口的服务列表中可以关闭的 Windows 10 服务如表 10-8 所示。

表 10-8　Windows 10 中可以关闭的服务

服务名称	描　述
Background Intelligent Transfer Service	使用空闲网络带宽在后台传送文件。如果该服务被禁用，则依赖于 BITS 的任何应用程序(如 Windows 更新或 MSN Explorer)将无法自动下载程序和其他信息。不用系统自动更新并且已经关闭 Windows 10 系统自动更新的用户可以关闭此服务
Windows Update	用于检测、下载和安装 Windows 和其他程序的更新。如果此服务被禁用，当前电脑的用户将无法使用 Windows 更新或其他自动更新功能，并且这些程序将无法使用 Windows 更新代理(WUA) API
更新 Orchestrator 服务	管理 Windows 更新。如果关闭该服务，将无法下载和安装最新更新
Fax	利用电脑或网络上的可用传真资源发送和接收传真。办公中不使用传真机的用户可以设置禁用该服务
RemoteRegistry	使远程用户能修改当前电脑上的注册表设置。如果该服务被终止，只有当前电脑上的用户才能修改注册表。如果该服务被禁用，则任何依赖它的服务将无法启动
Windows Search	为文件、电子邮件和其他内容提供内容索引、属性缓存和搜索结果。禁用该服务后并不影响放在 Windows 10 任务栏的搜索功能
Windows 预览体验成员服务	为 Windows 预览体验计划提供基础结构支持。此服务必须保持启用状态，Windows 预览体验计划才能正常运行。如果用户不是 Windows 预览体验成员，则可以禁用该服务或把该服务的【状态】设置为【手动】
Xbox 相关	不使用电脑玩 Xbox 游戏的用户可以禁用该服务，不影响系统的正常使用
Phone Service，手机网络时间 (autotimesvc)	手机与电脑不需要联动办公的用户可以禁用该服务或将该服务的【状态】设置为【手动】
家长控制(WpcMonSvc)	对 Windows 中的子账户强制执行家长控制。如果该服务被停止或禁用，家长控制可能无法强制执行
零售演示服务(RetailDemo)	当设备处于零售演示模式时，零售演示服务将控制设备活动
Print Spooler	该服务在后台执行打印作业并处理与打印机的交互。如果关闭该服务，则无法进行打印或查看打印机。如果办公电脑不使用打印机，可以禁用该服务
Server	支持此电脑通过网络共享文件和打印机。如果该服务停止，这些功能将不可用。如果该服务被禁用，任何直接依赖于此服务的服务将无法启动。该服务支持电脑通过网络共享文件、共享打印机，若办公电脑处于单机状态，可以禁用该服务或把该服务的【状态】设置为【手动】
SSDP Discovery	如果停止该服务，基于 SSDP 的设备将不会被发现。如果禁用此服务，任何依赖此服务的服务都无法正常启动。该服务提供的功能对于一般用户用不到，可以禁用该服务或把该服务的【状态】设置为【手动】
Bluetooth Support Service(蓝牙支持服务)	该服务支持与每个用户会话相关的蓝牙功能的正确运行。不使用蓝牙的用户可以禁用该服务或把该服务的【状态】设置为【手动】
Downloaded Maps Manager	禁用此服务将阻止应用访问地图

(3) 双击需要禁用的服务，在打开的对话框中单击【停止】按钮停止服务，然后单击【启动类型】下拉按钮，在弹出的下拉列表中选择【禁用】选项，单击【确定】按钮，如图 10-36 所示。

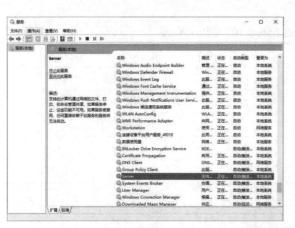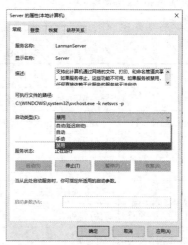

图 10-36　设置禁用服务

(4) 最后，重新启动电脑即可。

10.7.2　重置 Windows 防火墙

尽管 Windows 10 防火墙在保护操作系统免受黑客和入侵者的侵扰方面表现得很好，但当其设置混乱时，防火墙就可能出现故障。遇到这种情况时，用户可以通过重置防火墙来解决问题。

【例 10-2】　在 Windows 10 中重置 Windows 防火墙。 视频

(1) 按 Ctrl+I 键打开【设置】窗口，选择【网络和 Internet】|【状态】|【Windows 防火墙】选项(如图 10-37 左图所示)，打开【防火墙和网络保护】界面。

(2) 在【防火墙和网络保护】界面中选择【将防火墙还原为默认设置】选项，如图 10-37 右图所示。

图 10-37　设置重置 Windows 防火墙

(3) 在打开的【还原默认值】对话框中单击【还原默认值】按钮，然后在弹出的提示对话框中单击【是】按钮即可。

计算机基础与实训教材系列

10.7.3 熟悉 Windows 10 系统命令

在 Windows 10 中按 Win+R 键打开【运行】对话框,在该对话框中执行命令,可以查看系统信息、启动系统应用或者管理系统功能,这些命令名称及说明如表 10-9 所示。

表 10-9 Windows 10 中的各种命令

命令名称	说　明	命令名称	说　明
winver	查看 Windows 10 版本信息	hdwwiz	添加硬件
ms-settings:wheel	打开【Windows 设置】窗口	netplwiz	用户账户控制
devicepairingwizard	添加设备	sdclt	系统备份和还原
fsquirt	Bluetooth 文件传送	calc	计算器
charmap	字符映射表	cttune	ClearType 文本调谐器
colorcpl	颜色管理	cmd	命令提示符
dcomcnfg	组件服务	compmgmt	计算机管理
displayswitch	显示切换	control	控制面板
shrpubw	创建共享文件夹向导	recdisc	创建系统修复光盘
credwiz	存储的用户名和密码	devmgmt.msc	设备管理器
msdt	Microsoft 支持诊断工具	tabcal	数字化校准工具
dxdiag	DirectX 诊断工具	cleanmgr	磁盘清理
dfrgui	优化驱动器	diskmgmt.msc	磁盘管理
dpiscaling	打开屏幕界面	dccw	显示颜色校准
verifier	驱动程序验证程序管理器	utilman	轻松使用设置中心
rekeywiz	加密文件系统	eventvwr	事件查看器
sigverif	文件签名验证	lpksetup	安装或卸载显示语言
wabmig	导入 Windows 联系人	gpedit.msc	本地组策略编辑器

用户可通过本书素材文件获取其余命令的说明。

10.8 习题

1. 在 Windows 10 中开启防火墙和自动更新。
2. 尝试备份和还原 Windows 系统。
3. 使用 360 安全卫士进行系统漏洞的修复。
4. 使用 U 盘、移动硬盘或光盘等外部存储设备备份电脑中的重要资料。
5. 在电脑中安装"火绒"杀毒软件,并对电脑硬盘执行全盘病毒扫描。

计算机基础与实训教材系列

本套教材涵盖了计算机各个应用领域，包括计算机硬件知识、操作系统、数据库、编程语言、文字录入和排版、办公软件、计算机网络、图形图像、三维动画、网页制作及多媒体制作等。众多的图书品种可以满足各类院校相关课程设置的需要，已出版的图书书目如下表所示。

图 书 书 名	图 书 书 号
《计算机基础实例教程(Windows 10+Office 2016 版)(微课版)》	9787302595496
《多媒体技术及应用(第二版)(微课版)》	9787302603429
《电脑办公自动化实例教程(第四版)(微课版)》	9787302536581
《计算机基础实例教程(第四版)(微课版)》	9787302536604
《计算机组装与维护实例教程(第四版)(微课版)》	9787302535454
《计算机常用工具软件实例教程(微课版)》	9787302538196
《Office 2019 实例教程(微课版)》	9787302568292
《Word 2019 文档处理实例教程(微课版)》	9787302565505
《Excel 2019 电子表格实例教程(微课版)》	9787302560944
《PowerPoint 2019 幻灯片制作实例教程(微课版)》	9787302563549
《Access 2019 数据库开发实例教程(微课版)》	9787302578246
《Project 2019 项目管理实例教程(微课版)》	9787302588252
《Photoshop 2020 图像处理实例教程(微课版)》	9787302591269
《Dreamweaver 2020 网页制作实例教程(微课版)》	9787302596509
《Animate 2020 动画制作实例教程(微课版)》	9787302589549
《Illustrator 2020 平面设计实例教程(微课版)》	9787302603504
《3ds Max 2020 三维动画创作实例教程(微课版)》	9787302595816
《CorelDRAW 2022 平面设计实例教程(微课版)》	9787302618744
《Premiere Pro 2020 视频编辑剪辑制作实例教程》	9787302618201
《After Effects 2020 影视特效实例教程(微课版)》	9787302591276
《AutoCAD 2022 中文版基础教程(微课版)》	9787302618751
《Mastercam 2020 实例教程(微课版)》	9787302569251
《Photoshop 2022 图像处理基础教程(微课版)》	9787302623922
《AutoCAD 2020 中文版实例教程(微课版)》	9787302551713

(续表)

图 书 书 名	图 书 书 号
《Office 2016 办公软件实例教程(微课版)》	9787302577645
《中文版 Office 2016 实用教程》	9787302471134
《中文版 Word 2016 文档处理实用教程》	9787302471097
《中文版 Excel 2016 电子表格实用教程》	9787302473411
《中文版 PowerPoint 2016 幻灯片制作实用教程》	9787302475392
《中文版 Access 2016 数据库应用实用教程》	9787302471141
《中文版 Project 2016 项目管理实用教程》	9787302477358
《Photoshop CC 2019 图像处理实例教程(微课版)》	9787302541578
《Dreamweaver CC 2019 网页制作实例教程(微课版)》	9787302540885
《Animate CC 2019 动画制作实例教程(微课版)》	9787302541585
《中文版 AutoCAD 2019 实用教程》	9787302514459
《HTML5+CSS3 网页设计实例教程》	9787302525004
《Excel 财务会计实战应用(第五版)》	9787302498179
《Photoshop 2020 图像处理基础教程(微课版)》	9787302557463
《AutoCAD 2019 中文版基础教程》	9787302529286
《Office 2010 办公软件实例教程(微课版)》	9787302554349
《中文版 Photoshop CC 2018 图像处理实用教程》	9787302497844
《中文版 Dreamweaver CC 2018 网页制作实用教程》	9787302502791
《中文版 Animate CC 2018 动画制作实用教程》	9787302497868
《中文版 Illustrator CC 2018 平面设计实用教程》	9787302499053
《中文版 InDesign CC 2018 实用教程》	9787302501350
《中文版 Premiere Pro CC 2018 视频编辑实例教程》	9787302517498
《中文版 After Effects CC 2018 影视特效实用教程》	9787302527589
《中文版 AutoCAD 2018 实用教程》	9787302494515